非煤矿井通风技术与应用

王海宁　张迎宾　著

北　京
冶　金　工　业　出　版　社
2020

内容提要

本书介绍了非煤矿井通风技术与应用的现状和矿井通风的基本理论，系统地阐述了非煤矿井通风系统运行中存在的共性问题及解决问题的技术方法，包括矿井风流调节与控制方法、矿用空气幕理论及其应用、矿井通风三维仿真系统、矿井通风动力与节能以及应用实践等内容。本书注重矿井通风技术的原理、基本方法及实践，内容全面、翔实，反映了作者在非煤矿井通风领域的主要研究成果。

本书可以作为安全技术及工程等专业的本科生、硕士研究生的学习参考书，也可供从事矿井通风系统设计、改造及矿井通风系统运行管理工作的人员参考。

图书在版编目(CIP)数据

非煤矿井通风技术与应用/王海宁，张迎宾著. —北京：冶金工业出版社，2020.11

ISBN 978-7-5024-8573-3

Ⅰ.①非… Ⅱ.①王… ②张… Ⅲ.①矿山通风 Ⅳ.①TD72

中国版本图书馆 CIP 数据核字(2020)第 196920 号

出版人 苏长永

地　址 北京市东城区嵩祝院北巷 39 号 邮编 100009 电话 (010)64027926

网　址 www.cnmip.com.cn 电子信箱 yjcbs@cnmip.com.cn

责任编辑 于昕蕾 美术编辑 吕欣童 版式设计 禹 蕊

责任校对 郭惠兰 责任印制 李玉山

ISBN 978-7-5024-8573-3

冶金工业出版社出版发行；各地新华书店经销；三河市双峰印刷装订有限公司印刷

2020 年 11 月第 1 版，2020 年 11 月第 1 次印刷

169mm×239mm；16 印张；310 千字；245 页

96.00 元

冶金工业出版社 投稿电话 (010)64027932 投稿信箱 tougao@cnmip.com.cn

冶金工业出版社营销中心 电话 (010)64044283 传真 (010)64027893

冶金工业出版社天猫旗舰店 yjgycbs.tmall.com

(本书如有印装质量问题，本社营销中心负责退换)

前　　言

随着矿山机械化水平的不断提高、矿井开采向深部延伸以及矿井开采规模的扩大等，非煤矿井通风过程中或多或少还存在着新鲜风流短路或漏风、通风死角、风流停滞、风流反向、污风循环、风量分配不均等风流控制和通风能耗大的问题，这在一定程度上直接威胁到矿井的安全生产。作者在对我国不同地区的几十座非煤矿山进行充分调研的基础上，系统分析和归纳了非煤矿井生产过程中存在的影响通风效果的问题，针对性地开展了矿井通风系统优化、矿井风流调控、矿井通风三维仿真等方面的研究与应用，较好解决了非煤矿井通风过程中的实际问题，并系统总结了研究成果及应用经验。为了便于研究成果更好地推广应用，作者撰写了本书。

本书主要包括8章内容。第1章主要阐述非煤矿井通风系统存在的共性问题及研究现状；第2章主要介绍矿井通风的一些基本理论知识及矿井风流调节的基本方法、适用条件及局限性；第3章主要阐述多功能矿用空气幕调控风流的新技术、新方法及应用实践；第4章主要介绍大型复杂矿井通风系统优化及管理软件的构建与应用；第5、6章主要介绍矿井通风节能的设备及技术方法；第7章主要通过工程实例阐述矿井通风系统优化的思路及方法；第8章为结语。本书可以作为安全技术及工程等专业的本科生、硕士研究生的学习参考书，也可供从事矿井通风系统设计、改造及矿井通风系统运行管理工作的人员参考与借鉴。

矿井通风系统优化方法、矿井通风三维仿真方法、矿用空气幕调控风流技术方法等是本书的重点内容，其中主要研究成果已经以专利、论文和科技成果奖的形式呈现。

本书由中国计量大学王海宁教授撰写，江西理工大学张迎宾等参与了部分内容研究，谢彬在本书的撰写中做了资料收集和编排等工作。

本书引用了许多资料，谨向有关文献的作者表示衷心的感谢。同时，感谢国家自然科学基金委员会立项支持，也感谢金川集团公司、安徽铜陵有色金属控股集团公司、江西钨业集团有限公司、内蒙古大中矿业有限公司、福建马坑矿业有限公司、新疆喀拉通克矿业有限责任公司等矿山企业的支持和参与项目的研究。

由于作者的水平有限，书中难免存在不足之处，敬请专家和读者批评指正，不胜感激。

王海宁

2020 年 7 月

目　录

1 绪 论

在风机、自然风压等通风动力的作用下，将地表新鲜空气连续输送到井下，供给人员呼吸，降低井下工作面的温度，稀释并排出各种粉尘及有毒有害气体，创造良好的气候条件，为井下作业人员提供安全舒适的工作环境，是矿井通风的主要目的。

在国民经济迅速发展、矿产资源快速开发和国家对企业安全生产高度重视的背景下，矿山企业在积极生产的同时，投入了大量的人力和财力进行矿山井下通风与安全方面的研究和应用，取得了一批研究成果，并已应用于生产，对矿山的安全生产起到了积极的作用。但在许多地下开采的矿山，尤其是大型机械化开采矿山或井下地质条件较复杂的矿山，多年来，井下的通风过程中或多或少还存在着新鲜风流短路或漏风、通风死角、风流停滞、风流反向、污风循环、风量分配不均等风流控制和通风能耗大的问题。还有一些矿山因改扩建带来的矿井供风量与生产能力不匹配、通风网络不完善等问题。而这些问题都将直接威胁到矿山井下的安全生产。

1.1 矿井通风影响因素及共性问题

为了解和分析目前国内典型地采矿山通风系统状况，作者已经对多家地采矿山的通风系统进行了全面、系统的调研，并在此基础上分析归纳了典型地采矿山影响通风系统的基本特征和通风现状。

1.1.1 基本特征

近几年，在对分布在我国新疆、甘肃、内蒙古、安徽、江苏、福建、江西、广西、云南、贵州等地的铜镍矿、镍矿、铁矿、铜矿、钨矿、铅锌矿、金矿、硫金矿、锡矿、磷矿等新老地采矿山进行了全面系统的调查、测定和分析后，归纳总结了影响矿井通风系统的基本特征如下：

（1）矿山地质条件复杂。部分矿山的资源原来因断层、裂隙等地质结构复杂、岩石松软破碎、巷道易变形堵塞等因素而未进行开采，后受矿业经济发展的影响和矿山开采技术水平的提升，现又在开采。为此，许多矿山实行边探边采模式，这样就势必面临新老矿山开拓系统的衔接、采矿方法的选择等实际问题，同时也将带来新老通风系统的衔接及整体通风系统优化的问题。

（2）矿井机械化水平提高。由于金属矿山井下采用了大型柴油铲运机及其他柴油运输设备，矿井的生产效能明显提高，但井下污染物的排放量增加，这不仅使进入井下作业面的新鲜风流受到一定程度的污染，而且矿井风流调控的难度增大，影响作业盘区和中段风量的分配。

（3）生产作业中段数增多。随着矿山产能的扩大，井下采矿作业点增加，不仅矿井的总供风量需要增加，主扇风机要重新匹配，而且生产作业中段数将增加，矿井通风网络也随之变化，导致矿井风流分配的难度增加，尤其是矿井深部，更需要增加风流调控设施，但其设置受机械化设备的影响。不同矿山采矿方法和机械化水平不同，风流调控的难易程度和方法也不同。

（4）矿井通风系统复杂。我国许多矿山已经开始步入深井开采行列，矿井通风系统也变得越来越复杂。不仅通风网络复杂，通风构筑物需要更多，而且矿井通风动力也随之复杂，风机型号种类增多，安装地点分散，通风管理难度增加。

（5）自然风压多变。在矿井开拓系统确定条件下，矿井自然风压因不同季节大气环境温度的变化而变化，对于深井、多风井、进回风井井口标高不同的地采矿山，矿井自然风压时而帮助主扇通风，时而又成为主扇通风的阻力，影响矿井风流的稳定性。一般，夏季矿井自然风压对矿井通风的负作用比较明显。

（6）矿井存在漏风。矿井漏风分为内部漏风和外部漏风。对于露天开采转向地下开采或露天与地下联合开采的矿山，由于露天坑底部会因受采动、覆盖层厚度和孔隙率等因素影响，往往与地采巷道间产生一定的外部漏风。矿井内部漏风主要是通过采空区、通风构筑物、废旧巷道等。无论是内部还是外部漏风，如果控制不好，均对矿井风流的稳定性及风流的有效利用造成较大影响。

1.1.2　矿山开采条件的影响

1.1.2.1　无轨运输

我国矿井生产的机械化程度越来越高，大型无轨运输设备已经在许多矿山井下广泛应用，井下采掘、运输等的生产效率随之不断提高，但同时也给矿井通风带来难题，井下风流调节的难度不断增加。为适应大型无轨运输设备的作业条件，巷道断面需增大，通风构筑物减少，这给矿井风流调节与控制带来难题。另外大型无轨运输设备多采用柴油能源，其作业过程中排放的尾气和热量，在一定程度上增加了矿井通风的负担。因此在机械化矿山生产过程中常出现新鲜风流短路或漏风、作业面风量不足、井下作业面环境温度高、作业面污风不能及时排出等问题，这不仅影响井下作业环境的空气质量，而且直接威胁着矿井的安全生产。

而对于采用多级机站的通风系统，无轨运输设备、井下爆破作业等对矿井通风的影响就更为突出，主要表现：

(1) 在运输和行人的巷道中，一般是通过掘绕道的方式设置风机机站，即在绕道中安装风机，运输巷道中安装风门，但在实际生产过程中，风门常被过往的无轨运输设备撞坏或不能及时关闭，导致风机机站的风流循环严重，其供风效率降低。有的矿山还因为井下有无轨运输设备，使得风机机站的建设不完善，严重影响了中段通风效果。

(2) 随着矿井生产能力的不断提高，井下一次爆破药量增加，爆破冲击波常导致采场周围的风机机站遭受损坏，严重影响风机机站的正常运行。

(3) 在采掘过程中，大型无轨设备对原岩应力的扰动而使围岩的平衡受到破坏，加快了巷道变形速度，因此也常导致风机机站被破坏。

1.1.2.2 开采条件差异化

A 地域性产生的差异

我国地域广阔，各地气候条件不一致，因而不同地域矿山的矿井通风系统因自然风压影响所引起的通风问题不尽相同。在寒冷地区，因自然风压的影响，冬季常常遇到进风井、主井或通地表斜坡道结冰的问题，不仅危害井筒内设备运行、斜坡道车辆运输等，而且也构成矿井安全生产的隐患，为此，就需要采取积极措施防止井筒或斜坡道结冰，这在一定程度上增加了矿山的生产成本或影响到矿山的生产效率；在南方地区，自然风压主要是对主扇运行工况产生影响，夏季，自然风压一般成为矿井主扇通风的阻力。

B 开采深度产生的差异

近年来，我国已有一批金属矿山开始步入深井开采，其中部分深井的原岩温度在40℃左右，有的甚至高达50℃，这使得井下的工作环境趋向恶劣。另外，深井矿山多中段同时作业使得井下风流分配也成为难题。由于井下热害控制、深部风流有效分配等问题都会直接关系到深井通风效果，因此深井矿山通风技术研究的侧重点是井下降温技术和风流调控技术。国内外的矿井通风研究与实践证明，除特殊高温矿井外，当井下原岩温度低于45℃时，一般通风降温方法比较有效。深井加强通风时，最大的有效经济深度可达到1700~2300m。

C 采矿方法产生的差异

采场通风是矿井通风工作的重要部分，合理的采场通风网络和通风方法是保证矿井通风系统发挥有效通风作用的重要环节。对于开采条件复杂的矿山，采矿方法可能有多种，采场通风网路类型也多，而所选择的采矿方法及其采场结构参数会对矿井通风系统产生不同的影响，甚至影响通风方式的选择。依据采矿方法的结构特点，回采作业面通风可归纳为无出矿水平的巷道型或硐室型采场通风、有出矿水平的采场通风和无底柱分段崩落采矿法的采场通风三种类型。

1.1.3 矿井通风共性问题

1.1.3.1 通风系统调查与分析

根据地采矿山的实际情况，对矿井通风系统、开拓方式、采矿方法、生产作业中段、生产规模等进行了全面的调查和分析，结果如表 1-1 所示。

从表 1-1 中可以看出：(1) 由于矿山地质条件的原因，矿山基本采用了联合开拓方式和多种采矿方法并用，以适应不同的地质条件。(2) 为适应矿井生产规模的扩大，井下生产作业中段数相应增多，这样就影响了中段间的风流合理分配。(3) 由于多级机站通风方式有一定的节能优势，新建和扩建矿山大多尝试采用多级机站通风方式，但由于各种原因或机站设置不完善，常导致不能完全达到预期设计的通风效果。(4) 大多数矿井已经采用 K 系列、DK 系列等新型节能风机，但仍有少部分老矿山还在使用 70B2 等型号的老风机。(5) 不少矿井存在总进风量不足、漏风、风流停滞、风流反向等问题，有效风量率、风速合格率、风质合格率、风机效率等指标不能完全达到《金属非金属矿山安全规程》要求。(6) 随着矿体开采向深部延伸，矿井通风阻力有增大趋势。

1.1.3.2 通风系统的突出问题

从我国典型地采矿山的调查和分析结果中可以看出，多数矿山已经形成复杂矿井通风系统，但由于受采矿技术、通风技术及管理等多因素的影响，已经出现了不利于通风的诸多问题，特别是对复杂大型矿井，如废弃巷道和大量的采空区会导致漏风、通风线路长使矿井通风阻力增大、风流调节设施不够完善使通风系统整体调控困难、风机动力不足或安装位置不合适使矿井总进风量不足等，均在不同程度上影响了矿井通风的效果，也直接关系着矿工的生命安全及矿井安全有序生产。如下从通风网络、通风构筑物、通风动力三个方面梳理存在的突出问题。

(1) 通风网络方面。通风网络是矿井通风系统中的重要组成部分。新鲜风流进入矿井后，如何有效被分配到作业区域，将清洗作业面的污风汇集到回风系统、集中排出地表等均与通风网络直接相关，其常见问题如下：

1) 新鲜风流有效分配问题。由于多中段同时作业或向深部延伸开采时，井下作业点比较分散，且随开采的不断推进，作业面变动快，使得作业区域的通风网络复杂，易形成有害角联巷道，造成部分作业面无风或风量不足，尤其是深部作业中段，其风流的自然分配难度相对较大。

表 1-1 矿井通风系统基础信息调查结果

名称	生产规模	开拓方式	采矿方法	作业中段数	矿井设计需风量/$m^3 \cdot s^{-1}$	主要风机型号	通风方式	矿山类型	存在的主要问题
新疆某铜镍矿	百万吨级	竖井与斜坡道联合开拓	下向进路胶结充填采矿法、无底柱分段崩落采矿法	10	222.47	FBDCZ-8-No26 DK40-6-No19 DK40-6-No16 DK40-8-No24	多风机多级机站	扩建投产	机站风机设置及运行管理不当，装置效率低，机站循环风量为56.67%～76.22%；中段间污风循环，风流停滞，有雾气；深部中段风量不足
甘肃某镍矿	百万吨级	竖井与斜坡道联合开拓	下向进路胶结充填采矿法	8	148.59	DK-8-No24	两翼对角中央抽出式	露天转地下开采	主扇装置效率低；通风网络不完善；漏风量达26.77%；污风串联，回风巷道片帮堵塞，回风段通风阻力大
安徽某铜矿一	百万吨级	竖井开拓	空场嗣后充填采矿法、空场采矿法	18	553.31	K45-6-No19 K40-6-No17 K40-6-No16 K40-6-No18	多风机多级机站	扩建投产	主扇装置效率低，各主扇装置效率在20%～64%之间，机站内部漏风；中段间风量分配极不合理；新老通风系统相互影响，风流紊乱；作业盘区无风，温度较高
安徽某铜矿二	百万吨级	竖井与斜坡道联合开拓	VCR采矿法、空场嗣后充填采矿法	14	155.77	DK-8-No28	单翼对角抽出式	年老矿山	提升井进风量占总进风量41.55%，污染严重；无风墙辅扇循环风占总进风量26.63%；溜井漏风较大，风流短路，深部风量不足

续表 1-1

名称	生产规模	开拓方式	采矿方法	作业中段数	矿井设计需风量/$m^3 \cdot s^{-1}$	主要风机型号	通风方式	矿山类型	存在的主要问题
安徽某铁矿	百万吨级	竖井与采区斜坡道联合开拓	空场嗣后充填采矿法	5	442.12	K40-8-No20 K40-8-No17 K40-8-No19 K40-8-No18	中央对角式多级机站	新建投产	多级机站不完善，机站风机风流循环较多；中段区风流短路，深部中段回风不畅；井下柴油尾气、炮烟、粉尘等积聚、停滞，作业环境极差
江苏某铅锌矿	30万吨级	平硐盲竖井开拓	点柱分层充填法、上向水平充填法	12	71.25	K45-4-No14	单翼折返抽出式	年老矿山	废采区密闭不严，漏风量达 $20m^3/s$；回风井断面偏小，多次倒段，导致通风阻力过大；回风侧污风循环；采场人行井、充填回风井位置太近，风流短路量达 $14.87m^3/s$，风流分配不合理，采场风质较差；主扇风机效率低
福建某铁矿	百万吨级	盲斜井与主坡道联合开拓	无底柱分段崩落采矿法	7	155.41	K40-6-No18 K40-6-No19 K40-6-No13 K40-6-No20	多风机多级机站	扩建投产	多级机站风机安装不全，风量分配不合理；浅部通风系统与深部通风系统相互影响较大，风流紊乱；穿脉间污风停滞，作业环境较差；回风巷道积水较深，回风断面减小

续表 1-1

名称	生产规模	开拓方式	采矿方法	作业中段数	矿井设计需风量/$m^3 \cdot s^{-1}$	主要风机型号	通风方式	矿山类型	存在的主要问题
江西某铜矿	百万吨级	胶带斜井与斜坡道无轨开拓	房柱嗣后充填采矿法、分段空场嗣后充填采矿法	6	241.80	DK62-10-No36B DK62-10-No25A	两翼对角抽出式	露天转地下联合开采	中段间溜井漏风严重，短路风量累计达 185.2m^3/s；进回风井筒风流分配不合理，如东回风井设计回风 180m^3/s，实际回风 248m^3/s；部分中段间辅助斜坡道反风，反风量达 42.12m^3/s，局部风流停滞；风源受粉尘污染较严重，中段间污风循环
大余某钨矿	10万吨级	平硐盲斜井盲竖井联合开拓	浅孔留矿采矿法、崩落采矿法	7	37.10	70B2-18	中央对角抽出式	年老矿山	风机老旧过时，效率低；回风巷普遍有塌方或片帮现象，导致巷道堵死或有效断面减小，回风不畅；井下密闭工程都漏风；风流短路严重，风量分配不合理
赣州某钨矿	10万吨级	平硐与盲斜井联合开拓	浅孔留矿采矿法	6	32.34	70B2-11-No18	单翼对角抽出式	年老矿山	风机老旧过时，效率低；上部中段采空区漏风率为69.32%，下部中段风量不足；通风构筑物被破坏；通风路线不合理

续表 1-1

名称	生产规模	开拓方式	采矿方法	作业中段数	矿井设计需风量/$m^3 \cdot s^{-1}$	主要风机型号	通风方式	矿山类型	存在的主要问题
宜春某钨矿	10万吨级	竖井与盲斜井联合开拓	浅孔留矿采矿法	6	31.59	KZC40-No16-75	单翼对角抽出式	年老矿山	矿井通风网络不完善，多中段无专用回风井；主扇风机叶片安装角度不合理，短路风量为19.6m^3/s；风量分配不合理，深部中段风量微弱
广西某锡矿	百万吨级	竖井与斜坡道联合开拓	分段空场采矿法 VCR采矿法	19	418.20	FS200-71(B) 1K58-No36 K45-15	中央对角抽出式	年老矿山	主扇效率低，最低为20.14%；漏风和风流短路严重，空区漏风量为58.24m^3/s；风量分配不合理；污风循环、串联较多；中段间主斜坡道反风；深部中段雾气较浓，油烟味刺鼻，采区污风排风困难
安徽某硫金矿	20万吨级	竖井、平硐盲斜井联合开拓	分层空场采矿法	8	83.05	K40-6-No18 K-40D-90 K40-6-No13	两翼对角抽出式	新建投产	回风道片帮现象严重，局部堵塞；矿井漏风量大，外部漏风量为35.20%，北风井漏风率为54.24%；风流乱窜；下部中段无风；溜井漏风

2）通风阻力增加问题。随着矿井开采深度的增加和开采范围的变化，矿井通风线路随之延长，矿井通风的总阻力也相应增加。此外，井下废石废弃设备或材料等堆积在主要通风巷道、回风巷道，积存废水，回风巷道失修垮塌等问题，均会导致通风巷道的有效断面面积减小，增加通风阻力，导致通风不畅。

3）新鲜风流短路、漏风问题。由于采空区没有及时充填或封闭，或因垮落、冒顶等，导致井下的通风网络复杂化，新鲜风流被短路和采空区漏风等使得矿井的有效风量率降低。此外，由露天开采转为地下开采时，常因采空区垮落导致井下通风巷道与地表塌陷区相通，形成漏风，也影响通风效果。

（2）通风构筑物方面。通风构筑物是矿井风流调控设施，用以保证风流按生产需要的路线流动，其合理使用是矿井通风设计与管理的一项重要任务。而有一些矿山，由于对通风构筑物的管理不够到位、设置不够合理等，造成了矿井风流调节困难，影响了通风效果。主要表现如下：

1）通风构筑物遭受破坏。因爆破冲击波或震动、运输设备撞击、地压、年久失修等因素，一些通风构筑物受到破坏或失效，影响其调节风流作用的发挥。

2）通风构筑物设置不够合理。部分矿山因改扩建工程的实施，原有通风系统中的通风构筑物常出现位置不合理、设置过多或过少情况，影响了通风系统的稳定性。

3）通风构筑物管理不够到位。由于矿山对通风构筑物管理的意识不够强，部分矿山没有配备足够的人员加强对通风构筑物的管理和维护，以致通风构筑物失效了也没有得到及时的维修，影响了通风效果。

（3）通风动力方面。矿井通风动力系统主要包括机械动力（风机）和自然风压动力，其中风机是矿井通风的主要动力，关系到矿井的安全生产和经济效益。自然风压是借助于自然因素产生的能促进井下风流流动的动力。

1）开采年限长的矿山，由于风机长期磨损或缺乏有效维护等，大部分风机的性能参数发生变化，一般其运行效率会降低，影响通风效果。

2）由于采矿作业的不断推进，矿井通风系统的阻力和网络结构等均会发生变化，一般会影响风机的高效运行以及风机与通风网络的匹配，从而导致矿井供风量不足，影响井下作业场所的通风效果，并可能造成能源浪费。

3）部分改扩建矿山的主扇风机安装位置没有随着网络的变化而进行及时调整，尤其是多级机站通风系统，易造成矿井内部风流不能有效流动，影响主扇风机的作用范围和效果。如新疆某金属矿山，多级机站风机安装位置不合理，造成局部污风循环，严重影响了井下污风的及时排出。

4）由于季节或天气、矿井开采深度的变化，矿井自然风压随之变化，不仅影响风机运行工况点和风流的稳定性，而且易引起通风网络中分支风流的紊乱，即风量减少、风流反向或停滞。

由于金属矿山在通风网络、通风构筑物、通风动力等方面存在不同程度的问题，因而井下的风流短路、漏风、污风串联、风流循环、风量不足、风量分配不均等影响通风效果的现象屡见不鲜。

1.2 矿井通风系统研究与发展

1.2.1 计算机在矿井通风系统研究中的应用

计算机技术的飞速发展让人类社会的工作效率得到了质的飞跃，并迅速被广泛地运用于社会的各行各业。20 世纪 50 年代初，计算机开始用于矿井通风研究，Scott 和 Hinsley 最先使用计算机解决通风网络问题；1967 年 Wang 和 Hartman 开发出解算含多风机和自然通风的立体通风网络程序，表明用于解决矿井通风基本参数的应用程序走向了一个成熟的阶段。从那之后，世界上很多通风研究人员开发出大量的用于更加复杂的通风系统的程序。

1974 年，宾夕法尼亚州州立大学的 Stefanko 和 Ramani 对通风系统网络分析的发展作了很大的贡献。他们的论文“矿井通风系统中柴油废气浓度的数值模拟”研究了井下柴油机对通风系统的影响，并提出了一系列相关数学公式，这些公式的有效性得到了相关实测数据的检验。1981 年，Greue 发表了题为“矿井通风系统污染物和燃烧实时分布的计算”的文章，文中提出的软件是在矿井火灾时，污染模拟的最具代表性的程序之一。这个程序可以模拟矿井大气中的烟尘和其他污染物的运动情况，计算在给定点、给定时间内的浓度，判定矿井中不同位置的总污染强度。同样，它可以处理多个污染源或污染源随时间变化的情况，还可以解决污风循环的问题。

我国的科技人员在这方面也做了大量的工作。1984 年，沈斐敏等编写了《微型电子计算机在矿井通风中的应用》的讲义，于 1992 年改编为采矿专业本科生的教材《矿井通风微机程序设计与应用》，为更多的人接触有关矿井通风网络解算知识开了一扇方便之门；1987 年，原中南工业大学吴超在瑞典律勒欧工业大学做访问学者期间，完成专著《Mine Ventilation Network Analysis and Pollution Simulation》。该专著回顾了国内外通风网络分析的发展历史，阐述了通风网络基本理论并给出了相关的源代码，使用的计算机语言主要是 Fortran77；1991 年中国矿业大学的张惠忱编写了《计算机在矿井通风中的应用》，为计算机在矿井通风领域的进一步应用提供了技术支持。

在矿井通风网络解算程序研究方面，我国自 20 世纪 70 年代才开始使用 Algol、Fortran、Basic 等计算机语言编制相应的通风网络解算程序，其中在 1974 年才率先在老虎台煤矿的通风网络解算中使用了辽宁抚顺煤炭研究所用 Algol 编制的初级解算程序。随着 20 世纪 90 年代 Windows 操作系统开始普遍使用，矿井通风网络解算、通风三维仿真及动态通风网络模拟等得到了国内众多科研院所不断的研究，一系列具有风网解算、图形绘制和仿真的软件相继开发面世。其中很多特点鲜明、方便实用、水平较高的通风软件都以中国矿业大学、中南大学、昆明理工大学、西安科技大学、北京科技大学、江西理工大学等高校开发为主，个别科研机构开发为辅，而在建立通风网络解算、流体流动、动态模拟等数学模型方面，辽宁工程技术大学也取得了一定的研究成果。

从近年来通风软件总体发展来看，软件的功能越来越全、界面趋向简单、更易于操作，而且随着人工智能、专家系统、优化方法等方面的可靠性和实用性更加成熟，应用在通风领域的软件或系统也逐渐增多，同时通风的研究方法和手段也得到了很大扩展。我国虽然取得的进展很多，但是存在的问题也不少，如在通风系统网络解算方面，对网络解算结果的可靠性分析不足，而且由于合作偏少以及学科融合度不高等因素导致各研究所、科研机构、学校重复开发，使软件成本变高。

在西方，大多数的矿井通风系统网络解算的应用软件已经商品化，有自己的版权和商标，也有较大的客户群。而在国内，大多数通风方面的软件是由科研机构或研究所自行开发的，客户仅限于与他们有项目合作的工矿企业，没有正规的商业化的运作。软件功能的不完善，其发展也在一定程度上受到制约，不利于该产业的进一步发展。

在检索自 1989 年以来的国内有关矿井通风软件文献后，发现只有一个软件较为正式，即通风专家 3.0 版。它有正式的版本号，是低版本的升级版，功能较为完善，有一定的推广价值。该通风专家系统开发始于 20 世纪 80 年代中期，经历近 10 年的不断完善，是目前国内较为先进的采矿类应用软件，适用于各类井下矿山（煤矿、金属矿、非金属矿）矿井通风系统优化设计或相关系统设计。目前通过该系统设计的国内外大中型矿山已超过 50 座，如大红山铜矿、大红山铁矿、会东铅锌矿、大寨锗煤矿、谦比西铜矿等，已投产的矿山大部分取得了较好的通风效果和经济效益。通风专家 3.0 版采用汇编语言、编译 BASIC、数据库（FoxPro）等计算机语言综合编程，兼容 DOS 6.22/Windows9x 操作系统，软件系统全部为菜单结构，界面友好华丽，使用简单，支持键盘以及鼠标操作，程序代码简洁，运算速度极快，不易被病毒攻击。通风专家系统主要由原始数据处理、通风网络计算、通风绘图、结果报表、风机数据库、知识库等六大模块组成，可对复杂通风系统进行网络生成、网孔圈定、风机优选、网络解算、结果报表生成等，系统可自动记录原始节点坐标、自动组建通风系统网络。此外，通风专家还可以采用任意角度和比例生成通风系统立体图以及通风平面团等大量辅助性报表。其他与通风有关的软件，从不同的角度来反映、解决矿井通风中的不同问题，对完善矿井通风软件是有益的探索，充实了矿井通风的研究内容。根据检索结果，列出了软件的主要参数，如表 1-2 所示。

从表 1-2 中可以看出，这些网络分析程序使用的语言各异，有 Fortran、Visual Basic 和 Visual C++等。最常用的迭代方法是 Hardy-Cross 迭代法。这些程序可以处理多节点、多风机的复杂通风系统，有些还会考虑自然通风的影响。主要数据输入有：摩擦阻力、断面尺寸（高度和宽度）、面积、周长及长度，局部阻力也是重要的输入数据之一。当考虑自然通风情况时，需要给出节点的空间位置。大多数程序中，风机的特征曲线是给定的。有些考虑到巷道的漏风时，可以用数字化仪来输入网络数据。一般的输出数据为：各风路分支的风量、阻力和压降；固定风量分支的调节；风机的工况和最优的叶片安装角；各分支的温度；柴油机废气、放射性元素和瓦斯的浓度；相关费用；立体通风网络图；有关火灾等有价值的数据。

一般来说，矿井通风软件有如下一些功能：确定矿井通风系统的最优布局；评判通风网络中风流的稳定性和通风网络的调节；分析和估计通风网络参数，如阻力，风量，温度，湿度，主、辅扇参数，粉尘、爆破炮烟、甲烷、柴油机排放的废气的浓度；对通风系统进行实时的控制，制定未来通风的计划；用计算机数值模拟矿井火灾的发生、发展过程，解算火灾时期矿井通风系统的风流状态，从而对火灾的救灾、避灾做出决策，如 MTU 的升级版本 MFIRE（法国、波兰、苏联、保加利亚、日本等国学者也相继投入大量的人力、物力和财力，对此问题展开了研究，陆续提出了各具特色的矿井火灾模型及程序）。

国内对火灾的计算机模拟研究始于 20 世纪 80 年代中期。1985 年，中国矿业大学编制了矿井火灾时期瞬态模拟的计算机程序；1992 年，淮南矿院在 MFIRE 软件设计研究中，实现了在通风系统网络图上在线显示火灾模拟结果；同年，中国矿大编制了二维非稳态火灾烟流流动状态的计算机模拟程序。此后，煤炭科学总院抚顺分院、西安矿院对火灾模拟的计算方法、软件用户界面作了重要的改进。由于国外的相关软件较为专业，功能较强，价格也较为昂贵，加上各国的单位体系不同，界面汉化等问题，给用户带来了极大不便。很多国家努力开发自己的通风网络软件，解决自身的特殊问题。

表 1-2　国内通风软件一览表

作者	推出年份	语言数据库	主要结构及功能
赵以蕙	1992	Fortran-77	根据多孔介质流体动力学理论，把采空区看作是非均匀的连续介质。风流在介质中的流动是过渡流，邻近层沼气稳定均匀地（或非均匀地）涌入采空区，沼气在介质中的扩散符合 Fick 定律，由此建立了系列稳态条件下的数学模型

续表 1-2

作者	推出年份	语言数据库	主要结构及功能
谢贤平	1995	GWBASIC	计算机集散控制系统的管理程序与下级计算机的采样及控制程序。两者之间利用通信软件相互联系，进行数据交换和信息传递
黄元平	1995	C语言	软件的用户界面良好，使用方便。采用动态内存管理技术可以直接使用扩展内存，原则上可用于任意大小的网络优化问题
范明训	1995		程序为菜单式结构，具有汉字自动提示功能；巷道可按任意顺序排列和调整；具有问路解算和绘图功能；具有参数及图形修改功能；可实现网路解算与绘图的计算机自动控制
黄继声	1995		自动完成数据处理、通风网路解算、数据选择传递、编制风机风压计算表并绘制矿井通风系统立体图等一系列工作；操作简单，输入数据文件后，只需少量人机对话选择，其他一切皆自动完成；采用链式回路输入法、代码法、统计法和编辑输入法后，使输入数据量减少80%以上
曾无畏	1994	DBASE	包含矿井通风管理中的矿井通风、矿井防突、瓦斯抽放、矿井防火、矿井防尘一、矿井防尘二、安全技措和矿井通风质量评比八个项目，每个项目中均具有编辑数据、修改数据、查询数据和打印数据功能
戚宜欣	1995		利用专家系统技术，将火灾救灾专家经过多年实践得出的经验和教训收集起来，经过整理加工，形成有关控风措施的知识库；此外，根据巷道供风作用为巷道分类，从而形成数据库，最后编制成推理机
蒋军成	1995	Fortran	可用于生产矿井风量优化调节计算和新井通风设计时的调风计算；既可进行局部风网的风量调节计算，也可进行全矿规模的风量调节计算（包括多风机系统的风量调节计算）
刘师少	1994	Foxbase+2.10	程序设计模块化；舒适可靠的人机交互式工作环境；内存开销小；具有较强的图形处理功能
刘剑	1993	Fortran、CAD系统	可查询采场剖分信息，根据漏风源汇位置坐标，可查询对应的单元号是否为边界单元等；根据漏风源汇的漏风量，计算单元号，确定单元均质区号及渗透系数等；绘制二维或三维的采场域图、均质区划分图、漏风源汇位置及编号图、采场剖分图、流线或流管图、等压线或等压面图等
谭国运	2000	Fortran77、Dbase-Ⅲ	采用通路法进行风量调节，在计算风网调节的同时可以发现通风阻力最大的区段和地点，为降低阻力，改造通风系统提供途径；其次，该系统采用一体化通风管理方法，收到了良好效果
扬娟	2001	VisualC++ODBC	主要包括动态调节系统、数据库系统与通风网络图绘制系统等模块

续表 1-2

作者	推出年份	语言数据库	主要结构及功能
王海宁等	2008	Slidworks、Fortran77	建立了矿井通风三维仿真系统，包含通风网络模拟计算、通风系统立体图绘制、自然风压自动计算、工作面风量判别等模块

1.2.2 多级机站通风系统在矿山的应用

多级机站通风系统的发展经历了漫长而艰辛的过程，科研工作者和矿山技术人员为探索出新型先进可控的多级机站通风系统付出了巨大努力。多级机站由三级或四级的风机站接力构成，能将地表新鲜风流直接送到井下作业区，将污风抽排到地表，具有既可提高矿井有效风量率又可节省能耗的显著优越性。多级机站通风系统运行过程中，需风点的风量调节基本上由风机控制，避免了用风窗调节，不仅可提高系统的可控性，而且可使矿井通风系统实现按需供风。

早期的多级机站通风系统源于美国、加拿大和欧洲一些国家。20 世纪 60 年代前，美国建立了有专用的进、回风井的多级机站通风系统，开启了使用风机来分配井下风流的新途径；20 世纪 60 年代，瑞典矿山机械化程度越来越高，无轨柴油设备运输方式带来的废气污染严重，促使其对通风系统进行优化改造。通过借鉴美国麦克费逊教授研究成果，即在由互为独立、多个类似的风机构成的矿井通风系统中，可以形成稳定的风流，创造性地提出产生全矿通风系统的风量与工作面的需风量相适应的想法，设计出一种更先进的可控式多级机站通风系统；20 世纪 70 年代初期，英国发明了风机加风墙的多台风机并联机站，风机数量最多时达 12 台。在必要时还增设调节门、风窗和辅扇来辅助调控。

20 世纪 80 年代初，中国的矿井通风专家和工程师们借鉴了瑞典基鲁纳矿的经验，结合我国地下矿山的特点，创造性地提出了多级机站通风技术，并将多级机站通风方式成功运用于我国的地采矿山中。1982 年，梅山铁矿携手马鞍山矿山研究院，首次在梅山的北采区进行我国多级机站通风第一次工业试验研究，1985 年通过冶金部鉴定。后来的研究表明，梅山北采区的多级机站小系统虽有不足之处，但是已显示了多级机站通风技术的一系列优越性，展示了其广阔的发展前景。

到“九五”期间，多级机站通风方式的迅速发展，在我国的地下矿山掀起了第一次多级机站通风技术的推广高潮。其不但在理论上有较高的发展，如马鞍山矿山研究院、东北工学院、武汉安全技术研究所、昆明工学院等院校都做了大量工作，而且在实践应用中也有较大的进展，在冶金、有色、黄金、化工等系统中，有数十个矿山采用或部分采用了多级机站通风技术，同时与之配套的节能风机的出现，进一步促进了多级机站通风技术的发展。但是当时多级机站通风技术在理论上尚不完善，在实际应用中不少具体问题尚不能很好地解决，另外还存在管理不到位，规章制度不健全等问题，第一次推广高潮过去了。

20 世纪 80 年代末，冶金工业部有关部门意识到上述问题，提出要对多级机站通风技术进行攻关，并要求梅山铁矿率先在全矿建成系统并应用；20 世纪 90 年代初，多级机站有关理论研究已相当深入，对一些关键技术还进行了专题研究，设计单位已开始把它列入设计内容，研究院和高校都纷纷介入这项新技术。

梅山铁矿多级机站通风技术的成功应用为我国地下（非煤）矿山的通风技术树立了一个成功的典型。随之而来的是多级机站通风技术的第二次推广高潮。

经过 30 多年的试验研究，多级机站通风理论和技术得到了非常大的发展。在我国专家和学者的共同努力下，多级机站通风系统在不断改进和完善，致使新的通风理论和技术不断出现，取得了一系列丰硕的成果。

2001 年，梅山矿业公司教授级高级工程师董振民从多级机站通风网络的结构上，将多级机站通风系统分为具有独立的进回风井巷和不具有独立进回风井巷的系统；2002 年，青岛建筑工程学院陈喜山教授等从机站设置型式和分区通风特点上，将多级机站通风系统分为四种模式，即无风墙模式、回风侧分区、深井子域分区和分区不独立；2009 年，通风工程师胡杏保等从风机机站的级数和机站位置上，将多级机站通风系统分为以梅山铁矿为代表的 4 级机站形式、采场机站-中段机站-总回风机站 3 级机站形式和主-辅风机 2 级机站形式；2012 年，山东理工大学赵小稚教授等从系统层次性上，将多级机站通风系统分为完整型和不完全型。

但在实际生产中，采场入风侧往往由于无轨设备运输出矿等作业使设置风机机站几乎不可能。为了既能达到为采场送风的目的又不影响井下无轨运输设备的正常作业，作者在金川有色金属公司二矿区多级机站通风系统中，开展了应用矿用空气幕代替风机站的现场试验。结果证明，在多级机站通风系统中用空气幕并联引射风流来代替小规模的风机机站在技术上是可行的。

经过多年的研究与实践，多级机站通风理论和技术取得了较大的发展，其中一个显著特点是节能效果好。多级机站采用机站间风机串联及机站内风机并联，这样所选的风机风量小、风压低，故功率也小；还可选用新型高效节能风机，能耗低。实测证明，采用该通风技术改造的矿井，比原采用 70B2 主扇统一通风系统的装机容量可降低 1/3~1/2，大幅度节约电能。随着矿区开采范围扩大和向深部延伸矿山的增多，采用多级机站通风方式的矿山也越来越多，但也存在一些不利于推广的因素。

1.2.3 矿井通风节能技术与应用

我国金属矿矿井从20世纪50年代开始逐步建立机械通风系统；60年代，建立分区通风系统和棋盘式通风网络；70年代，出现梳式通风网络、爆堆通风，推广地温预热技术及云锡的排氡通风经验等；进入80年代，我国金属矿井通风技术以节约能耗为中心有了比较快的发展，取得的主要成果有高效节能风机的研制与推广、多风机多级机站通风新技术的应用、矿井通风网路的节能技术改造、矿井通风计算机管理系统、井下风流调控技术与手段的完善等。

我国金属矿山机械通风风机的运转效率一直较低。据统计，风机运转效率约为40%，比设计的风机效率降低了一半以上；在能耗方面，通风能耗约占矿井总能耗的1/3，通风电费约占通风能耗的70%。大型矿井的风机装机功率高达数千千瓦，年通风电费达数百万元。造成矿井通风系统能耗高的主要原因有：(1) 通风方法和设计手段不够先进；(2) 风机性能不高；(3) 管理水平不足；等等。我国矿井通风系统设计多数采用统一通风系统，由于金属矿井开采技术上的特点，主扇运行的工况点风压比设计的风压低得多，风机等积孔与矿井通风网络等积孔不匹配，风机长期在低效率区运转。

多风机多级机站通风具有显著的优越性，它既可提高矿井有效风量率，又可节省电能消耗。我国自1982年开始对该通风技术的试验研究以来，先后有几十个大中型非煤矿井采用此技术改造原有的通风系统，都取得了明显的社会效益和经济效益。

风机选型是多风机多级机站通风系统设计的一个核心问题。1984年在某矿中央式通风系统改造过程中，当时可供选择的节能风机仅有K45系列，所选风机的节能效果不理想；1985年K35系列风机出现，其性能有所提高；1988年K40风机出现，其性能比前两种风机好；1990年无驼峰的FS系列风机出现，它采用了稳流环结构，消除了传统轴流风机在高风阻区出现的旋转失速现象，风压特性曲线比较平滑，较适合于多台风机联合运转。

综上所述，矿井通风节能技术研究的进展和方向主要是：(1) 在矿井通风系统技术改造与建设中，不存在统一的技术模式，应根据各自系统的具体条件，沿着多种技术途径发展。这些途径主要包括：分区通风系统、多风机多级机站通风系统、主-辅多风机系统、统一主扇通风系统。(2) 新型、高效、节能矿用风机的研制与应用。(3) 采用优化设计技术。(4) 矿井通风系统的计算机自动控制技术研究；等等。

1.2.4 矿井通风网络优化调节

矿井通风网络是实际矿井通风系统的数学表达，是矿井风流路线及其有关参数的组合，是一个关联程度很高的复杂系统，其中一条分支的风量可能通过在多条分支中安设调节设施而改变。因此，满足通风需求的调节方案多种多样。如何确定一种既能满足通风需求和生产条件的限制、符合有关法规规定，又能使矿井通风所需费用最小的调节方案，是矿井通风长期以来研究的热点和难点问题之一。

矿井通风网络优化调节可分为以下 3 种基本类型：

（1）控制型分风网络。各分支的风阻已知，因一组余树分支的风量已给定，所以其他分支的风量也随之确定，而所要确定的是风机所需的最小风压和如何调节才能使整个网络的风压损失平衡，以满足各分支风量的要求。

（2）自然型分风网络。网络的风量是根据各分支风阻大小自行分配而不加任何调节控制设施。

（3）一般型分风网络。网络中部分风量已知，部分风量待求，调节分支和调节量都是待求的风量调节，是最一般的网络优化调节。其部分分支风量要按生产需要进行分配而非任其自然，即解决合理安设调节风窗和辅扇的问题。

控制型分风网络由于具有线性特点，其优化研究工作进展较快、较成熟和完善，已提出用工程网络、割集运算、最小费用流、线性规划、整数规划等寻求通风网络最优调节方案的方法。尽管这种网络在实际中很少见，但它是一般通风网络优化研究的基础，因此，研究将继续深化。

Y. J. Wang 提出了用工程网络的关键路径法求出一组最优解，然后通过割集运算求不同最优调节方案的方法。该法是将网络中节点和分支的通风参数和工程网络中的事件、活动和时间作类比，得出它们之间的对应关系。

工程网络计算的目的是寻找完成一个具有相互关联的多种活动的工程至少所需时间，而控制型分风网络计算的目的是要找出最大阻力路径，即不需设调节风窗的分支。根据该路径阻力可确定风机所需最小风压，同时确定需要安设调节风窗的分支风道。关键路径和割集运算虽然简明，但对于多台风机、多入口和出口的网络，则显得复杂烦琐。

Thys B. Johnson 提出用网络最小费用流求最优解的方法，并采用网络规划的瑕疵算法（Out-of-Kilter）求解，Thys B. Johnson 认为这一技术能更有效地处理含有多台风机和调节风窗的控制型分风网络，计算速度快，容易掌握。

S. Bhamidi Pati 提出包括使动力消耗、风机购置、安装及维护等通风费用最小的控制型分风网络线性规划和工程网络联合优化模型，求解方法：首先在地表风机运行时用线性规划程序求得网络各分支的阻力，找出最大阻力路径；其次将风机逐台加入最大阻力路径各分支中，进行灵敏度分析，并分别计算其动力消耗费用和年度总费用，取其年度总费用最小方案；然后找出新的最大阻力路径，重复上述计算步骤，直到在新的最大阻力分支上加设风机使年度总费用上升时停止。根据年度总费用最小方案，应设几台风机，设在哪一分支中即可求出。

Thomas A. Morley 指出，应二次考虑整个网络风机的安设而不是逐次向最大阻力路径加设风机，因为后来安设的风机可能影响前面安设的风机的合理性。提出了使控制型分风网络年度总费用最小的混合整数规划模型，并用分枝定界法求解。求解前可事先根据安全规程和技术上的可能性，选定一些分支安设风机和调节风窗作为输入数据。该模型允许各个风机有不同的购置安装和维护费。但解算时间长，所需计算机内存容量较大。

苏联学者 A. A. 斯阔奇柯基首先证明了多台风机联合作业的自然型分风网络动力消耗最小的条件是各台风机的工作风压相等，此后又有把此结论推广到对复杂网络的证明。

自然型分风网络的数值解算方法较多，其中以 Scott-Hinsley 法用得较为普遍，国内学者对该算法进行了改进，提高了收敛速度。李恕和提出用 Newton 法解算，可避免 Scott-Hinsley 法的收敛问题，收敛特性为二次收敛。Y. J. Wang 等用容度模型进行计算，能避免 Scott-Hinsley 法的不稳定收敛特性以及对复杂网络求解范围的局限性。刘驹生提出的节点风压法是一种有效的近似替代法。徐瑞龙对自然型分风网络的解算方法进行了比较研究。

一般型分风网络优化调节问题中的待求未知量个数多于约束方程数，因此是非定解问题。增加一定的优化目标函数后就构成了数学规划问题。由于回路风压平衡方程是非线性方程，因此这类问题属于非线性规划问题。

对于这种网络，一般采用分解解算法，即先对自然分风网络进行自然分配解算，再对需风分支加局部调节以求得全网络的平衡。很多研究已证明，这种解算法至少对用风窗调节不是最优的。黄翰文提出了多风井复杂通风网络中回风段角联巷道最优风阻的概念，指出角联巷道取最优风阻时，网络总功耗最小，这时各风机风压正好相等。刘承思提出一种递推法，方法是让角联巷道的风量自取以满足用风回路的风压平衡，以后逐渐向外回路递推，直至所有回路的分支风量均求出为止。这时回风井的风机风压虽不一定相等，但用风段消除了风窗（尤其是高阻风窗），解算结果表明，在某些情况下还是经济的。卢新明针对非线性规划解算尚有许多难点，利用网络变换技术，得到了一个以分支阻力调节量为未知变量的线性规划模型，提出了一个直接优化算法。王振财提出了仅包含调节风窗的一般型分风网络优化解算法，该方法是将网络分成三个主要区段：进风段、用风段和回风段，且用风段各分支风量为已知。寻找出独立的通过三区段的风流路径，增加低风压损失风流路径的阻力，同时减少高风压损失风流路径的阻力，使整个网络风流路径风压损失相等，达到所需功率最小。

随着多风机多级机站通风技术的推广，程历生、李高棋首先用约束条件和目标函数均为非线性的模型对多风机多级机站通风网络进行优化研究；赵梓成在研究中，综合考虑基建投资与年经营费用，分别建立分支阻力调节优化和风机调节优化的非线性规划模型，研究的算法已能用于实践。

虽然已进行了大量的研究，但矿井通风网络优化调节目前仍处在理论阶段，尤其是一般型分风网络，是最具难点的研究对象。由于它的研究对系统设计、计划管理具有理论和实际的指导意义，对节省能源、降低通风成本等经济效益将产生直接影响，因此，有关学者仍对此继续研究，也取得了较大的进展。例如，徐竹云证明了分解解算法的辅扇调节解是最优解中的一个解，并指出了分解解算法的定流分支风窗调节解不是最优解的实质，引用容度模型建立了矿井通风网络全局优化的非线性规划模型，研究了包括一般型分风网络在内的约束条件，给出了基于分支圈划原则，并按所建模型编制了通风网络优化计算软件。张汉君通过实例对分解解算法和全局优化法的详细分析和比较研究后认为，网络优化的关键在于选出一颗最优树。阻力最小树虽可使系统的装机总功率在理论上达到最小，但其所对应的调节方案不但难以实现而且总费用不见得最少，阻力最小树一般不是最优树。现在还没有一种可直接找到最优树的方法，只能通过对各可行方案的计算、比较，综合经济性、方便性、适应性、稳定性等方面因素，来判断树的优劣，再决定取舍。李湖生建立了以风机能耗和调节设施能耗为目标函数，以风量平衡方程、风压平衡方程、分支可调性、风量和调节量上下限等为约束方程的非线性规划模型，用于求解各种矿井通风网络优化调节问题。应用了约束变尺度法求解该数学模型，并用 C 语言编写了在 Windows 下运行的计算软件。

综上所述，由于提出的各种数学模型及采用的求解方法具有局限性，因此在矿井通风方面还没有一个普遍适用的风量优化调节程序。事实上，在矿井通风调节中应该使调节方案安全、经济、可行，安全性和可行性一般可以在需风量、风量调节量的上下限及分支的可调性（如生产运输要求）中得到反映，但由于安全性和可行性概念的模糊性，因此优化调节问题的目标函数单纯从经济方面考虑，即使通风总费用最小，我们认为也是不全面的。实际上，矿井通风网络优化问题是一个典型的定性与定量相结合的多目标模糊优化决策问题。

1.2.5 矿井通风系统优化设计

建立完善的矿井通风系统是矿井安全生产的基本保证。矿井通风系统设计是矿井设计的主要内容之一，是反映矿井设计质量和水平的关键因素之一。它不仅关系着矿井建设速度、投产时间、基建投资费用，而且对矿井投入生产后的生产面貌和经济效益也有长远的影响。生产矿井由于生产布局的变化、自然条件的影响及生产能力的提高，必须进行矿井通风系统的改造。

矿井通风系统改造是生产矿井改造的重要内容之一。因此矿井通风系统的优化设计问题，一直是矿井通风专业人员所关注的研究课题之一。尽管对这一课题进行了大量研究，在风量调节优化、井巷断面优化、风机优化选择、通风系统中进回风井个数、井筒布置方式、通风方式选择等方面已取得一定的进展，且矿井通风系统立体图绘制和网络图绘制已初步计算机程序化，但是至今尚有许多关于矿井通风系统优化设计方面的问题没有解决，甚至有的问题还没有涉及。

目前，国内外涉及矿井通风系统的可靠性优化研究还很少，主要面临着以下几个问题：(1) 风流分支与通风网络的可靠性概念；(2) 风流分支、通风网络及通风构筑物的可靠性指标计算；(3) 如何利用可靠性参数设计出具有较高可靠性的系统；(4) 生产矿井如何利用可靠性理论来制定出合理的管理、使用与维护措施，保证系统正常工作，提高其可靠性。

已有的研究工作仅局限于前两个问题，即如何计算风流分支的可靠度和网络的可靠度，而且不够成熟。矿井通风网络中风流分支的可靠性与一般网络（如电力网络）中元件的可靠性有本质区别，因为一般网络中的元件可靠度是各自固有的特性，与其他元件及网络的关联性质无关。而矿井通风网络则不然，根据平衡定律可知，各分支的可靠度不仅要体现自身的属性，而且与其他分支及网络的关联性质都是密切相关的。这正是矿井通风系统可靠性研究的困难之处。对风流稳定性的研究进展也不大，已有的研究工作也局限于某些特定的典型网络。

采用传统的凭人工统计经验决策对矿井通风系统进行管理的方法越来越不能满足矿井安全开采的要求。实现矿井通风系统的优化管理和自动监控，在系统的适当位置上布置一定数量的监测点，提供必要的数量信息以反映和估计系统的运行状态，是计算机在线优化管理的一个重要环节。对大规模的复杂系统，确定监测点的数量和位置，既与优化管理有关，又与投资费用有关。对这个问题的研究，除了上文涉及外，至今未见文献报道，国内有少数文献定性分析了测点设置问题，但主要靠经验，往往难以达到最优设置的目的，而且是针对给水管网系统。

一个合理的矿井通风系统设计，应包括以下几方面：(1) 进、回风井个数及布置方式的确定；(2) 通风方式（包括风机安装地点）的选择；(3) 中段通风网络的选定；(4) 主要风机选型；(5) 风量调节装置及位置的确定；(6) 网络计算给出分风结果；(7) 优化调节方案。

实际上，上述 (1) ~ (4) 的内容属于系统选择问题，(5) ~ (7) 则属于网络优化问题。矿井通风系统优化可分为两类，第一类优化问题称之为方案内部优化，或参数优化，其实质是上述的网络优化问题；第二类优化问题称之为方案外部优化，或原理方案的优化，其实质是在一切可能的系统方案中选择最优的方案。从目前的情况看，第一类优化问题研究得较充分，已在前面进行了讨论。而第二类优化问题研究得较肤浅，对此在下面进行阐述。

常规通风系统设计要解决的主要问题有：(1) 矿井通风系统选择；(2) 全

矿所需风量计算及风量分配；（3）全矿总风压计算；（4）通风设备的选择；（5）编制通风设计的经济部分。这些问题包括定量参数和定性参数，它们构成了通风设计的决策状态空间。

从系统科学的角度出发，可以认识到矿井通风系统设计具有以下特点。

（1）设计过程在数学上是不可描述的，这是工程设计问题所具有的共同特征。它充分体现了设计过程的复杂性。一般说来，单目标或相互一致的多目标优化在数学上是可行的，但实际上是少有的。

（2）设计的方法往往是基于知识的逻辑产生而非严格的数学归纳或演绎，设计过程中的许多方案是由设计者依据自己的知识和经验结合过去成功或失败的案例来产生的。例如，矿井规模的扩大以及风机的出现，提出了计算通风需风量以及向巷道和作业面送风的方法等问题。历史上第一个通风计算方法是以井下作业人数为依据的。后来，计算方法进一步发展，以采出矿岩量为依据，再以后，计算方法又以矿井的瓦斯含量为依据。

（3）设计的处理对象往往是用图形或用数学方法难以描述的知识或经验，而这些处理对象有时往往成为确定设计方案的关键内容，目前，处理这类对象的方法已成为人工智能领域的重点研究内容。最典型的例子如多风机多级机站通风系统设计中，机站级数的确定及划分、机站内风机台数、机站位置确定等，但实际上仍是靠设计者的经验确定。

（4）整体相异与局部相似性是从整个矿井出发，实际很难找到两个条件完全相同的矿井，但是局部系统却存在着这种相似性。

（5）设计环境的复杂多变性影响矿井通风系统选择，主要有地质地形条件、采矿方法、矿岩特性等。这些因素的主要特点是与矿井通风系统的关系很难表达成确切的函数形式，而且有些因素具有模糊性、不完备性。设计环境的复杂多变性导致设计参数也会有很大的差异。

（6）不确定信息繁多。

（7）系统的开放性。

（8）系统的动态性。

1.2.6 矿井通风控制技术

矿井通风控制是一个范围很广的研究领域，长期以来人们从各个方面对此进行了大量研究。从早期局部风流流动规律的定性研究，到全矿井通风系统进行自动控制的构想，凝结着几代矿井通风安全工作者的汗水与智慧。

M. A. Tuck 从矿井通风自动控制的角度，提出了一个智能型通风控制系统的构想框架；周心权提出了矿井通风和救灾系统的构想框架。虽然这两种系统的内容有较大的差别，但它们都包括了矿井通风控制的 3 个主要组成部分：（1）矿井通风网络状态的监测与模拟；(2) 控制方案的决策；(3) 控制方案的实施。对矿井通风控制的大量研究也都可以归结为对这 3 个方面的研究。

国外早已实现井下风量、粉尘、有害气体、温度、湿度的自动检测，并已形成计算机管理系统，在矿井通风自动化上取得可喜的成果。例如，瑞典布利登矿产公司（Boliden Mineral，AB）在莱斯瓦尔（Laiswall）铅锌矿安装了一套 Power-Vent 计算机辅助全矿通风控制系统，地面计算机的专用矿井通风软件可直接控制与监视全部矿井的风机状况，并使风机的运转工况符合日常通风的需要，还可降低矿井电耗 1/3，不到一年便收回了投资。相比之下，我国矿井通风系统的自动化水平是较低的。尽管 20 世纪 80 年代锡矿山矿务局南矿建立了一个包括遥控、自动检测和调节风量的集中监控系统，采用计算机进行控制，所节约的电费已全部收回了投资。但目前我国大多数矿井的通风控制仍主要由人工完成。有些矿井安装了遥控风门，可远距离控制风门的开与关，其目的主要是在发生灾变时能迅速实现局部反风。而且现有的矿井自动风门主要是相对于行车与行人而言的，并不是根据通风控制的要求进行自动控制。此外风机与风窗的调节也主要靠人工完成。瓦斯、风、电闭锁与监测系统遥控则属于局部反馈控制。它们都是通过检测一些环境变量（如瓦斯浓度）做出反应，当检测值超过设定值时，则自动切断某些设备的电源，而不是控制风量的大小。

矿井通风的全自动控制是科学技术发展的目标。但由于自动控制系统的高昂代价和技术上还有许多问题没有解决，矿井通风自动控制系统在实际矿井中获得应用还有一定困难。一方面进行全自动控制，应具备 3 个条件：(1) 完善的风流状态监测系统；(2) 性能完善的通风控制方案决策软件和计算机系统；(3) 可自动控制的调节设施及控制执行系统。由于矿井生产条件复杂，作业地点分散，情况变化频繁，使通风系统不断变化，其控制系统也要随之改变。这样复杂的一个系统，不仅设备的安装、维护和管理很费钱、费力，而且系统的可靠性也难于保证。另一方面，对矿井正常通风来说，人工设置一些简单的通风构筑物，一般就可以满足工作地点的风量要求，因此建立自动的通风控制系统对大多数矿井来说并不是十分迫切。对矿井灾变通风来说，由于灾变可能由许多偶然因素引起，即使建立了通风自动控制系统，也很难保证不发生事故。而且灾变对通风控制系统还有较大的破坏性，一旦控制系统受到破坏，也不能对风流状态进行有效的控制。由此看来，矿井通风的全自动控制系统在可预见的一个时期内仍将处于试验研究阶段。

目前在国内，处理在主扇的作用下新鲜风流不能达到工作地点或通风网络中出现漏风、风流短路、风流循环等问题时，一般是人工采取措施对风流的大小和方向进行调控。控制风流的措施主要有搭建通风构筑物、辅扇、引射器、矿用空气幕等。

1.2.7 人工智能在矿井通风中的应用

矿井通风系统是一个开放的复杂大系统，若将过去对这一系统的研究方法进行归纳，可分为基于案例的求解模式、基于数学模型的求解方式、基于逻辑的求解模式 3 种。

（1）基于案例的求解模式。这种方法的基本思想是根据问题的客观环境，结合以往成功或失败的实例及设计者的知识和经验，从已有的模式中选择一个合理的方案。这种求解模式已为人们所熟知，且目前在实际设计中仍被采用。在 20 世纪 70 年代以前，矿井通风系统设计方法的研究基本上有两个方面：关于设计的准则和关于设计的案例。风机选型设计中的“最困难时期的最大风压路线”和“风机反风设计中的风机反风风量大于 60%”，是设计准则研究的典范。大量的设计准则被写进安全技术规范和标准，有些甚至具有法律效力，如禁止循环风的使用。设计准则一般不能作为初始方案的产生器，而只能作为给定方案的评估器。要产生设计，最有效的手段是借鉴已有的成功案例。例如，南京梅山铁矿多级机站通风系统明显地借鉴了瑞典基鲁纳铁矿的通风经验。

（2）基于数学模型的求解模式。运筹学、系统科学和计算机的出现带动了基于数学模型的设计。在这种方法中，设计问题被看成问题求解。一个实际矿井通风系统设计问题的主要组成部分常常以简化的数学模型来代替，这个理性替代中的元素和关系必须保持原问题中所出现的主要元素和变化规律。先从这一抽象模型中求出问题的一个解答，然后把这个解答放回到原问题中重新解释。建立模型的过程要重复多次，直到得出一个能提供合理的、有意义的、令人满意的解答模型。

这种设计方法从 20 世纪 70 年代开始，在国内外进行了广泛的研究。基于数学模型的矿井通风求解模式，就目前来看，最为活跃地体现在两个方面：矿井通风网络的优化和矿井火灾时期风流稳定性控制的定量分析。

在基于数学模型的矿井通风系统优化设计的求解模式中，各种各样的优化模型都是以研究系统某一局部问题为对象的，并且许多模型已成为解决局部问题的理想方法。矿井通风系统是一个有机的整体，优化模型的建立应以整体为对象，这是某些单一的数学方法所不能解决的。为此我们提出了将各种优化方法综合到一起的优化决策模型体系，但目前这一体系还只是各种运筹学分支的简单组合，并不完整，同时也没有考虑专家知识和经验的处理，而这部分内容又是矿井通风系统设计的重要组成部分，所以这一体系还有待进一步完善。

（3）基于逻辑的求解模式。基于数学模型的设计方法是定量的系统化方法，然而研究者们很快发现，这里存在着一大类较高层次的设计问题，它们的数学模型很难建立，例如绝大多数用基于案例的方法求解过的设计问题。于是人们转而去探索定性化的工程决策方法，由此产生了基于逻辑的设计方法，其研究思路始于20世纪80年代初期，目的是使机器再现人类设计专家的决策行为和结果，人工智能构成了这类设计方法和实际系统的理论基础。

在矿井通风系统设计中有许多专家的知识和经验需要处理，因此以知识推理为手段的优化设计方法近年来受到了人们的普遍重视，目前实现这一功能的主要是专家系统和智能型决策支持系统。

多年来，矿井通风系统选择方面的知识和经验，被建成了一个适合我国冶金矿山矿井通风系统选择的专家系统。王省身、黄元平、周心权、李湖生和戚宜欣等对煤矿矿井火灾救灾专家系统的研究认为，专家系统在矿井通风安全决策中的应用比其他领域有较大的难度。当救灾决策时，人们对灾变环境常常无法全面了解，所以积累的经验可能有较大的片面性。而灾变状况重复率低，火灾状态的千变万化使救灾专家积累、验证经验并使之趋于完善比较困难，其经验的规律性和普遍适用性较差。但是，专家系统无疑为矿井通风领域引入了一强有力的工具，把矿井通风系统研究推向深入。

随着计算机软、硬件技术的提高，CAD技术得到了飞速发展。同时，CAD技术也是AI领域中的一个重要方面。其在矿井通风中的应用突出表现在矿井通风网络图和系统立体图的绘制及其通风管理的计算机系统上。矿井通风系统立体图的计算机绘制通过探索研究，无论是在绘图算法的基础理论方面，还是在采用计算机硬件设备及软件支持方面，CAD技术解决得比较好。实际上对于矿井通风网络分析而言，应用网络图是方便的。近年来，国内外出现了计算机绘制网络图方面的研究成果。这样就可以把网络解算结果与通风网络图一并输出，并把结果标在图上。不过矿井通风网络图真正自动化的计算机绘制还没有达到令人满意的程度，其难度比绘制立体图难。除了CAD技术，VMCS也在不断地发展中，通风管理计算机系统（VMCS）的主要任务是收集、整理实测资料，计算和分析数据与信息，把一些分散的、孤立的、表面看来无关紧要的信息和数据，推送到系统的、相互联系的精确到计算机水平上来，从而使决策人员对所处理问题能敏感地作出反应，修改和调整通风计划，及时处理存在的问题，消灭事故隐患，保证生产安全正常地进行。

近年来，计算机数据库技术、专家系统技术和图形处理技术的发展，为研究矿井通风问题开辟了新途径。当前，矿井通风系统优化综合决策技术的计算机方法研究前沿在于多种方法的综合集成方面，虽取得了一些进展，有的方法已得到实际应用，但远不成熟。

综合集成在让工程技术最终转化为生产力过程中发挥着关键作用。综合集成包括：（1）系统工程；（2）软件集成；（3）综合集成演示；（4）科学的计划管理。综合集成方法的实质是把科学理论和经验知识、人脑思维和计算机分析、个人决断与群体智慧结合起来，发挥综合系统的整体优势。

仔细分析近年来矿井通风系统优化综合决策技术的研究动态可以发现，对多种优化决策方法加以集成、提高系统的可靠性正逐渐引起大家的关注。一般而言，在一个多决策方法构成的系统中，各个决策方法的优化结果会存在矛盾，而集成的过程就是解决这些矛盾的过程。综合集成法是一个复杂的过程，这种过程不仅需要考虑系统中出现矛盾时的处理办法，而且还将人作为系统中的一员来加以集成。综合集成与集成的本质区别在于，前者强调在智能系统中人作为被集成对象的重要性，其本质是将传统的对完全自主系统的追求转变成以研究人机协作为目标的智能系统。

综上所述，为全面提高矿井通风系统优化、控制和环境灾变预测的科学性及手段的先进性，有必要在已有研究的基础上，对矿井通风系统优化控制决策技术的规律性进行更全面、深入的研究，探索具有普遍意义的矿井通风系统优化控制的综合技术，建立起相应的计算机辅助决策支持系统。该课题的研究不仅可为矿井安全开采决策提供新知识、新技术和新手段，还可推动矿井安全工程学科从传统的经验技术向高新的科学技术发展。

2 矿井风流调节与控制

矿井通风系统由通风网络、风机和通风构筑物三部分构成，担负着矿井新鲜风流的输送和分配的任务。随着矿井往深部和边部延伸开采，矿井风流调节与控制成为井下风流有序流动的关键。而在矿山机械化和自动化水平不断发展、采矿强度增加的情况下，矿井风流调节与控制的难度越来越大。因此，适应不同矿山生产条件的矿井风流调控方法的研究与应用就显得尤为重要和具有实际意义。

2.1 矿井通风基础理论

2.1.1 矿井风流流动特征

矿井风流一般有层流和紊流两种流动状态。

2.1.1.1 井巷和管道流

同一流体在同一管道中流动时的流速不同，形成的流动状态也不同。当流速很低时，流体质点互不混杂，沿着与管轴平行的方向作层状运动，称为层流（或滞流）。井巷内呈现层流流态的情况极少，当流速较大时，流体质点的运动速度在大小和方向上都随时发生变化，成为互相混杂的紊乱流动，称为紊流（或湍流），其流态判定表达式如下：

$$Re = \frac{vd}{\nu} \tag{2-1}$$

式中 Re——雷诺数；

v——平均流速，m/s；

d——管道直径，m；

ν——流体的运动黏性系数。

在实际工程计算中，为简便起见，通常将 $Re=2300$ 作为井巷或管道流动流态的判别准数，即层流的 $Re\leqslant2300$，紊流的 $Re>2300$。

对于非圆形断面的井巷，Re 中的管道直径 d 应以井巷断面的当量直径 d_e 来表示，即

$$d_e = 4\frac{S}{P} \tag{2-2}$$

式中 S——井巷断面面积，m^2；

P——井巷的周长，m。

因此，非圆形断面井巷的雷诺数可用下式表示：

$$Re = \frac{4vS}{\nu P} \tag{2-3}$$

对于不同形状的井巷断面，其周长 P 与断面面积 S 的关系，可用下式表示：

$$P = C\sqrt{S} \tag{2-4}$$

式中 C——断面形状系数，梯形 $C=4.16$，三心拱 $C=3.85$，半圆拱 $C=3.90$。

假设梯形巷道断面面积为 $4m^2$，风流的运动黏性系数取 $\nu=15\times10^{-6}m^2/s$，巷道周长 $P=4.16\sqrt{S}$，以临界雷诺数 2300 和巷道等效直径 $d=4S/P$ 代入式（2-1），即得到在临界雷诺数时该巷道的风流速度：

$$v = \frac{Re\nu}{d} = \frac{4.16Re\nu}{4\sqrt{S}} = \frac{4.16 \times 2300 \times 15 \times 10^{-6}}{4 \times \sqrt{4}} = 0.018m/s$$

这表明，在断面面积为 $4m^2$ 的井巷里，当风速大于 0.0018m/s 时，井巷内风流的流态为紊流。一般情况下，多数井巷风流的平均流速都大于上述数值，因此井巷中风流几乎都为紊流。

2.1.1.2 孔隙介质流

当空气在采空区、岩石裂隙或充填物中流动时，风流的流态多属于层流。在采空区等多孔介质中风流的流态判别准数为

$$Re = \frac{\nu K}{lv} \tag{2-5}$$

式中 K——冒落带渗流系数；

l——渗流带粗糙度系数。

流态的判定准则为：层流，$Re\leqslant0.25$；紊流，$Re>2.5$；过渡流，$0.25<Re<2.5$。

2.1.2 井巷的通风阻力

2.1.2.1 井巷的摩擦阻力

风流在井巷中作沿程流动时，由于流体层间的摩擦及流体与井巷壁面之间的摩擦所形成的阻力称为摩擦阻力或称沿程阻力。

由工程流体力学可知，无论层流还是紊流，以风流压能损失来反映的摩擦阻力可用式（2-6）计算：

$$h_f = \lambda \frac{L}{d} \times \rho \frac{v^2}{2} \tag{2-6}$$

式中　λ ——无因次系数，即达西系数，通过实验求得；

　　d ——圆形风管直径，非圆形管用当量直径，m。

（1）尼古拉兹实验。实际流体在流动过程中，沿程能量损失一方面取决于黏滞力和惯性力的比值，用雷诺数 Re 来衡量；另一方面是固体壁面对流体流动的阻碍作用，与管道长度、断面形状及大小、壁面粗糙度有关。其中壁面粗糙度的影响通过 λ 值来反映。

1932 至 1933 年间，尼古拉兹把经过筛分、粒径为 ε 的砂粒均匀粘贴于管壁。砂粒的直径 ε 就是管壁凸起的高度，称为绝对糙度；绝对糙度 ε 与管道半径 r 的比值 ε/r 称为相对糙度。以水作为流动介质，对相对糙度分别为 1/15、1/30、1/60、1/126、1/256、1/507 六种不同的管道进行实验研究，并对实验数据进行分析整理，得出如下结论：

当 $Re<2320$（即 $\lg Re<3.36$）时，λ 与相对糙度 ε/r 无关，只与 Re 有关，且 $\lambda=64/Re$。

当 $2320\leqslant Re\leqslant 4000$（即 $3.36\leqslant \lg Re\leqslant 3.6$）时，在此区间内，$\lambda$ 随 Re 增大而增大，与相对糙度无明显关系。

当管内流体虽都已处于紊流状态（$Re>4000$），但未达到完全紊流过渡区，层流边层的厚度 δ 大于管道的绝对糙度 ε 时，λ 与 ε 仍然无关，而只与 Re 有关。当流速继续增大到紊流过渡区，但未处于完全紊流状态时，λ 值既与 Re 有关，也与 ε/r 有关。

当流速增大到完全紊流状态时，Re 值较大（$\lg Re>5$），管内流体的层流边层已变得极薄，λ 与 Re 无关，而只与相对糙度有关。此时摩擦阻力与流速平方成正比，称为阻力平方区，其 λ 可用尼古拉兹公式计算：

$$\lambda=\frac{1}{\left(1.74+2\lg\frac{r}{g}\right)^{2}} \tag{2-7}$$

（2）层流摩擦阻力。当流体在圆形管道中作层流流动时，从理论上可以导出摩擦阻力计算公式：

$$h_{\mathrm{f}}=\frac{32\mu L}{d^{2}}v,\ \mu=\rho v \tag{2-8}$$

即

$$h_{\mathrm{f}}=\frac{64}{Re}\times\frac{L}{d}\times\rho\frac{v^{2}}{2} \tag{2-9}$$

于是可得圆管层流时的达西系数：

$$\lambda=\frac{64}{\mathrm{Re}} \tag{2-10}$$

尼古拉兹实验所得到的层流时 λ 与 Re 的关系，与理论分析得到的关系完全相同，即理论与实验的正确性得到相互验证。

（3）紊流摩擦阻力。对于紊流运动，$\lambda = f(Re,\ \varepsilon/r)$，关系比较复杂。用当量直径 $d_e = 4S/P$ 代替 d，代入阻力公式，则得到紊流状态下井巷的摩擦阻力计算公式：

$$h_f = \frac{\lambda\rho}{8} \times \frac{LP}{S}v^2 = \frac{\lambda\rho}{8} \times \frac{LP}{S^3}Q^2 \tag{2-11}$$

2.1.2.2 井巷的局部阻力

由于井巷的断面、方向变化以及分岔或汇合等原因，使均匀流动在局部地区风流受到影响而破坏，从而引起风流速度场分布变化和产生涡流等，造成风流的能量损失，即局部阻力。由于局部阻力所产生风流速度场分布的变化比较复杂，因而一般采用经验公式计算局部阻力。

$$h_j = \xi \frac{\rho}{2}v^2 \tag{2-12}$$

式中 ξ——局部阻力系数。

局部阻力计算的关键是局部阻力系数的确定，当 ξ 确定后，用 $v = Q/S$ 代入式（2-12），便可计算局部阻力：

$$h_j = \xi \frac{\rho}{2S^2}Q^2 \tag{2-13}$$

常见的局部阻力产生类型如下：

（1）井巷断面突变的局部阻力。紊流通过井巷断面突变的部分，由于惯性作用，出现主流与边壁脱离的现象，在主流与边壁之间形成涡流区（见图 2-1），从而增加能量损失。

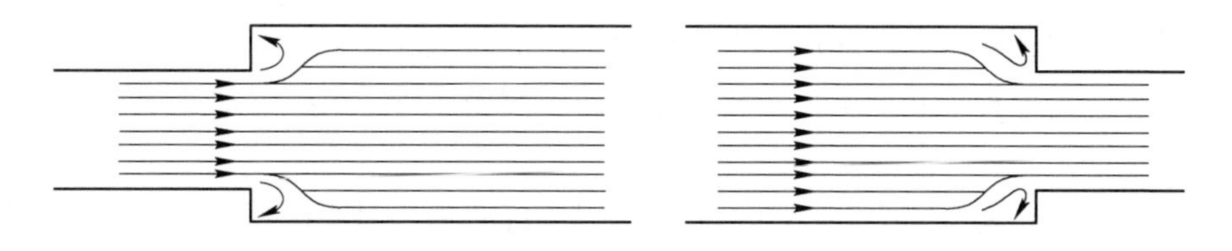

图 2-1 巷道断面突变

（2）井巷断面渐变的局部阻力。如图 2-2 所示，井巷断面渐变的局部阻力主要是由于沿流动方向出现减速增压现象，在边壁附近产生涡流。因为压差的作用方向与流动方向相反，使边壁附近本来就小的流速趋于 0，导致这些地方的主流与边壁面脱离，出现与主流相反的流动，即面涡旋，从而形成局部阻力。

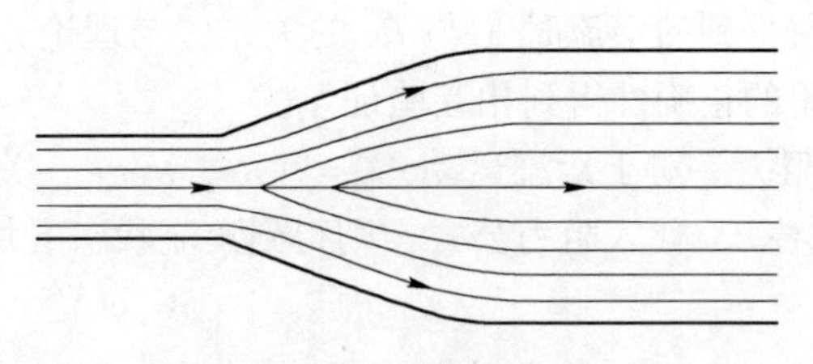

图 2-2　巷道断面渐变

（3）井巷转弯的局部阻力。流体质点在转弯处受到离心力作用，在外侧减速增压，出现涡旋，从而形成局部阻力，如图 2-3 所示。

（4）井巷分岔与汇合的局部阻力。如图 2-4 所示，一条井巷的风流突然分成两股风流，会产生局部阻力损失。同样，两股风流突然汇合成一股风流，也会产生局部阻力损失。

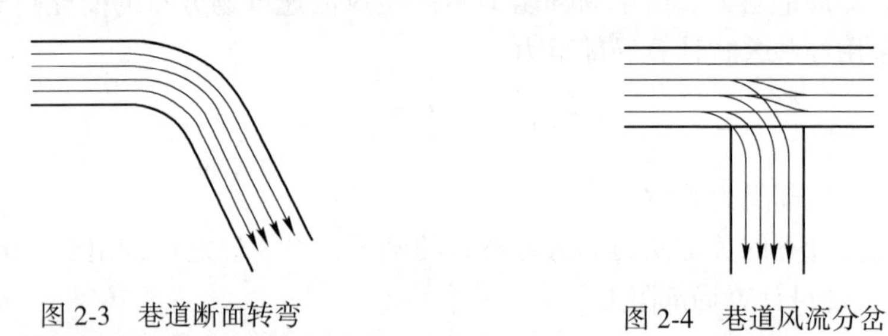

图 2-3　巷道断面转弯

图 2-4　巷道风流分岔

（5）风机机站（辅扇）的局部阻力。对于主辅联合式统一通风系统，由于主扇风机选型时一般会留有一定余地，全压较高，因此风机机站（辅扇）的局部阻力对通风效果的影响一般不太严重。但对多级机站通风系统而言，由于有多台风机联合作业，其产生的风机机站局部阻力不可小觑。

并联机站的风机可分为进口和出口两个部分，由于风机机站前后的风流流态极为复杂，其气流在流动过程中形成局部压力损失的主要原因包括：1）巷道的突然扩大、缩小；2）风机进口的缩小和出口的扩大；3）多风机并联作业时的进口分流、出口汇流；4）出口气流混合面位置及大小；5）机站漏风、井巷支护粗糙度等。

综合上述，局部阻力的产生主要是与涡旋区有关，涡旋区越大，能量损失越多，局部阻力就越大。

2.1.2.3　正面阻力

若井巷中存在罐道梁、罐笼、矿车、电机车和物料堆等障碍物（正面阻力物），则风流从正面阻力物的周围绕过时，风流速度的方向、大小发生急剧的改变，使风速突然重新分布，导致空气微团相互间的激烈冲击和附加摩擦，形成紊乱的涡流现象，造成风流分子间的互相冲击而产生阻力，这种阻力称为正面阻力，由正面阻力所引起的风流能量损失叫正面阻力损失。

正面阻力 h_c 的计算公式为

$$h_c = R_c Q^2 \tag{2-14}$$

式中 R_c ——正面风阻，$N \cdot s^2/m^8$；

Q——风量，m^3/s。

正面阻力与正面阻力物的形状有关，不同的正面阻力物具有不同的正面阻力，流线型物体的正面阻力最小。

降低正面阻力的方法：

（1）及时清除井巷内的堆积物，尤其是在风速较大的主要通风井巷内。

（2）将永久性的正面阻力物做成流线型，以减少其正面阻力系数，从而降低正面阻力。

2.1.3 矿井风流流动基本定律

矿井风流流动遵循风量平衡定律、风压平衡定律和阻力定律。

（1）风量平衡定律。在通风网路中，流进节点或闭合回路的风量等于流出节点或闭合回路的风量，即任一节点或闭合回路风量的代数和为零，如图 2-5、图 2-6 所示。

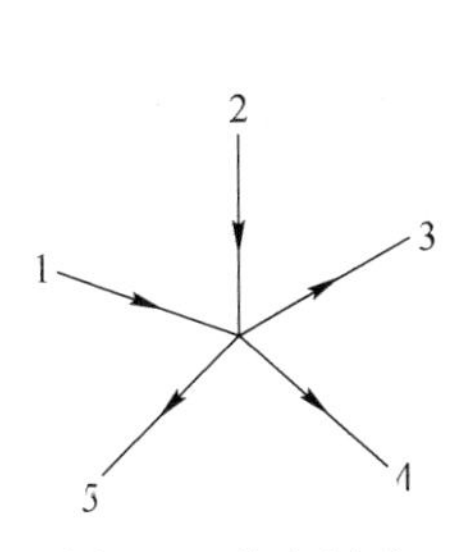

图 2-5 节点风流

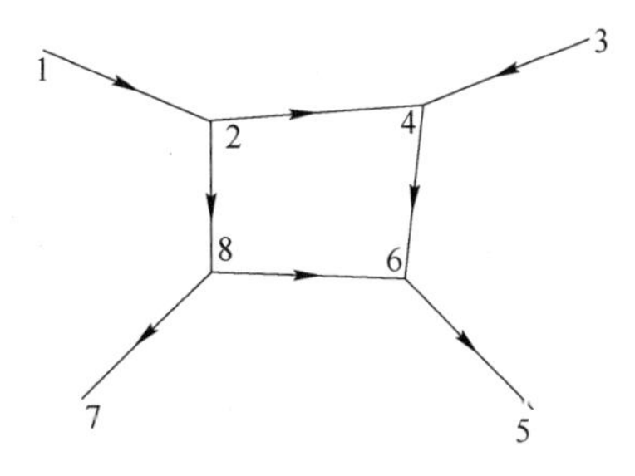

图 2-6 闭合回路风流

图 2-5 中，$Q_1 + Q_2 = Q_3 + Q_4 + Q_5$ 或 $Q_1 + Q_2 - Q_3 - Q_4 - Q_5 = 0$；图 2-6 中，$Q_{1-2} + Q_{3-4} = Q_{6-5} + Q_{8-7}$ 或 $Q_{1-2} + Q_{3-4} - Q_{5-6} - Q_{7-8} = 0$。

可表示为

$$\sum Q_i = 0$$

式中 Q_i ——流入或流出某节点的风量，m^3/s，以流入为正，流出为负。

（2）风压平衡定律。在任一闭合回路中，无扇风机和自然风压工作时，各巷道风压降的代数和为零，即顺时针的风压等于反时针的风压降。有扇风机和自然风压工作时，各巷道风压的代数和等于扇风机风压与自然风压之和。

如图 2-7a 所示，无扇风机和自然风压工作时，则：

$h_1 + h_2 + h_4 + h_5 = h_3 + h_6 + h_7$ 或 $h_1 + h_2 + h_4 + h_5 - h_3 - h_6 - h_7 = 0$

可表示为

$$\sum h_i = 0$$

式中 h_i——闭合回路中任一巷道风压损失，Pa，顺时针时为正，逆时针时为负。

如图 2-7b 所示，有扇风机工作时，则：

$$h_1 + h_2 + h_3 - h_4 - h_5 = - H_f$$

既有扇风机又有自然风压工作时，则：

$$\sum h_i = \sum H_f + \sum H_n$$

式中 H_f ——扇风机风压，Pa；

H_n ——自然风压，Pa。

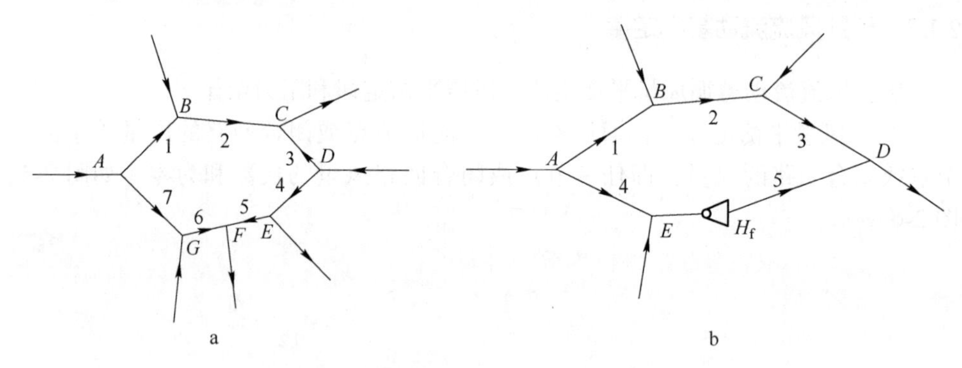

图 2-7 无扇风机闭合回路 a 和有扇风机闭合回路 b

（3）阻力定律。风流在通风网路中流动遵守阻力定律，即

$$h_i = R_i Q_i^2 \tag{2-15}$$

式中 h_i ——巷道的风压降，Pa；

R_i ——巷道的风阻，$N \cdot s^2/m^8$；

Q_i ——巷道的风量，m^3/s。

2.2 矿井风流调控传统方法

矿井风流调控的传统方法主要有通风构筑物调节、辅扇调节、局扇调节等方法。这些方法的应用一般依据矿井实际情况进行选择。

2.2.1 通风构筑物调节

通风构筑物是矿井通风系统中的风流调控设施，用以保证风流按生产需要的路线流动。凡用于引导风流、隔断风流和调节风量的装置，统称为通风构筑物。合理地设置通风构筑物，并使其经常处于完好状态，是矿井通风技术管理的一项重要任务。矿井通风构筑物可分为两大类：一类是通过风流的构筑物，包括风硐、反风装置、风桥、导风板、调节风窗、风障等；另一类是隔断风流的构筑物，包括挡风墙、风门等。

2.2.1.1 挡风墙（密闭）

挡风墙也称密闭，通常砌筑在非生产的巷道里。永久性挡风墙可用砖、石或混凝土砌筑。当巷道中有水时，应在挡风墙的下部留有放水管。为防止漏风，可把放水管一端做成U形，保持水封，如图2-8所示。临时性挡风墙可用木柱、木板和废旧风筒布钉成。

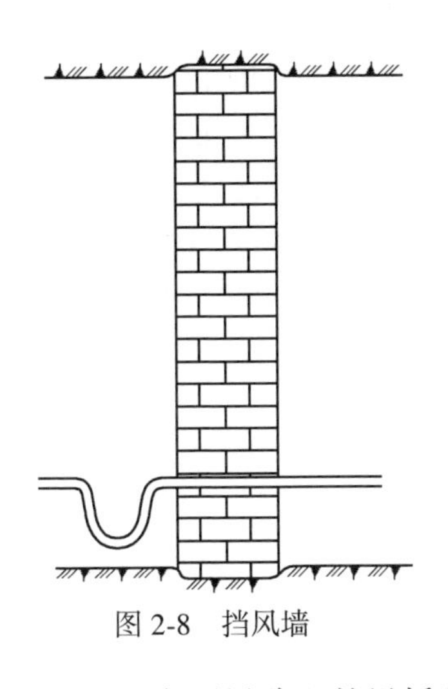
图2-8 挡风墙

2.2.1.2 风桥

矿井通风系统中为使进风巷道的新鲜风流与回风道的污风隔开，一般需在进风道与回风道交叉处构筑坚固耐久、不漏风的风桥，风桥采用砖石或混凝土构筑或开凿立体交叉的绕道。为使风桥的风阻小，要求通过风桥的风速小于10m/s，主要风路上的风桥断面应大于1.5m^2，次要风路上的风桥断面应大于0.75m^2。

绕道式风桥开凿在岩层里，坚固耐用，不漏风，能通过较大的风量。这种风桥可在主要风路中使用，如图2-9所示。

图2-9 绕道式风桥

当风桥通过的风量不大于20m^3/s时，可以采用混凝土风桥，其结构如图2-10所示。当风桥通过的风量不大于10m^3/s时，可以采用铁筒风桥，但主要在次要风路中使用。铁筒可制成圆形或矩形，铁板厚不小于5mm。

2.2.1.3 风门

矿井通风系统中，在既需要隔断风流又需要通车行人的巷道，一般需要设置风门。在回风道中，只行人不通车或通车不多的地方，可构筑普通风门；在通车

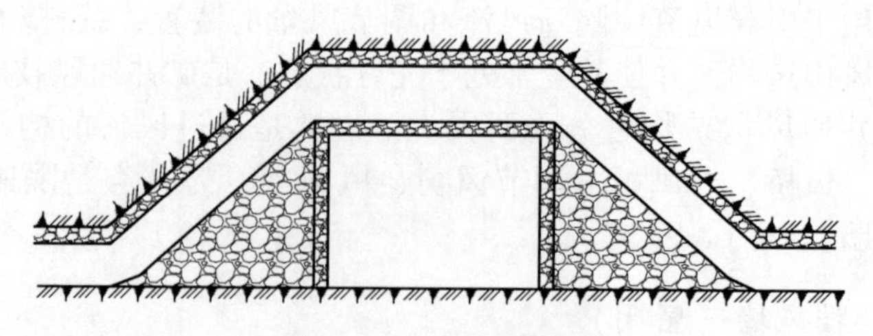

图 2-10　混凝土风桥

行人比较频繁的主要运输道上，则应构筑自动风门。

普通风门可用木板或铁板制成。图 2-11 所示为一种木制普通风门，其特点是门扇与门框之间呈斜面接触，严密坚固，可使用 1.5~2 年。风门开启方向要迎着风流，使风门关闭时受风压作用而保持严密。门框和门轴均应倾斜 80°~85°，使风门能借本身自重而关闭。为防止漏风和保持风流稳定，在需要遮断风流的巷道中，应同时设置两道或多道风门。

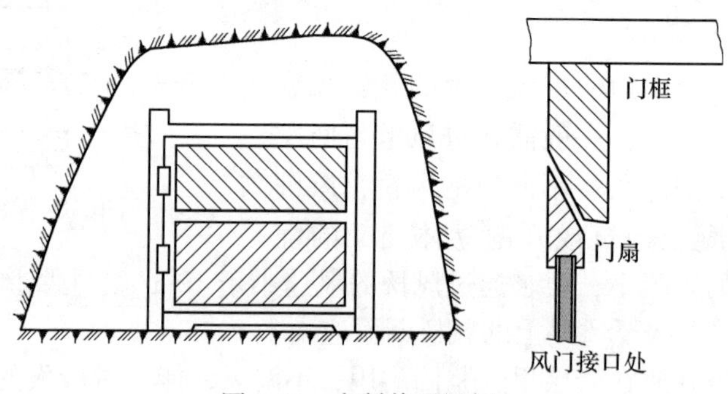

图 2-11　木制普通风门

自动风门种类较多，金属矿山常用的自动风门有以下几种：

（1）碰撞式自动风门。由门板、碰撞推门杠杆、门耳、缓冲弹簧、推门弓和杠杆回转轴等组成，如图 2-12 所示。风门靠矿车碰撞门板上的推门弓或推门杠杆而自动打开，借风门自重而关闭。其优点是结构简单，经济实用；缺点是碰撞构件容易损坏，需经常维修，可在行车不太频繁的巷道中使用。

（2）气动或水动风门。风门的动力来源是压缩空气或高压水。它是一种由电气触点控制电磁阀，电磁阀控制气缸或水缸的阀门，使活塞做往复运动，再用联动机构控制开闭的风门，如图 2-13 所示。这种风门简单可靠，但只能用于有压气或高压水源的地方，严寒易冻的地点不能使用水动风门。

（3）电动风门。此类风门是以电动机为动力，经减速后带动联动机构使风门开闭。电动的启动与停止，可借车辆触动电气开关或光电控制器自动控制。电动风门应用较广，适应性较强，但减速和传动机构复杂。电动风门样式较多，图 2-14所示的为其中一种。

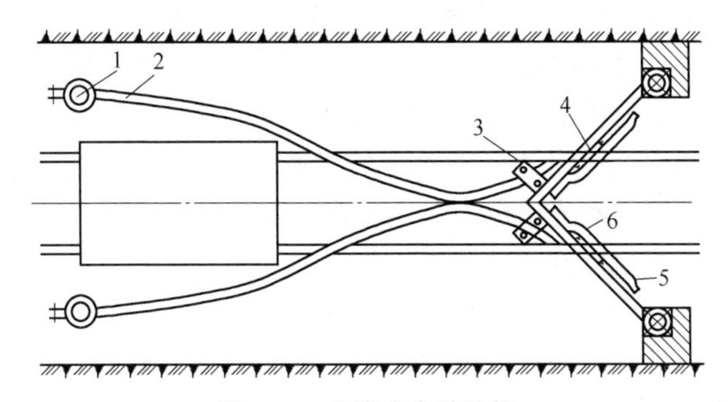

图 2-12 碰撞式自动风门

1—杠杆回转轴；2—碰撞推门杠杆；3—门耳；4—门板；5—推门弓；6—缓冲弹簧

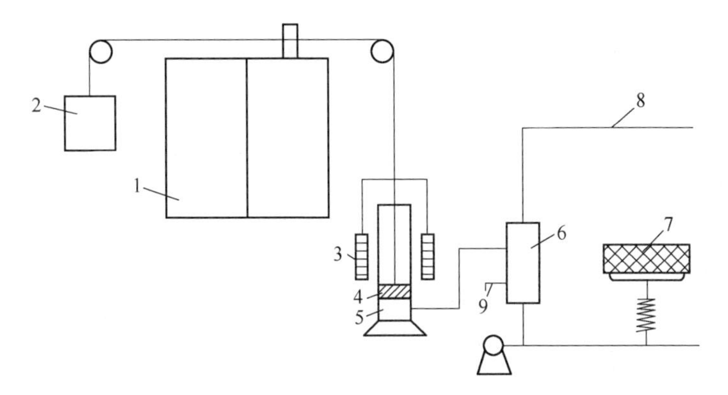

图 2-13 水力配重自动风门

1—风门；2—平衡锤；3—重锤；4—活塞；5—水缸；6—三通水阀；
7—电磁铁；8—高压水管；9—放水管

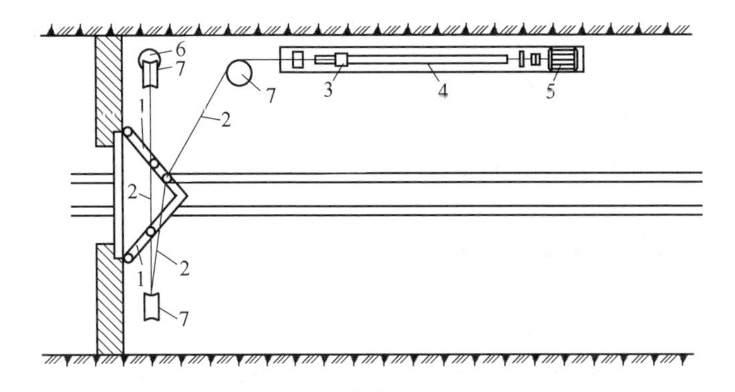

图 2-14 电力自动风门

1—门扇；2—牵引绳；3—滑块；4—螺杆；5—电动风机；6—配重；7—导向滑轮

风门的电气控制通常使用辅助滑线、光电控制器和轨道接点三种方式。辅助滑线控制方式是在距风门一定距离的电机车架线旁约 0.1m 处，另架设一条长 1.5~2.0m 的滑线（铜线或铁线）。当电机车通过时，靠接电弓子将正线与复线接通，从而使相应的继电器带电，控制风门开闭。滑线控制方式简单实用，动作可靠，但只有电机车通过时才能发出信号，手推车及人员通过时，需另设开关。光电控制方式是将光源和光敏电阻分别布置在距风门一定距离的巷道两侧。当列车或行人通过时，光线受到遮挡，光敏电阻阻值发生变化，光电控制方式对任何通过物都能起作用，动作比较可靠。但光电元件易受损坏，成本较高。轨道接点控制方式是把电气开关设置在轨道近旁，靠车轮压动开关来控制风门。此方式只能用于巷道条件较好、行车不太频繁的巷道中。

2.2.1.4　导风板

矿井通风工程中一般使用汇流导风板、降阻导风板和引风导风板等三种导风板。

（1）汇流导风板。在三岔口巷道中，当两股风流对头相遇时，可设置如图 2-15 所示的汇流导风板，以减少相遇时的冲击能量损失。此种导风板可用木板制成，安装时应使导风板伸入汇流巷道，所分成的两个隔间的面积 S_1 和 S_2 与各自所通过的风量 Q_1 与 Q_2 成比例，即

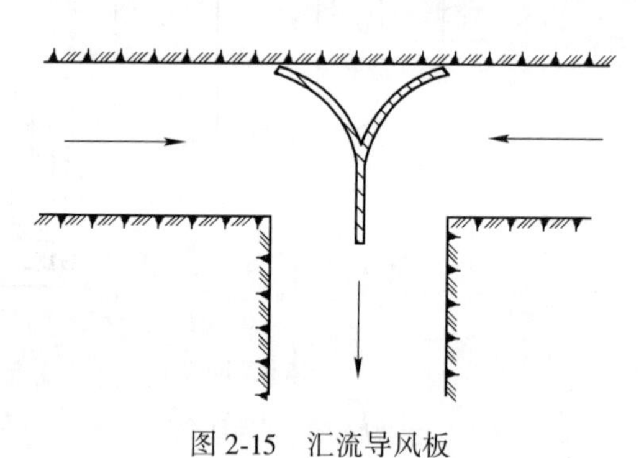
图 2-15　汇流导风板

$$\frac{S_1}{S_2}=\frac{Q_1}{Q_2}$$

（2）降阻导风板。在风速较高的巷道直接转弯处，为降低通风阻力，可用铁板制成机翼形或普通弧形降阻导风板，减少风流冲击的能量损失。图 2-16 所示为直角转弯处的导风板装置，导风板的敞开角 α 取 100°，导风板的安装角 β 取 45°~50°。设置导风板后，直角转弯的局部阻力系数 ξ 可由原来的 1.4 降低到 0.3~0.4。

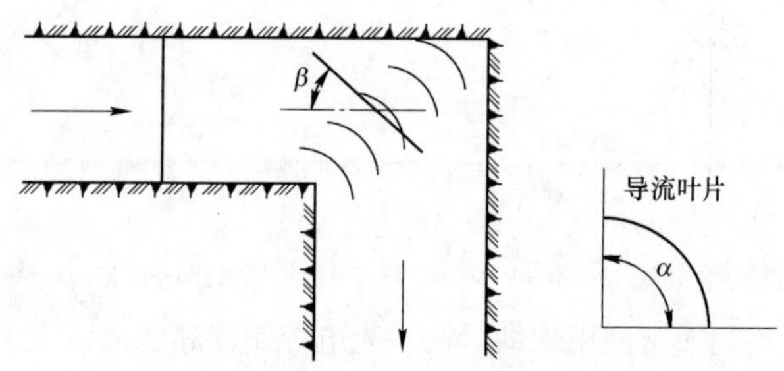

图 2-16　直角转弯处的导风板

（3）引风导风板。采用压入式通风的矿井，为防止井底车场漏风，在进风石门与阶段沿脉巷道交叉处，设置引导风流的导风板，利用风流流动的方向性，改变风流的分配状况，提高矿井有效风量率。图 2-17 所示为引风导风板安装示意图。导风板可用木板、铁板或混凝土制成。

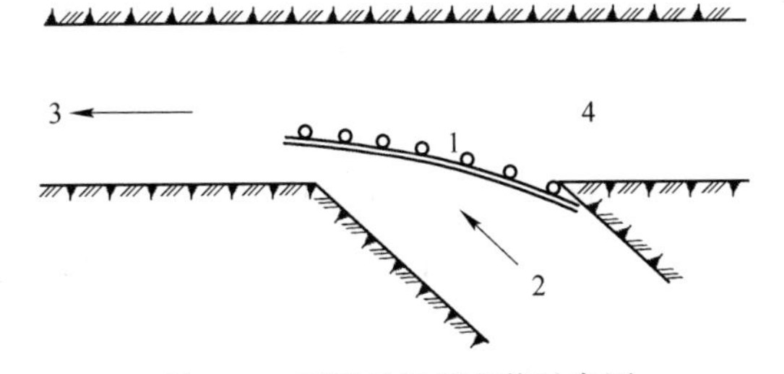

图 2-17　引风导风板安装示意图

1—导风板；2—进风石门；3—采区巷道；4—井底车场巷道

设计导风板时，其出口断面面积 S_b 可按下式计算：

$$S_b = \frac{1}{SR} \tag{2-16}$$

式中　S——巷道断面面积，m^2；

　　R——通向采区系统的总风阻，$N \cdot s^2/m^8$。

进风巷道与沿脉巷道的交叉角可取 45°。巷道转角和导风板都要做成圆弧形。导风板的长度应超过巷道交叉口 0.5~1.0m。

（4）导风板引风防漏。采用压入式通风的矿井，由专用入风井送入井下的新鲜风流具有较高的正压。进入井下的风流是通过中段运输道送往采区，而中段运输道又与通达地表的主、副井直接相连通，因此这种类型的通风系统在设计上要求各中段井底车场附近的运输道上设置自动风门，防止短路漏风。但是，在生产矿山中由于运输巷道行车频繁，设置隔断风流的自动风门在管理上非常不便，常常不能持久。不少采用压入式通风系统的矿井，井底车场的漏风严重，有效风量率降低。

有些矿山在中段专用入风石门与运输巷道的交叉口处，设置引导风流的导风板，使风流方向直对采区，背向井底车场，利用风流动压的方向性，改善风流分配状况，减少了井底车场的漏风量，提高了矿井的有效风量率。以下介绍导风板的引风原理及设计计算方法，以便指导导风板的合理应用。

1）导风板的引风原理。图 2-18 所示为导风板引风的风流流动模型。由中段专用入风石门流入的总风量为 Q，该风流在导风板的作用下，由导风板出口流出，具有较高的风速。该风流大部分流向采区（由 $A \to C$），少部分流向井底车场（由 $A \to D$）。由导风板出口射出的风流，因其动压的方向性，在 AB 段形成一个方向由 A 到 C 的有效风压 ΔH，分析如下。

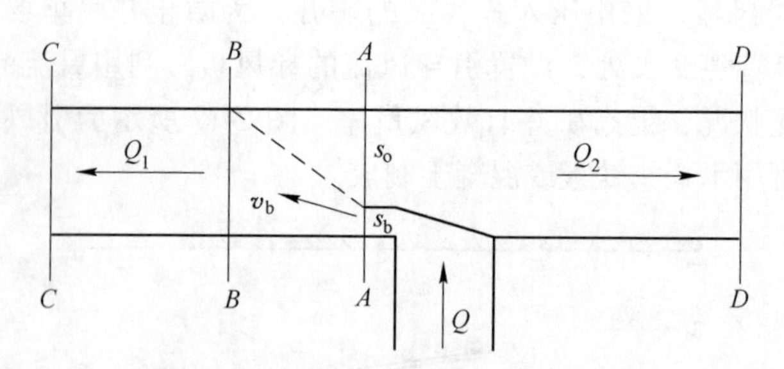

图 2-18　导风板引风的风流流动模型

首先，列出风流由断面 A 到断面 D 的单位体积流体的能量变化方程式：

$$P_A + \rho \frac{v_A^2}{2} = P_D + \frac{\rho v_D^2}{2} + R_2 Q_2^2 \tag{2-17}$$

式中　P_A ——断面 A 处风流的静压，Pa；

P_D ——断面 D 处风流的静压，等于当地大气压 P_o，Pa；

$\frac{\rho v_A^2}{2}$，$\frac{\rho v_D^2}{2}$ ——A、D 断面处风流的平均动压，Pa；

R_2 ——A、D 断面间巷道的风阻，$N \cdot s^2/m^8$；

Q_2 ——通过巷道 2 的风量，m^3/s。

再列出风流由断面 B 到断面 C 的单位体积流体的能量变化方程式：

$$P_B + \frac{\rho v_B^2}{2} = P_C + \frac{\rho v_C^2}{2} + R_1 Q_1^2 \tag{2-18}$$

由于 $v_B = v_C$，则 $P_B = P_C + R_1 Q_1^2$，$P_C = P_o$。

式中　P_B，P_C ——断面 B、C 处风流的静压，Pa；

$\frac{\rho v_B^2}{2}$，$\frac{\rho v_C^2}{2}$ ——B、C 两断面处风流的平均动压，Pa；

R_1 ——巷道 1 的风阻（B、C 两断面的风阻），$N \cdot s^2/m^8$；

Q_1 ——通过巷道 1 的风量，m^3/s。

再列 A、B 断面间风流动量变化方程式：

$$\rho Q_1 v_B - \rho Q_b v_b + \rho Q_2 v_A = (P_A - P_B) S \tag{2-19}$$

式中　Q_b ——导风板出风口风量，m^3/s；

v_b ——导风板出风口断面上的平均风速，m/s；

S ——巷道断面面积，m^2。

对以上 3 式联立求解，取运输道各处断面相等，即 $S_B = S_C = S_D = S$，导风板出风口断面面积为 S_b，剩余断面面积为 S_o，并取 $S_o \approx S$，可求出下列简单关系式：

$$\rho \times \frac{S_b}{S} v_b^2 - \rho v_1^2 - \rho v_2^2 = R_1 Q_1^2 - R_2 Q_2^2 \tag{2-20}$$

导风板所造成的有效风压 ΔH 应等于两翼风路的总风压差，其作用方向与导风板的引风方向相同。由风压平衡定律可列出导风板有效风压表达式：

$$\Delta H = R_1 Q_1^2 + \frac{\rho v_1^2}{2} - R_2 Q_2^2 - \frac{\rho v_2^2}{2} \tag{2-21}$$

由上述两式，可得

$$\Delta H = \rho \times \frac{S_b}{S} v_b^2 - \frac{\rho}{2}(v_1^2 + 3v_2^2)$$

由于 $Q_b = Q_1 + Q_2$，可近似认为：

$$v_1^2 + 3v_2^2 = \left(\frac{S_b}{S}\right)^2 v_b^2$$

由此可得

$$\Delta H = \left(2 - \frac{S_b}{S}\right) \frac{S_b}{S} \times \frac{\rho v_b^2}{2} \tag{2-22}$$

东北大学在实验室对导风板的有效风压进行了详细测定，结果如表 2-1 所示。

表 2-1 导风板有效风压测算表

$\frac{S_b}{S}$	$R_1 + \frac{\rho}{2S_1^2}$	Q_1	$R_2 + \frac{\rho}{2S_2^2}$	Q_2	ΔH	Q	v_b	$\left(2 - \frac{S_b}{S}\right) \frac{S_b}{S} \times \frac{\rho v_b^2}{2}$
0.1	15600	0.091	22000	−0.026	143	0.065	35.5	146
0.1	26100	0.072	19300	−0.011	137	0.061	33.2	128
0.1	29700	0.066	16000	0	141	0.066	36	150
0.1	20000	0.081	20600	−0.018	136	0.063	34.3	137
0.2	23000	0.113	16500	+	296	0.113	35.6	280
0.2	34400	0.095	12000	0.028	300	0.123	38.7	331
0.2	22600	0.118	—	0	314	0.118	36.9	300
0.2	17000	0.131	26100	−0.012	295.5	0.119	37.4	310
0.3	16000	0.160	20600	−0.002	408	0.158	36.8	421
0.3	20000	0.142	—	+	404	0.154	35.8	406
0.3	15700	0.155	—	0.012	392	0.153	35.6	398
0.3	15600	0.067	—	−0.001	73.5	0.066	15.4	74.5
0.4	16000	0.186	15400	+0.023	542	0.209	36.5	525
0.4	15500	0.189	641000	+0.009	500	0.198	34.6	475
0.4	21900	0.161	14500	0.046	540	0.207	36.2	512
0.4	16000	0.190	660000	0.009	513	0.199	34.8	476

注：风阻单位：$N \cdot s^2/m^8$；风量单位：m^3/s；风压单位：Pa；风速单位：m/s。

在以 ΔH 为纵坐标、以 $\left(2-\frac{S_b}{S}\right)\frac{S_b}{S}\times\frac{\rho v_b^2}{2}$ 为横坐标的图 2-19 中，各点为根据实测数据绘出，直线按理论公式（2-22）绘制。由图可知，各实测点均分布于理论曲线附近，表明有效风压计算公式（2-22）与实际情况吻合。导风板的引风作用主要取决于有效风压，有效风压越高，导风作用越好。

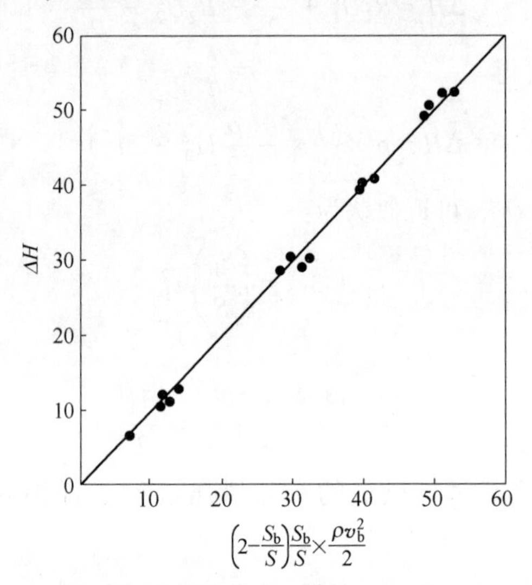

图 2-19　导风板有效风压理论值与实验值对比图

2）导风板引风时巷道的临界风阻。利用导风板引风时，在设置条件合适的情况下，可使井底车场的漏风量等于零。在导风板出口断面与巷道断面比 S_b/S 一定的条件下，能使图 2-18 中巷道 2 既不进风也不出风的巷道风阻值 R_K 称为临界风阻。如前所述，当导风板所造成的有效风压全部用于克服巷道 1 的阻力，并且通过巷道 1 的风量 Q_1 等于通过导风板的风量 Q_b 时，则巷道 2 的风量 Q_2 等于零，此时，巷道 1 的风阻值即为临界风阻，以 R_K 表示，则：

$$\Delta H = R_K Q_1^2$$

将式（2-22）中的 ΔH 代入上式，则：

$$\left(2-\frac{S_b}{S}\right)\frac{S_b}{S}\times\frac{\rho v_b^2}{2} = R_K Q_1^2$$

由于 $Q_b = Q_1$，$Q_b = v_b s_b$，则可求得

$$R_K = \left(\frac{2S}{S_b}-1\right)\frac{\rho}{2S^2} \tag{2-23}$$

在不同断面比 $\frac{S_b}{S}$ 情况下，实测的临界风阻与按式（2-23）计算的临界风阻如表 2-2 所示。由表可见，两者十分吻合。

表 2-2 导风板引风时巷道临界风阻测算表

$\frac{S_b}{S}$	实测 R_K 值/$N \cdot s^2 \cdot m^{-8}$	计算 R_K 值/$N \cdot s^2 \cdot m^{-8}$
0.1	45000~81500	57000
0.2	23000~35000	27000
0.3	16000~18000	16800
0.4	<16000	12000

3）导风板引风对巷道风量分配的影响。由风压平衡定律可知，导风板所造成的有效风压等于两翼风路的总风压差。即

$$\Delta H = \left(R_1 + \frac{\rho}{2S^2}\right)Q_1^2 - \left(R_2 + \frac{\rho}{2S^2}\right)Q_2^2 \tag{2-24}$$

此 ΔH 值与式（2-22）中的 ΔH 值是同一有效风压的不同表示方法，两者相等。由此可得

$$R_K Q_b^2 = R_1' Q_1^2 - R_2' Q_2^2 \tag{2-25}$$

式中，$R_K = \left(2 - \frac{S_b}{S}\right)\frac{\rho}{2SS_b}$，$R_1' = R_1 + \frac{\rho}{2S^2}$，$R_2' = R_2 + \frac{\rho}{2S^2}$。

当导风板有漏风时，导风板出风口的风量 Q_b 小于总风量 Q，以 ϕ 表示有效风量系数，则 $Q_b = \phi Q$，以 Q_b^2 除式（2-25）中各项，并以 $n = \frac{Q_1}{Q}$ 为引风率，则得

$$R_K' = R_1' n^2 - R_2' (1 - n)^2 \tag{2-26}$$

式中 $R_K' = R_K \phi^2$，将上式整理后，可得引风率 n 的二次方程式：

$$(R_2' - R_1')n^2 - 2R_2' n + (R_2' + R_K') = 0 \tag{2-27}$$

解式（2-27），得 n 的表达式如下：

$$n = \frac{1 - \sqrt{\frac{R_1'}{R_2'} + \frac{R_1'}{R_2'} \times \frac{R_K'}{R_2'} - \frac{R_K'}{R_2'}}}{1 - \frac{R_1'}{R_2'}} \tag{2-28}$$

当巷道 1 风阻等于临界风阻时，即 $R_1' = R_K'$，由上式可得：$n = 1$，全部风量被引送到巷道 1 中。

在实验风筒中，对各种不同断面比 S_b/S 和不同风阻比 R_1'/R_2' 条件下测定的两翼风路风量分配结果如表 2-3 所示，并根据测定资料绘成引风率 n 的坐标图，如图 2-20 所示。图中的点为实测点，直线是按式（2-28）绘制的。由图可见，各试验点均分布在理论曲线附近，两者吻合较好。这表明，式（2-28）符合实际情况。

表 2-3　导风板引风率测算表

$\frac{S_b}{S}$	Q_1 /m³·s⁻¹	Q_2 /m³·s⁻¹	Q /m³·s⁻¹	n	R'_K /N·s²·m⁻⁸	R'_1 /N·s²·m⁻⁸	R'_2 /N·s²·m⁻⁸	$\frac{1-\sqrt{\frac{R'_1}{R'_2}+\frac{R'_1}{R'_2}\times\frac{R'_K}{R'_2}-\frac{R'_K}{R'_2}}}{1-\frac{R'_1}{R'_2}}$
0. 1	0. 043	0. 025	0. 068	0. 63	34000	81500	14700	0. 67
0. 1	0. 066	0	0. 066	1. 00	34000	32200	15000	1. 02
0. 2	0. 095	0. 028	0. 123	0. 77	21900	34400	12000	0. 80
0. 2	0. 055	0. 063	0. 118	0. 47	21900	24500	13330	0. 46
0. 2	0. 025	0. 095	0. 120	0. 21	21900	690000	12500	0. 21
0. 2	0. 118	0	0. 118	1. 00	21900	22600	15000	0. 99
0. 3	0. 142	0. 012	0. 154	0. 92	16800	20000	12900	0. 93
0. 3	0. 100	0. 055	0. 155	0. 65	16800	40700	14700	0. 67
0. 3	0. 062	0. 066	0. 127	0. 49	16800	117500	15000	0. 43
0. 4	0. 186	0. 023	0. 209	0. 88	12000	16000	15400	0. 89
0. 4	0. 161	0. 046	0. 207	0. 78	12000	21900	16500	0. 77
0. 4	0. 133	0. 051	0. 186	0. 72	12000	31000	17000	0. 69
0. 4	0. 189	0. 009	0. 198	0. 96	12000	15000	643000	0. 96
0. 4	0. 168	0. 019	0. 187	0. 90	12000	14000	12000	0. 93
0. 4	0. 156	0. 088	0. 244	0. 64	12000	36700	16700	0. 63
0. 4	0. 220	0. 026	0. 246	0. 89	12000	16200	16200	0. 88

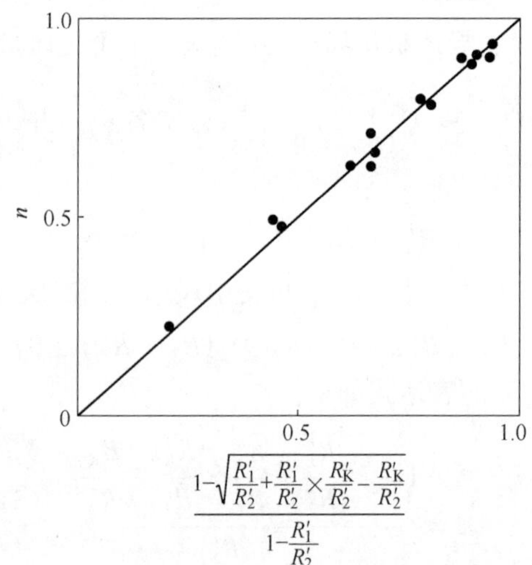

图 2-20　导风板引风率理论值与实际值对照图

2. 2. 1. 5　调节风窗与纵向风障

调节风窗是增加巷道局部阻力的方式之一，主要是调节巷道的风量。它是在挡风墙或风门上留一个可调节其面积的窗口，通过改变窗口的面积，调节所通过的风量。调节风窗多设置在无运输行人或运输行人较少的巷道中。

纵向风障是沿巷道长度方向砌筑的风墙。它将一个巷道隔成两个格间，一格入风，另一格回风。纵向风障可在长独头巷道掘进通风时应用。根据服务时间的长短，纵向风障可用木板、砖石或混凝土构筑。

2.2.1.6 主扇风硐、扩散器与反风装置

A 主扇风硐

主扇风硐指矿井主扇与风井间的一段联络巷道。由于通过风硐的风量大，风硐内外的压差也大，因此要特别注意降低风硐的阻力和减少风硐的漏风。在风硐设计中应注意以下问题：(1) 风硐断面应适当加大，其风速以 10m/s 左右为宜，最大不能超过 15m/s。(2) 风硐的转弯部位应呈圆弧形，内壁光滑，无积物，其风压损失应不大于主扇工作风压的 10%。(3) 用混凝土砌筑，闸门及反风门要严密，风硐的总漏风量应不超过主扇工作风量的 5%。(4) 考虑到清理和检查风硐、测定风速的需要，在风硐上应留有人员进出口，设双层风门关闭，以防漏风。(5) 风硐内应设置测定风流压力的测压管。

图 2-21 所示为带有反风绕道的轴流式扇风机布置图。主扇风硐包括风井到风硐的弯道、直风硐和扇风机入口弯道。各部分的尺寸可参考下述原则确定：1) 风井到风硐的弯道应呈圆弧形，井筒侧壁上开口的高度应大于风井直径。2) 直风硐是测定风速和风压的地方，为使风速分布均匀，其长度应不小于 $10D$ (D 是主扇动轮直径)，与水平线所成的倾斜角可取 10°~15°，既可降低局部阻力又便于排水。断面形状取圆形、拱形、方形均可。直风硐的直径可取 (1.4~1.6) D。3) 轴流式扇风机的入口弯道应做成流线型，断面可取圆形或正八角形，弯道直径可取 $1.2D$。

B 扩散器

在扇风机出口外连接一段断面逐渐扩大的风筒称为扩散器，在扩散器后边还有一段方形风硐和排风扩散塔。这些装置的作用都是为了降低扇风机出口的风速，以减少扇风机的动压损失，提高扇风机的有效静压。轴流式扇风机的扩散器是由圆锥形内筒和外筒构成的环状扩散风筒，外圆锥体的敞开角可取 7°~12°，内圆锥体的收缩角可取 3°~4°。离心式扇风机的扩散器是长方形的，扩散器的敞开角可取 8°~15°。排风扩散塔是一段向上弯曲的风道，又称排风弯道，它与水平线所成的倾角可取 45°或 60°。

C 反风装置

反风装置是用来改变井下风流方向的一种装置，包括反风道和反风闸门等设施。当进风井或井底车场附近发生火灾时，为防止有毒有害气体侵袭作业地点和适应救护工作，需要进行矿井反风。图 2-22 所示为轴流式扇风机进行反风时的风流状况，新鲜风流由地表经反风门 7 进入风硐 2 和扇风机 3，然后由扩散器 4

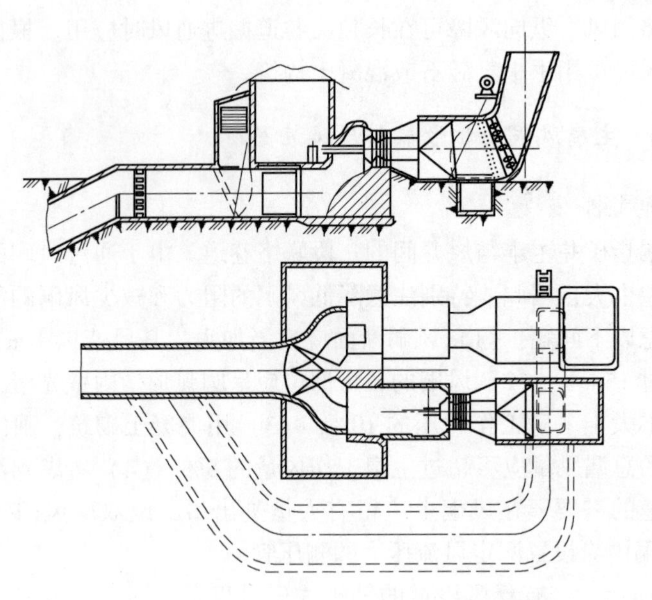

图 2-21　带有反风绕道的轴流式扇风机布置图

经排风风硐下部的反风门 5 进入反风绕道 8，再进入主风硐 1，送入井下。在正常通风时，反风门 7、5 均恢复到水平位置。此时，井下的污浊风流经主风硐 1 直接进入扇风机，然后由排风扩散塔排到大气中。

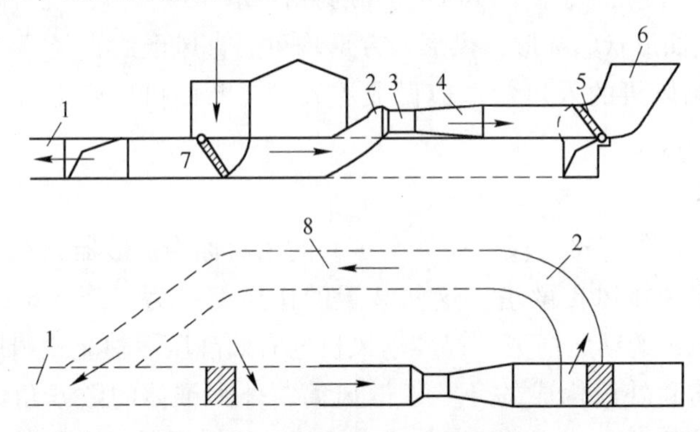

图 2-22　轴流式扇风机反风示意图

1—主风硐；2—风硐；3—扇风机；4—扩散器；
5—反风门；6—排风弯道；7—反风门；8—反风绕道

轴流式扇风机也可利用扇风机动轮反转实现反风。反风时，调换电动机电源的两相接点，改变电机和扇风机动轮的转动方向，使井下风流反向。但这种方法的反风量较小，如能保证在反风后原进风井的风流方向改变，也可采用此种反风办法。一般情况要求反风装置操作方便，简单可靠，能保证在 10min 内达到反风要求。

离心式扇风机利用反风道和反风门反风的情况与轴流式扇风机基本相同。

2.2.1.7 矿井通风构筑物的选型

A 主扇扩散塔

扩散塔是主扇向大气中排放污风的装置。由于全矿风量均通过扩散塔排出，风量大，风速高，因此，选型及通风阻力的大小对主扇能量的有效利用有较大的影响。

扩散塔有多种形式。最简单的扩散塔是直立的，其空气动力性能较差。60°倾斜扩散塔在现场应用较多（见图 2-23a），但由于转角大，内外边界线形欠佳，以及出风口内转角区域经常出现较大范围的旋涡区，因此通风阻力较大。图 2-23b所示为 45°倾斜角的改进型扩散塔，由于转角变小，其通风阻力大为降低。图 2-23c 所示为流线型扩散塔，其通风阻力最小。

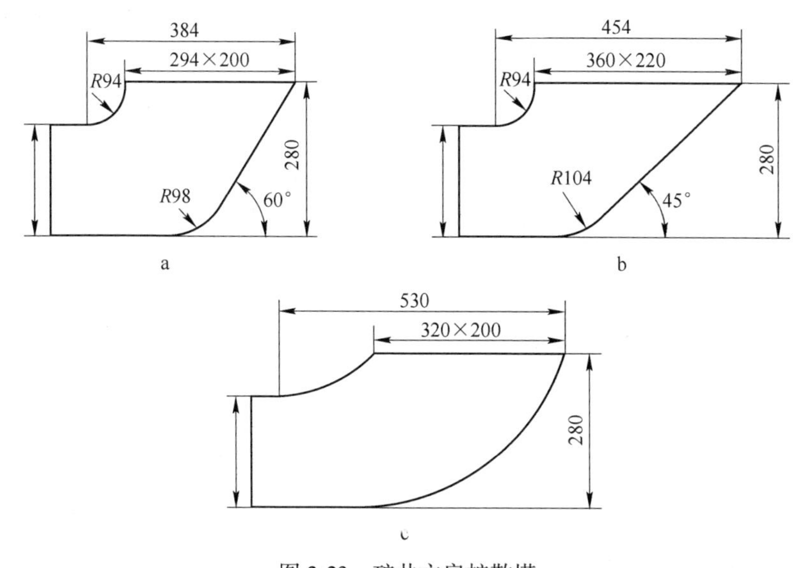

图 2-23 矿井主扇扩散塔

a— 60°倾斜角扩散塔；b— 45°倾斜角扩散塔；c—流线型扩散塔

风流通过扩散塔的阻力由转弯局部阻力、旋涡阻力及出风口动压损失组成。为方便起见，以统一的扩散塔局部阻力系数 ξ 来表示，则扩散塔阻力为

$$h = \xi \frac{\rho v_1^2}{2} \qquad (2\text{-}29)$$

式中 v_1——扩散塔入风口平均风速，m/s。

直立型、60°倾斜型、45°倾斜型和流线型等四种扩散塔的风流参数、空气动力阻力和旋涡区的范围的实验和研究结果如表 2-4 所示，主要结论分述如下。

表 2-4　扩散塔风流参数测定表

扩散塔形式	动压 h_0 /Pa	静压 h_0 /Pa	全压 h_0 /Pa	阻力系数 /ξ	风速 v /$m \cdot s^{-1}$	风量 Q /$m^3 \cdot s^{-1}$	雷诺数 Re	旋涡区长度 /mm	旋涡区相对长度 /mm	扩散塔出口总长度/mm	断面扩散系数 n
直扩散塔,90°转弯	650	545	1195	1.84	32.6	1.31	4.46×10^5	82	29.3	280	1.40
苏式扩散塔,60°转弯:											
无导流叶片	760	175	935	1.23	35.3	1.42	4.87×10^5	28	9.04	310	1.55
无导流叶片	815	47	862	1.06	36.5	1.46	5.00×10^5	6	2.14	280	1.40
无导流叶片	810	36	846	1.05	36.4	1.455	4.99×10^5	0	0	270	1.35
无导流叶片	805	77	882	1.09	36.3	1.45	4.98×10^5	0	0	255	1.28
无导流叶片	700	386	1086	1.57	33.8	1.35	4.63×10^5	0	0	200	1.00
有导流叶片	850	-34	816	0.96	37.3	1.49	$5,12\times10^5$	0	0	310	1.55
有导流叶片	890	-123	767	0.863	38.2	1.53	5.24×10^5	0	0	280	1.40
改进型扩散塔,45°转弯:											
无导流叶片	820	33	853	1.04	36.6	1.465	5.02×10^5	102	22.9	445	2.23
无导流叶片	890	-134	756	0.85	38.2	1.53	5.24×10^5	12	3.34	360	1.80
无导流叶片	890	-104	786	0.88	38.2	1.53	5.24×10^5	—	—	360	1.80
无导流叶片	890	-123	767	0.863	38.2	1.53	5.24×10^5	0	0	345	1.73
无导流叶片	860	-90.5	769.5	0.895	37.5	1.50	5.14×10^5	0	0	320	1.60
改进型扩散塔,45°转弯:											
有导流叶片	870	-134	736	0.846	37.7	1.51	5.17×10^5	0	0	445	2.23
有导流叶片	910	-166	744	0.818	38.6	1.54	5.28×10^5	0	0	300	1.50
流线型扩散塔:											
无导流叶片	835	-16.7	818.3	0.98	37	51.48	5.07×10^5	112	25.2	445	2.23
无导流叶片	880	-114	766	0.87	38	1.52	5.20×10^5	10	3.03	330	1.65
无导流叶片	890	-131	759	0.853	38.2	1.53	5.24×10^5	9	2.75	327	1.64
无导流叶片	865	-129	736	0.85	37.6	1.505	5.15×10^5	0	0	320	1.60
无导流叶片	880	-116	764	0.87	38	1.52	5.20×10^5	0	0	320	1.60
无导流叶片	860	-120	740	0.86	37.5	1.50	5.14×10^5	0	0	305	1.52
有导流叶片	910	-165	745	0.82	38.8	1.54	5.28×10^5	0	0	445	2.23
有导流叶片	960	-246	714	0.744	39.6	1.58	5.43×10^5	0	0	320	1.60

a 雷诺数对扩散塔风流参数的影响

出风口的风流结构参数以旋涡区长度 l 占扩散塔出风口总长度 L 的百分比来表示。在实验条件下，雷诺数在 $(2.95 \sim 5.43)\times 10^5$ 范围内，涡流区的长度不受雷诺数影响，保持一定数值，如图 2-24 所示。矿山主扇扩散塔的实际雷诺数变化在 $(5 \sim 25)\times 10^5$ 之间，比实验中所采用的雷诺数高。因此，上述结论完全适用于现场。

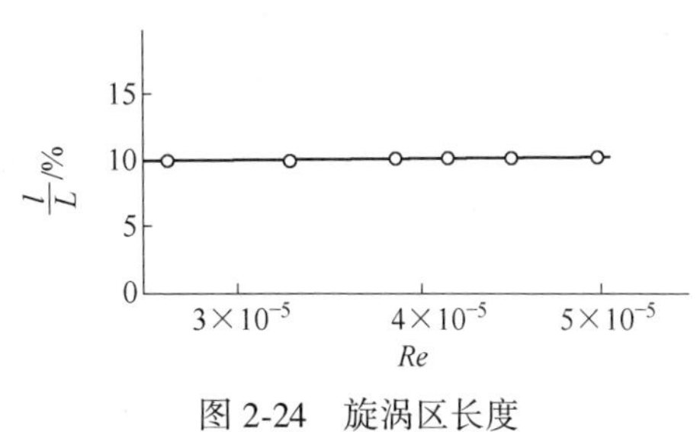

图 2-24 旋涡区长度 l/L 与雷诺数 Re 的关系

b 扩散塔出口长度对通风阻力的影响

扩散塔出风口的相对长度以 n 表示，$n=L/D$，其中 D 是扩散塔入风口的当量直径。边壁垂直的扩散塔，出风口相对长度 n 就是出风口与入风口的断面比，称断面扩大系数。断面扩大系数越大，出口的动压损失越小，通风阻力越小。但是，断面扩大系数增大到一定程度后，在扩散塔出风口内边界处，出现了越来越大的涡流区，使通风口的有效通风断面小于实际断面。此时，其通风阻力反而逐渐增大。图 2-25 所示为 3 种不同形式扩散塔通风阻力系数 ξ 随断面扩大系数 n 的变化关系。实验表明，各种不同的扩散塔均存在一个最优的断面扩大系数。在该种情况下，出风口处没有涡流区，风速分布也比较均匀，其通风阻力最小。在扩散塔高度与巷道当量直径之比为 1.4 的情况下，60° 倾斜扩散塔的最优断面扩大系数 $n_0=1.35$；改进型 45° 倾斜塔 $n_0=1.75$；流线型扩散塔 $n_0=1.60$。当扩散塔高度与巷道当量直径之比增大时，断面扩大系数 n_0 亦随之增大。

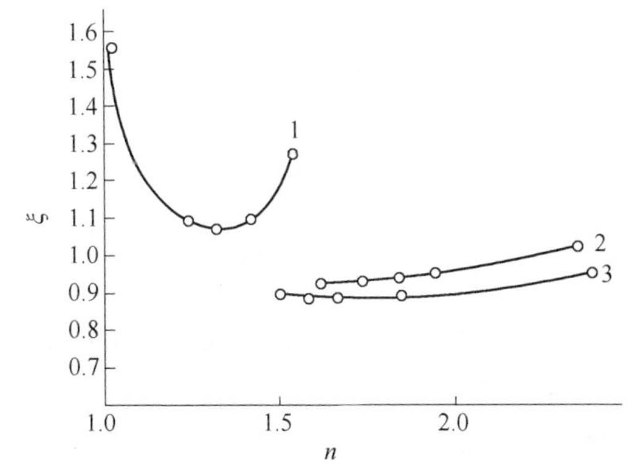

图 2-25 各类扩散塔阻力系数 ξ 随 n 值变化曲线

1—60°倾斜扩散塔；2—45°倾斜扩散塔；3—流线型扩散塔

c 扩散塔高度与通风阻力的关系

以改进型 45° 倾斜扩散塔为对象，对扩散塔高度为 $1.4D$、$1.5D$、$2.0D$、

2.5D、3.0D、3.5D 六种不同情况进行最优断面扩大系数和阻力系数测定。测定结果如表 2-5 所示。实验发现，当扩散塔的高度不同时，最优扩大断面的内边界线为一与水平线成 51° ~ 53° 的直线。随着扩散塔高度的增加，扩散塔的最优断面扩大系数逐渐增加，阻力系数减小。在矿井设计中，在条件许可的情况下，把扩散塔建高一些，无论对降低通风阻力，还是对防止大气污染均有利。

表 2-5　不同扩散塔高度的 n_0 与 ξ 的关系

塔高 /m	塔高与风硐高之比	最优断面扩大系数/ n_0	通过风量/$m^3 \cdot s^{-1}$	阻力系数 ξ
0.28	1.4	1.73	0.78	0.52
0.30	1.5	1.75	0.79	0.90
0.40	2.0	1.85	0.80	0.88
0.50	2.5	1.95	0.81	0.83
0.60	3.0	2.05	0.85	0.74
0.70	3.5	2.15	0.86	0.69

d　涡流区长度与断面扩大系数的关系

扩散塔出口断面大于最优断面时，在出风口的内边界上出现旋涡区。涡流区的相对长度 l/L 与断面扩大系数 n 之间存在如下线形关系，如图 2-26 所示。

$$\frac{l}{L} = 0.46(n - n_0) \tag{2-30}$$

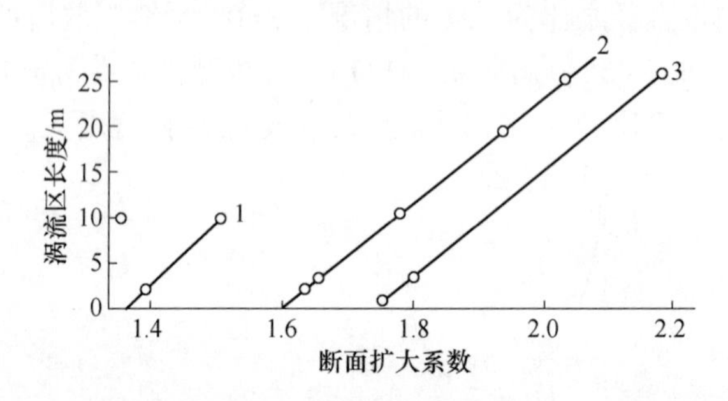

图 2-26　涡流区尺寸与断面扩大系数的关系

实验表明，出现旋涡区的条件是 $n > n_0$，涡流区的长度随扩散塔总长度增加而增加。涡流区越长，通风阻力越大。

e　扩散塔的通风阻力

在实验的四种扩散塔中，直立型直角转弯的扩散塔阻力最大，当断面扩大系数等于 1.4 时，局部阻力系数 $\xi = 1.84$。60° 倾斜圆弧转弯的扩散塔阻力也较大，当断面扩大系数为 1~1.55 时，$\xi = 1.05 \sim 1.57$。改进的 45° 倾斜圆弧转角的扩散塔阻力较低，$\xi = 0.85 \sim 1.04$。而流线型扩散塔的阻力最小，$\xi = 0.85 \sim 0.98$。上述数据都是在塔高为 1.4D 条件下测得。当塔高增加时，阻力还可能降低。

f　扩散塔尺寸的设计

(1) 45°倾斜扩散塔。

扩散塔的尺寸首先取决于扩散塔入风口的尺寸 D 。当入风口为方形风硐时，其等效直径 D 确定之后就可确定扩散塔的高度 h 。扩散塔高度可根据环境保护和降阻的要求而定，但最低不宜小于 1.4D 。扩散塔排风断面的尺寸可由相应的最优断面而定。具体设计步骤如下：

1）首先确定扩散塔高度 h ，取 $h=2D$ 。

2）由距方形风硐最终断面 $A-A'$ 为 0.45D 处的 B 点，作与水平线成 52°角的斜线，交高度等于 2D 的水平线于 C 点，$\angle ABC$ 的两边由半径等于 0.45D 的圆弧连接，如图 2-27 所示。

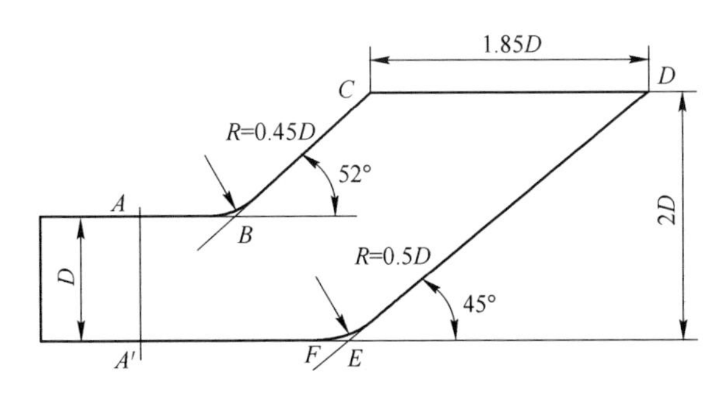

图 2-27　45°倾斜扩散塔各部位尺寸结构图

3）查表 2-5，当塔高为 2D 时，最优断面扩大系数 $n_0=1.85$，在水平线 CD 上截取长度等于 1.85D 的线段 CD 。

4）通过 D 点作与水平线成 45°的斜线，交水平线于 E 点，角的两边由半径等于 0.5D 的圆弧连接。

5）扩散塔的侧壁采用直立式。

(2) 流线型扩散塔。

扩散塔的最低高度取 1.4D，流线型扩散塔的外边界是按下述原则确定的。将进入扩散塔的风流视为平行平面流，扩散塔出风口的外边缘视为汇流点，扩散塔中的风流视为平行平面流与汇流的合成流动，而以其最外部的边界流线作为扩散塔的外边界线。从工程应用出发，取用如下形式的外边界线方程：

$$y_1=-1.5h(3-2\theta/\pi) \tag{2-31}$$

式中　y_1——外边界上某点的纵坐标，m；

h——扩散塔高度，m；

θ——外边界上某点与原点连线的辐角，以弧度表示，θ 可取 1.5π、1.44π、1.39π、1.33π、1.28π、1.17π 等值。

扩散塔内边界在很大程度上受外边界线的影响。当外边界线和最优断面扩大系数确定以后，内边界向顶点的位置也随之而定。同理，也可把该点视为汇点，得出内边界方程为

$$y_2 = -1.5(h - D)(3 - 2\theta/\pi) \tag{2-32}$$

式中　y_2——内边界线上某点的纵坐标，m；

D——风硐等效直径，m。

流线型扩散塔两侧的边壁采用直立。下面举例说明流线型扩散塔各部分尺寸的确定方法。设扩散塔入风口为方形，$A—A'$ 断面尺寸为 $2 \times 2\text{m}^2$，塔高 $1.4D$，如图 2-28 所示。各部分尺寸如下：

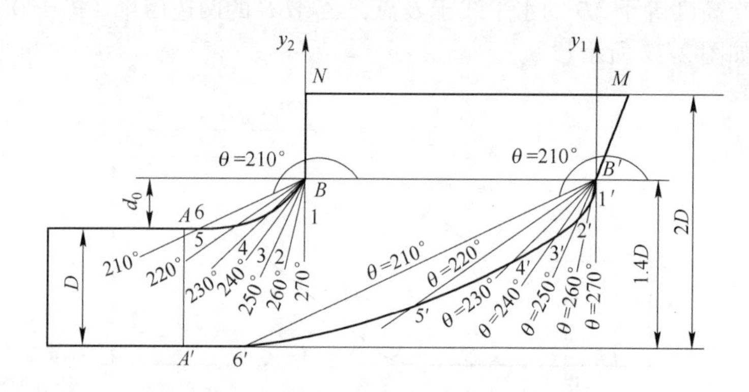

图 2-28　流线型扩散塔各部分尺寸结构图

1）扩散塔塔高 $h = 1.4D = 1.4 \times 2 = 2.8\text{m}$。

2）由 A 点作倾角 $\alpha = 30°$ 的斜线，交扩散塔出口等高线于 B 点，该点高度为 2.8m，距风硐出口断面 $A—A'$ 的水平距离为 1.39m，该点即为内边界线最高点。

3）以 B 点为原点，依次令 θ 为 1.5π、1.44π、…、1.17π，代入式（2-32），求出对应的 y_2，如表 2-6 所示。将 y_2 与其对应的 θ 角的矢线的交点 0、1、2、…、6，用圆滑曲线连接起来，可得扩散塔的内边界线。

4）外边界线最高点 B' 与 B 在同一水平线上，两点的距离为扩散塔的长度 L，该长度可由最优断面扩大系数 n_0 来确定，即：$L = n_0 D = 1.6 \times 2 = 3.2\text{m}$。

5）以 B' 点为原点，依次令 θ 为 1.5π、1.44π、…、1.17π，按公式（2-31）求出对应的 y_1 值，如表 2-6 所示，由 y_1 值及对应的 θ 角的矢线的交点 $0'$、$1'$、…、$6'$，用光滑曲线连接起来，可得扩散塔的外边界线。

6）按扩散塔高度 $h = 1.4D$ 而设计的内、外边界线，已使风流平稳地转了 90° 弯。若继续加高扩散塔，可在 $1.4D$ 高的基础上，按下述原则增高：由点 B 作垂线 BN，若把扩散塔高定为 2D，则 BN 长为 $0.6D$。再由 B' 点作与垂线成 8° 角的斜线 $B'M$，NM 为水平线。此时，ABN 为内边界线，$A'B'M$ 为外边界线。

7）扩散塔导流叶片及其作用。在扩散塔的转弯部位设置一组弧形导流叶片，可减低阻力，提高扩散塔的效率。导流叶片的数目可取3~5片。叶片的曲率半径r可取扩散塔内、外边界线转角平均曲率半径的一半。叶片的弦长与转角有关，当转角为60°时，弦长等于曲率半径r；当转角为45°时，弦长等于0.7r；流线型扩散塔可近似选用45°转角的叶片弦长。在一组导流叶片中，各叶片的间距互不相等，靠内边界的一侧，叶片较密，靠外边界一侧的叶片较稀。当取用3~5个叶片时，各叶片间距如表2-7所示。

安装导流叶片时，应使其端部的切线方向与风流方向一致。对三种不同类型扩散塔设置导流叶片后的通风阻力测定结果如表2-8所示。设置导流叶片后，断面扩大系数n_0增大，消除了涡流区，降低了局部阻力，阻力系数ξ降低15%~22%。

表2-6 流线型扩散塔边界线参数计算表

θ/(°)	弧度				
	$\frac{\theta}{\pi}$	$\frac{2\theta}{\pi}$	$3-\frac{2\theta}{\pi}$	y_2	y_1
270	1.5	3	0	0	0
260	1.44	2.88	0.12	-0.1	-0.47
250	1.38	2.78	0.22	-0.27	-0.94
240	1.33	2.66	0.33	-0.40	-1.40
230	1.28	2.56	0.44	-0.53	-1.87
220	1.22	2.44	0.56	-0.67	-2.33
210	1.17	2.34	0.66	-0.80	-2.80

表2-7 扩散塔导流叶片间距

叶片总数	叶片间距（以安装叶片处风道斜高为1）					
	0~1	1~2	2~3	3~4	4~5	5~6
3	0.17	0.22	0.28	0.34		
4	0.13	0.17	0.20	0.23	0.26	
5	0.11	0.13	0.16	0.18	0.20	0.22

表2-8 扩散塔设导流叶片前后技术参数对比

扩散塔形式	断面扩大系数n_0	阻力系数ξ		涡流区相对长度l/L/100%		阻力系数降低百分数/%
		无导流叶片	有导流叶片	无导流叶片	有导流叶片	
倾斜型60°转角	1.55	1.23	0.96	9.04	0	22
	1.40	1.06	0.86	2.41	0	18.0
改进型45°转角	2.23	1.04	0.846	22.9	0	18.3
流线型	2.23	0.98	0.82	25	0	16.3
	1.60	0.86	0.744	0	0	15

B　风桥

风流经过风桥时，其连续转弯处会形成较大的局部阻力。研究合理的风桥结构形式，降低风桥阻力，对改善通风状况和节约能源具有现实的意义。对 90° 直线型、60° 直线型、45° 直线型、圆弧型、双曲线型和绕流型（见图 2-29）6 种不同结构形式风桥的阻力进行对比实验，测算出各种风桥在不同雷诺数条件下的局部阻力系数，并根据测算数据绘出 ξ-Re 关系曲线，如图 2-30 所示。通过实验分析，可得如下结论：

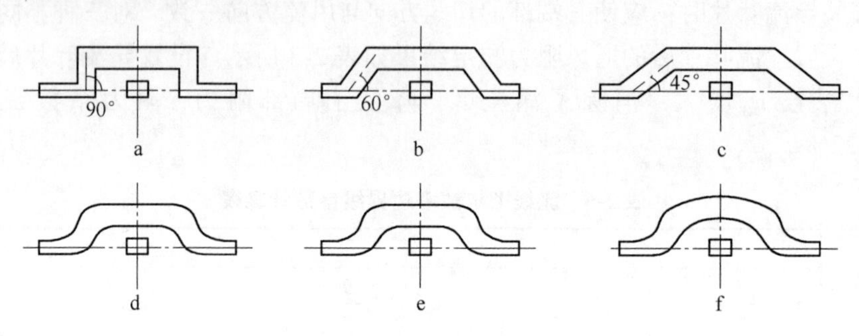

图 2-29　6 种风桥

a—90°直线型；b—60°直线型；c—45°直线型；d—圆弧型；e—双曲线型；f—绕流型

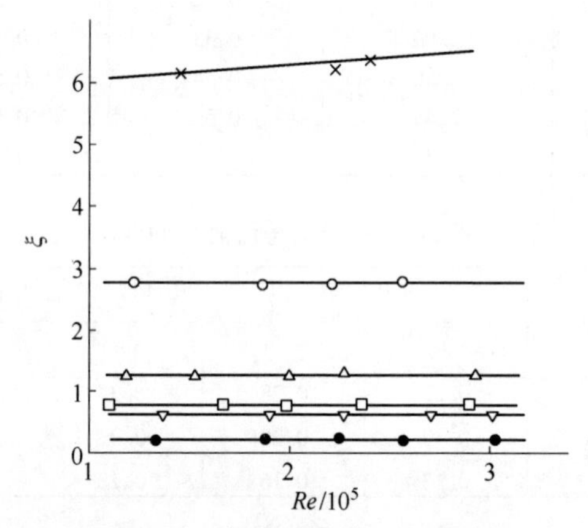

图 2-30　各种风桥的 ξ-Re 曲线

×—90°直线型；○—60°直线型；△—90°直线型；□—圆弧型；▽—双曲线型；●—绕流型

（1）不同角度的直线型风桥中，90° 转弯时 ξ 为 6.13；60° 转角时 ξ 为 2.53；45° 转角时 ξ 为 1.18。角度越小，ξ 越小。整个风桥的局部阻力系数值大致等于该角度下单个转弯局部阻力系数的四倍。

（2）圆弧型风桥：当取转弯曲率半径等于巷道当量直径 D 时（$D = 4S/P$，S 是断面面积，P 是周界长度），其局部阻力系数值为 0.75，低于上述直线型风桥的阻力系数值。

（3）双曲线型风桥：由于其边界线更接近于风流在直线转弯处的流线，其阻力系数值降低到0.65。

（4）绕流型风桥局部阻力最小，阻力系数值仅为0.15，相当于90°直线型风桥的1/40。这种结构的风桥在已有的文献中罕见。绕流型风桥结构（见图2-31）是根据理想流体无旋绕流的原理设计的，其内外边界线取用了圆柱体平面无旋绕流的流线方程。实验中所取用的内外边界线方程如下。

内边界线方程：

$$\frac{r_i}{D} = 0.125\left[\frac{1}{\sin\theta_i} + \sqrt{\frac{1}{\sin^2\theta_i} + 324}\right] \tag{2-33}$$

外边界线方程：

$$\frac{r_0}{D} = 0.325\left[\frac{1}{\sin\theta_0} + \sqrt{\frac{1}{\sin^2\theta_{0i}} + 64}\right] \tag{2-34}$$

式中 D——巷道当量直径，m；

r，θ——极坐标的矢径和辐角。

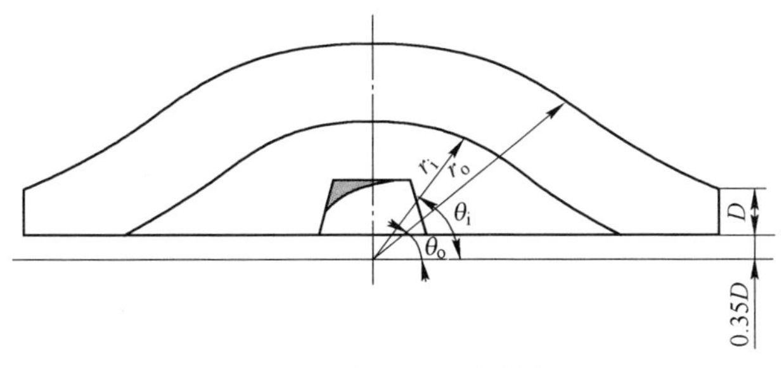

图2-31 绕流型风桥结构

（5）六种不同形式的风桥结构，在开凿工程量方面无显著区别。由于绕流型风桥、双曲线型风桥和圆弧型风桥的通风阻力比直线型有明显降低，因此采用这种风桥可节省能耗。当通过风量为20~40m^3/s时，与90°直线型风桥相比，绕流型风桥每年可节省电耗10万~20万度。

C 主扇风硐

a 风井与风硐连接处的局部阻力

从风井到风硐一般有一个转弯的连接道，其通风阻力与转角、断面比和风井断面的形状等因素有关。在风井与风硐成直角转弯的情况下，改变风井与风硐的断面比以及风井断面形状，测得的局部阻力系数ξ_2（按风硐中风流动压计算的局部阻力系数）如表2-9所示，并绘出S_2/S_1的变化曲线（见图2-32）。第一种情况：风井与风硐断面均为正方形，其阻力系数最小（图2-32中曲线1）；第二种情况：长方形风井，其长轴方向与风硐轴线方向一致，局部阻力系数与正方形风

表 2-9　局部阻力系数 ξ_2

风井与风硐的断面特征	风硐与风井断面比（S_2/S_1）												参考图形
	0.2	0.25	0.286	0.33	0.4	0.417	0.5	0.6	0.667	0.7	0.8	1.0	
风井、风硐均为正方形，b_2=0.2m，$a=b_1$	0.215	—	—	—	0.462	—	—	0.652	—	—	0.964	1.28	
风硐为正方形，风井为长方形，其长轴与风硐轴线方向一致，$a=b_1=0.2$m，改变 b_1	—	—	—	0.41	0.46	—	0.59	—	0.732	—	1.02	1.28	
风硐为正方形，风井为长方形，其长轴与风硐轴向垂直	—	0.462	0.16	0.541	—	0.58	0.762	0.91	—	1.10	1.29	2.18	

井十分接近（图 2-32 中曲线 2）；第三种情况：长方形风井，其长轴方向与风硐方向垂直，局部阻力系数最高，特别是宽长比相差悬殊时，阻力系数更高（图 2-32 中曲线 3）。例如，当长宽比 a/b_1 为 1.2~2.0 时，其阻力系数为正方形风井的 1.3 倍，当 a/b_1 为 2.4 时，达 1.7 倍。

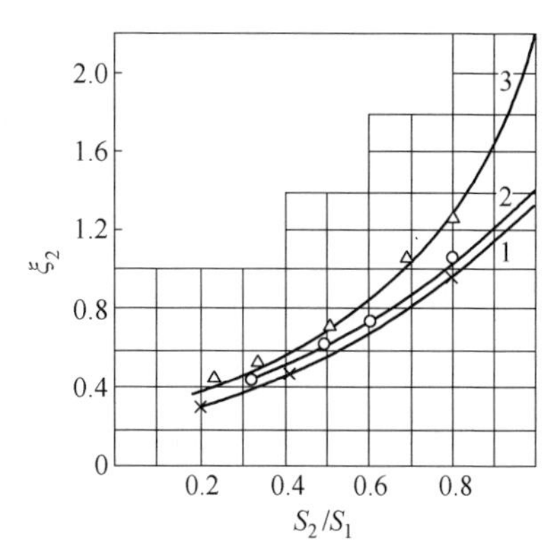

图 2-32　风井与风硐连接处 ξ_2 随 S_2/S_1 变化曲线

风井到风硐的转弯处，其内外转弯的形状对通风阻力有很大的影响。实验中保持外转角尖锐不变，内转角做成尖角型、直线型、圆弧型、折线型和双曲线型，测得的通风阻力系数值如表 2-10 所示。根据测定资料可作如下分析：

内转角为尖角型的转弯时，通风阻力增大。风流经转弯时，离壁现象严重，流束有较大的收缩，并形成涡流区，能量损失较大，其 ξ_2 等于 0.562。

表 2-10　不同内转角形状的局部阻力系数 ξ_2

内转角形状	形状参数	局部阻力系数 ξ_2	参考图形
尖角型		0.562	b_1　b_1
直线斜切型	$l=\frac{b}{\sqrt{3}}$，$\beta=60°$ $l=\frac{b}{2}$，$\beta=45°$ $l=b$，$\beta=30°$	0.290 0.286 0.235	b_1　l　b_1
圆弧型	$r_i=b$	0.187	b_1　r_i　b_1

续表 2-10

内转角形状	形状参数	局部阻力系数 ξ_2	参考图形
双折线型	$l_1 = l_2 = b,\ \beta_1 = \beta_2 = 30°$ $l_1 = l_2 = b,\ \beta_1 = \beta_2 = 16°$	0.184 0.181	l_2 b_1 l_1 b_1
双曲线型	$xy = 0.16b^2$	0.174	b_1 b_1

直线型内转角的阻力系数为尖角型的一半。这种转角施工简单，易于实现。直线的角度不同，阻力也不同。例如，$l = b/\sqrt{3}$，$\beta = 60°$ 时，$\xi_2 = 0.290$；而当 $l = b$，$\beta = 30°$ 时，$\xi_2 = 0.235$。两者工程量相等，但后者降阻效果更好。圆弧型转角的阻力系数约为尖角型的 1/3。圆弧的曲率半径 $r_i = (b_1 + b_2)/2$，其中 b_1、b_2为风井的宽度，其局部阻力系数 $\xi_2 = 0.187$。通风阻力最小的内转角是双曲线型，实测阻力系数 $\xi_2 = 0.174$。双折线型内转角是由双曲线派生的。当取 $l_1 = l_2 = b_1$，$\beta_1 = \beta_2 = 16°$ 时，双折线型近似于双曲线型，通风阻力较小，$\xi_2 = 0.181$。风井与风硐连接处，内转角以采用双曲线型为最好。如果考虑到施工方便，也可以采用 16° 角的折线型。需要注意的是，当风井上部有“顶硐”时，通风阻力增大。实验表明有“顶硐”比无“顶硐”的通风阻力约增加 22%。此时安装迎风板，可降低通风阻力。

b　弯处导流叶片的作用

在直角转弯处安装导流叶片，可减少风流的冲击损失，降低局部阻力。通过理论分析和对比实验，找到了一种降阻能力较好的双曲线型导流叶片。该导流叶片用薄铁板制成，曲面的形状为双曲线型。实验中，双曲线叶片的相对弧长 $l/b = 1$，相对间距 $a/b = 0.162$，叶片高等于 b（b 是风筒宽，l 是叶片弧长，a 是叶片间距）。当机翼型导流叶片曲率半径 r 等于 b，其他条件相同时，对两种导流叶片的实验表明，双曲线型导流叶片的降阻效果比机翼型优越，可使转弯处局部阻力系数 ξ 降到 0.39，比机翼型低 25%。这是因为机翼型导流叶片本身厚度大，在局限空间中，叶片本身占据了较大的过流空间，使风流在转角处受到挤压，降低了导流效果。而双曲线型叶片形状较符合转弯处的导流，而且叶片薄，占据空间小，取得较好的导流效果。

东北大学孙照对双曲线型导流叶片的形状进行了研究，得出的主要结论如下：

（1）理想流体平面直角流动的流线方程为 $xy=K$。K 值不同，曲线的转弯程度不同。为寻求最佳的叶片形状，选取 $\sqrt{K}/b$ 为 0.05、0.1、0.2、0.3 和 0.5 五种形式双曲线叶片进行实验，所得 $\xi-\sqrt{K}/b$ 曲线如图 2-33 所示。由图可见，当 $\sqrt{K}/b=0.1$ 时，阻力系数值最低。

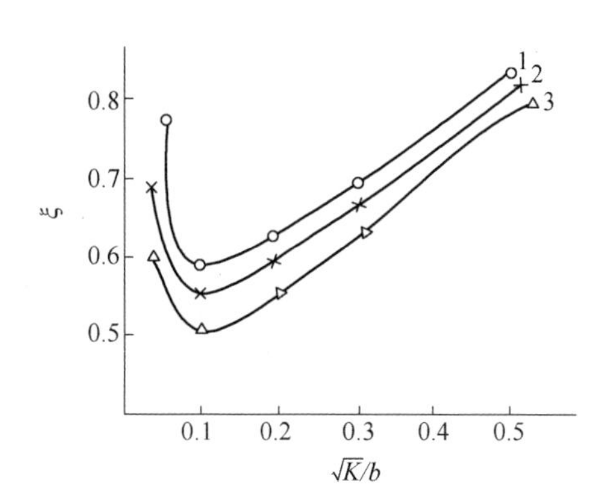

图 2-33 双曲线型导流叶片的 $\xi-\sqrt{K}/b$ 关系曲线

1—$Re=2\times10^5$；2—$Re=3\times10^5$；3—$Re=4\times10^5$

（2）为确定适宜的叶片间距 a，实验中选用五种不同的 a/b 的值（0.087、0.126、0.162、0.227、0.337），叶片数为 3 片，所得 $\xi-a/b$ 曲线如图 2-34 所示。当 a/b 为 0.126 时，ξ 值最低。

（3）为确定导流叶片长度 l，以四种不同的相对长度 l/b（0.4、0.6、0.8、1.0）进行实验，所得 $\xi-l/b$ 曲线如图 2-35 所示。由图可见，在实验范围内，随叶片长度增加，阻力系数值随之下降。

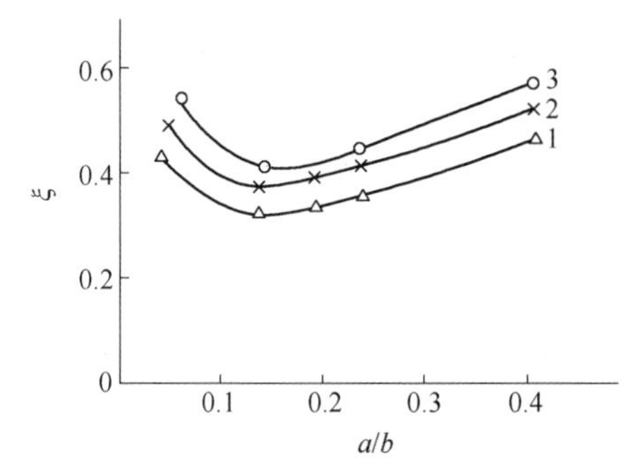

图 2-34 $\xi-a/b$ 关系曲线

1—$Re=4\times10^5$；2—$Re=3\times10^5$；3—$Re=2\times10^5$

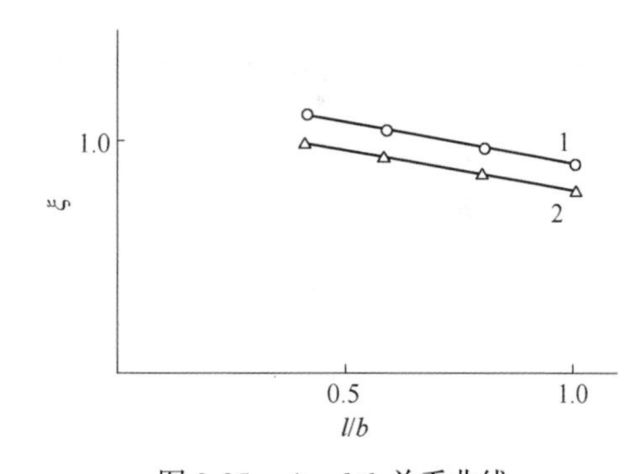

图 2-35 $\xi-l/b$ 关系曲线

1—$Re=2\times10^5$；2—$Re=3\times10^5$

c 风硐中直角双弯道的降阻

风流由风硐进入扇风机吸风口前，经过两个连续的直角转弯，局部阻力较大，应采取降阻措施。东北大学孙照对直角双弯道、直角双弯道转弯处加设双曲线导流叶片、直角双弯道的内外边界线改为双曲线型三种情况进行了对比实验，实验结果如图 2-36 所示。直角双弯道的 ξ 为 2.1，加导流叶片后为 0.45，改为双曲线型内外边界后为 0.27。可见采用双曲线型内外边界线的双弯道，通风阻力最小。

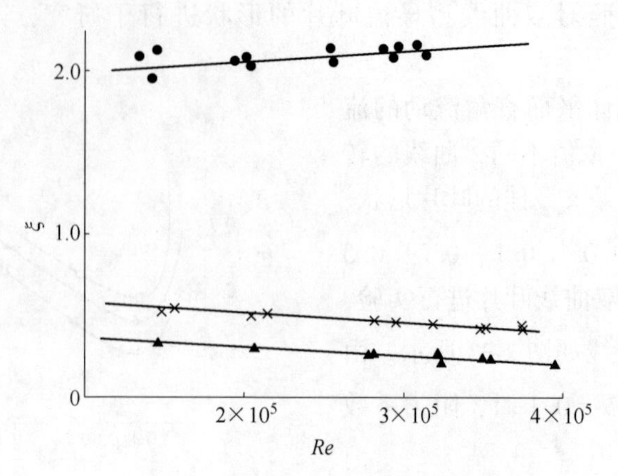

图 2-36　风硐中双弯道的局部阻力系数

×—加导流叶片；▲—双曲线型双弯道；●—直角双弯道

2.2.2　矿井风量调控

2.2.2.1　局部风量调节

局部风量调节是指在采区内部各工作面之间、采区之间或生产中段之间的风量调节。调节方法有增阻法、减阻法及增能调节法。

A　增阻调节法

增阻调节法是在并联通风网络中以阻力最大巷道的阻力值为依据，在阻力小的巷道中增加一个局部阻力，从而减少小阻力巷道的风量，相应增大与其并联的其他巷道的风量，以实现各巷道的风量按需供给，增阻调节是一种耗能调节法。下面举例说明增阻调节法的基本原理。

在图 2-37 中的并联通风网络中，分支 1、2 的风阻分别为 R_1 和 R_2，风量分别为 Q_1 和 Q_2，则两分支的阻力分别为 $h_1=R_1Q_1^2$，$h_2=R_2Q_2^2$。根据能量平衡定律可知 $h_1=h_2$。

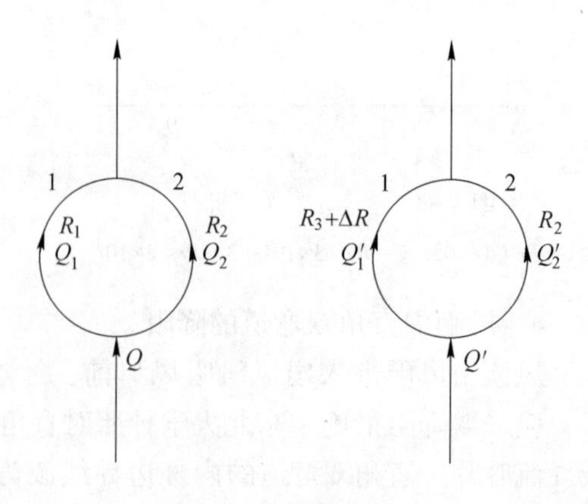

图 2-37　增阻调节

若生产条件等发生变化，分支 2 的风量 Q_2 需增大到 Q_2'，而分支 1 的风量 Q_1 又有富余，即 Q_2 增大到 Q_2' 时，Q_1 可减小到 Q_1'；保持总风量不变时，$h_2'=R_2Q_2'^2>h_1'=R_1Q_1'^2$，这显然不符合并联通风网络的能量平衡定律，因此，必须采取调节措施，通过调整并联分支巷道的通风阻力来实现分支风量的调节。

增阻调节法就是以需要增加风量的分支 2 的阻力 h_2' 为依据，在阻力小的分支 1 上增加局部阻力 h_w，从而使得 $h_2' = R_2 Q_2'^2 = h_1' = R_1 Q_1'^2$，这时进入两分支的风量即为需要的风量。显然，局部风阻：

$$\Delta R = \frac{h_w}{Q_1'^2} \tag{2-35}$$

式中　ΔR——分支 1 上增加的风阻，$N \cdot s^2/m^8$。

增加局部阻力的措施主要有调节风窗、临时风帘、矿用空气幕等，使用最多的是调节风窗。如果需要在运输巷道上增加局部阻力，调节风窗和临时风帘一般不可行，可采用矿用空气幕。

（1）设置调节风窗。如图 2-38 所示，调节风窗是在风门或挡风墙上开一个面积可调的小窗口，风流流过窗口时，由于突然收缩和突然扩大而产生一个局部阻力 h_w。调节窗口的面积，可使此项局部阻力 h_w 和该分支所需增加的局部阻力值相等。要求增加的局部阻力值越大，风窗面积越小；反之越大。

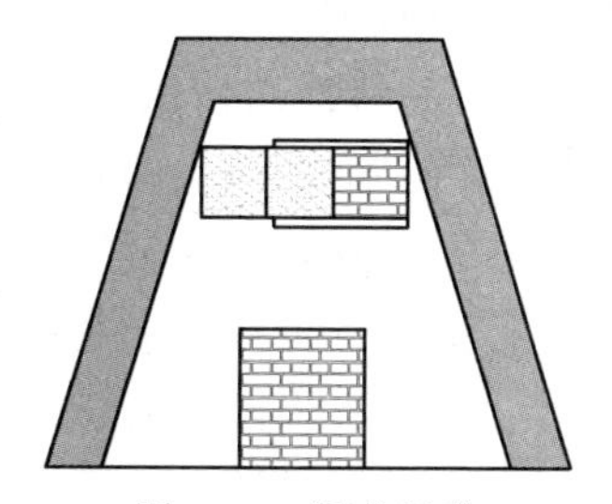

图 2-38　调节风窗

调节风窗的开口面积 S_w 计算方法如下：

当 $S_w/S_1 \leqslant 0.5$ 时，

$$S_w = \frac{Q_1' S_1}{0.65 Q_1' + 0.84 S_1 \sqrt{h_w}} \tag{2-36}$$

或

$$S_w = \frac{S_1}{0.65 + 0.84 S_1 \sqrt{\Delta R}} \tag{2-37}$$

当 $S_w/S_1 > 0.5$ 时，

$$S_w = \frac{Q_1' S_1}{Q_1' + 0.759 S_1 \sqrt{h_w}} \tag{2-38}$$

或

$$S_w = \frac{S_1}{1 + 0.795 S_1 \sqrt{\Delta R}} \tag{2-39}$$

式中　S_1——设置风窗巷道的断面面积，㎡。

（2）设置临时风帘。临时风帘是一个由机翼型叶片组成的百叶帘，悬挂于需要增加局部阻力的巷道。利用改变叶片的角度（0~80°）增加或减少其产生的局部阻力，从而实现风量的调节。其特点是可连续平滑调节，调节范围较宽，调节比较均匀。另外，当含尘气流通过叶片时，由于粉尘粒子与叶片的撞击以及随后含尘气流的减速，均有利于降尘。但这种调节装置不利于人和设备通行，故一般只能设在回风道中。

(3) 设置矿用空气幕。矿用空气幕是由扇风机通过供风器以较高的风速按一定方向喷射出来的一股扁平射流，可用于隔断巷道的风流或调节巷道中的风量。矿用空气幕由供风器、整流器和扇风机组成，如图 2-39 所示。供风器内可设分流片，以提高出口风速分布的均匀性，但会增加内部阻力；也可不设分流片。

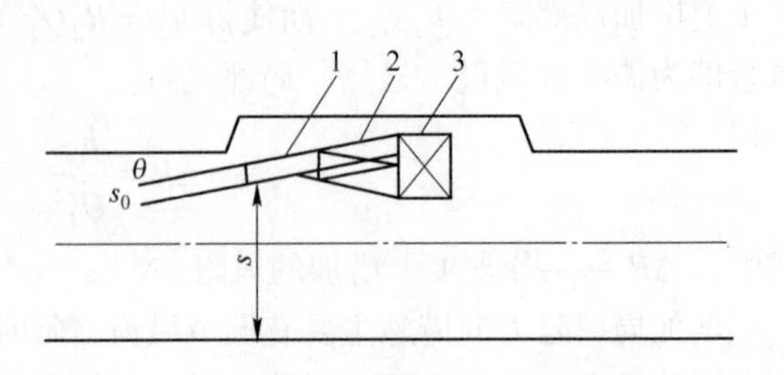

图 2-39　矿用空气幕

1—供风器；2—整流器；3—扇风机

在需要增加风量的巷道中，矿用空气幕顺巷道风流方向工作，可起增压调节作用；在需要减少风量的巷道中，矿用空气幕逆风流方向工作，可起增阻调节作用。矿用空气幕在运输巷道中可替代风门起隔断风流的作用，也可以替代辅扇引射风流，还可以用来防止漏风、控制风向、防止有毒气体侵入工作地点等。矿用空气幕在运输频繁的巷道中运行时不妨碍运输，且运行可靠。

(4) 增阻调节法的使用条件和特点。增阻调节法一般是在需要增阻分支的风量有富余时应用。具有简单、方便、易行、见效快等优点，是采区内巷道间风流调节的主要方法。如果在主要通风阻力路线上采用增阻调节法，会增加矿井总风阻，在主扇风机特性曲线不变情况下，会导致矿井总风量减少。矿井总风量的减少值与主扇风机特性曲线的陡缓有关。若要保持矿井总风量不减少，就得改变主扇风机特性曲线提高风压，这就增加了通风电耗。增阻调节法是通过减少一条巷道的风量来增加另一条巷道的风量，其调节的风量有限。如果调节的风量超出了这个限值范围，增阻调节法就不能达到调节的目的。

增阻调节法使用时的注意事项：1）调节风窗一般设置在回风巷道中，以免影响运输。2）在复杂通风网络中采用增阻法调节时，应按先内后外的顺序逐渐调节，最终使每个回路或网孔的阻力达到平衡。3）调节风窗一般设置在风桥之后，以减少风桥的漏风量。

B　减阻调节法

减阻调节法是在并联通风网络中以阻力最小巷道的阻力值为依据，通过降低阻力大巷道的阻力值，从而增加阻力大巷道中的风量，相应减少与其并联的其他巷道的风量，以实现各巷道的风量按需供给。

以下用图 2-37 说明减阻调节法的基本原理。减阻调节是一种节能调节法，是以调整风量后阻力最小的分支 1 的阻力 h_1' 为依据，在阻力大的分支 2 上通过采取降阻措施使其通风阻力由 h_2 降低到 h_2'，从而达到两并联分支的通风阻力相等，这时进入两并联分支的风量即为需要的风量。显然

$$h_2' = R_2'Q_2'^{\,2} = h_1' \tag{2-40}$$

$$R_2' = \frac{h_1'}{Q_2'^2} \tag{2-41}$$

式中，R_2'——分支 2 采取降阻措施后的风阻，$N \cdot s^2/m^8$。

减阻的主要措施：1）扩大巷道断面。因摩擦阻力与通风巷道断面面积的三次方成反比，故扩大巷道断面可有效地降低巷道的通风阻力。当所需降低的通风阻力值较大时，可考虑采用这种措施。2）降低通风巷道的摩擦阻力系数。由于摩擦阻力与摩擦阻力系数成正比，因而可通过改变支架类型（即改变摩擦阻力系数）或通风巷道壁面平滑程度来降低巷道的通风阻力，如用混凝土支护代替木支架，或在木支架的棚架间铺以木板等。3）清除巷道中的局部阻力物。这种措施减少通风阻力的效果一般很小，但应首先使用，然后再考虑采用其他减少通风阻力的措施。4）开掘并联风道。在阻力大巷道的旁侧开掘并联通风巷道（可利用废旧巷道），也可以起到减少通风阻力的作用。5）缩短风流路线的总长度。因为摩擦阻力与风流路线长度成正比，所以在条件允许时，可采用这种措施来减少通风巷道的通风阻力。通常情况是采取扩大巷道断面和降低巷道的摩擦阻力系数方法来减少巷道通风阻力。

（1）扩大巷道断面。若将分支 2 的断面扩大到 S_2'，根据摩擦风阻计算公式可知：

$$R_2' = \frac{\alpha_2' L_2 U_2'}{S_2^3} \tag{2-42}$$

式中 α_2'——分支 2 扩大断面后的摩擦阻力系数，$N \cdot s^2/m^4$；
L_2——分支 2 的长度，m；
U_2'——分支 2 扩大断面后的断面周长，m。

$$U_2' = C\sqrt{S_2'} \tag{2-43}$$

式中 C——常数，梯形断面 $C = 4.03 \sim 4.28$，一般取 4.16；三心拱断面 $C = 3.08 \sim 4.06$，一般取 3.85；半圆拱断面 $C = 3.78 \sim 4.11$，一般取 3.90；圆形断面 $C = 3.54$。

将式（2-43）代入式（2-42），得扩大断面后分支 2 的断面面积 S_2'：

$$S_2' = \left(\frac{\alpha_2' C L_2}{R_2'}\right)^{\frac{2}{5}} \tag{2-44}$$

如果分支 2 扩大断面前的摩擦阻力系数 α_2 与扩大断面后的摩擦阻力系数 α_2'

相等（即 $\alpha_2 = \alpha_2'$），也可按下式计算分支 2 扩大断面后的截面积 S_2'：

$$S_2' = S_2 \left(\frac{R_2}{R_2'}\right)^{\frac{2}{5}} \tag{2-45}$$

式中　S_2——分支 2 扩大断面前的断面面积，m^2；

R_2——分支 2 扩大断面前的风阻，$N \cdot s^2/m^8$。

（2）降低通风巷道的摩擦阻力系数。当采用降低摩擦阻力系数的方法减少巷道的通风阻力时，降低后的摩擦阻力系数为

$$\alpha_2' = \frac{R_2' S_2'}{L_2 U_2} = \frac{R_2' S_2^{2.5}}{L_2 C} \tag{2-46}$$

或

$$\alpha_2' = \alpha_2 \frac{R_2'}{R_2} \tag{2-47}$$

减阻调节法的优点是能减少矿井总风阻，若扇风机性能不变，可增加矿井总风量。它的缺点是工程量大、工期长、投资大，有时需要停产施工。此方法一般在矿井通风系统实施较大改造工程时才采用。因此在采取减阻调节措施之前，应根据具体情况，结合扇风机特性曲线进行分析和计算，确认有效及经济合理时才能采用。

C　增能调节法

增能调节法是在并联通风网络中以阻力最小通风巷道的阻力值为依据，在阻力大的通风巷道里通过采取增能措施来提高克服该通风巷道通风阻力的通风压力，从而增加该通风巷道中的风量，以实现各通风巷道的风量按需供给。

增能的主要措施有辅扇调节法（又称增压调节法）和利用自然风压调节法。

（1）辅扇调节法。当并联通风网络中两并联分支的阻力相差悬殊，用增阻或减阻调节都不合理或都不经济时，可在风量不足的分支中安设辅扇，以提高克服该分支通风阻力的通风压力，从而达到调节风量的目的。用辅扇调节时，应将辅扇安设在阻力大（风量不足）的分支中。以下用图 2-37 说明辅扇调节法的基本原理。

辅扇调节：辅扇调节法就是以调整风量后阻力最小的分支 1 的阻力 h_1' 为依据，在阻力大的分支 2 上安装辅扇，并使辅扇的风压 H_b 等于调整后两并联分支的通风阻力差（$h_2' - h_1'$），即

$$H_b = h_2' - h_1' \tag{2-48}$$

这样达到两并联分支的通风阻力相等，而且进入两并联分支的风量即为需要的风量。显然，辅扇的风量 Q_b 为

$$Q_b = Q_2' \tag{2-49}$$

在实际生产中，辅扇调节法有两种，即有风墙的辅扇调节法和无风墙的辅扇

调节法。

1）有风墙辅扇调节法。辅扇安设在巷道断面上，除辅扇外其余断面均用风墙密闭，巷道内的风流全部通过辅扇，如图 2-40 所示。为了检查方便，在风墙上开一个小门，且小门严密。

图 2-40 有风墙辅扇布置图

1—辅扇；2—风门

若在运输巷道里安设辅扇不影响运输，须在调节风道旁侧掘一绕道，将辅扇安装在绕道中，并在运输巷道的绕道进风口与出风口段中至少要安装两道自动风门，自动风门的间距要大于一列矿车的长度。

有风墙辅扇调节风量时，辅扇的能力必须选择适当才能达到顶期效果。如果辅扇能力不足，则不能调节到所需要的风量值；若辅扇能力过大，可能造成与其并联通风巷道风量的减少，甚至无风或风流大循环。此外，若安设辅扇的风墙不严密，辅扇周围则呈现局部风流循环，降低辅扇的通风效果。记住选择辅扇时，辅扇的工作风压应等于并联风路按需风量计算的阻力之差值。

辅扇可根据式（2-48）和式（2-49）计算出的辅扇风压 H_b 和风量 Q_b 进行选择。

有风墙辅扇靠风机的全压做功，能克服较大的通风阻力，可用于并联分支通风阻力差较大的区域性风量调节中。

2）无风墙辅扇调节法。如图 2-41 所示，无风墙辅扇调节法无需掘绕道，不装风门，也无需在辅扇入口与出风口间安设风门，只需在辅扇出风侧加装一段圆锥形的引射器。由于引射器出风口的面积比较小（为辅扇出风口面积的 0.2～0.5），则通过辅扇的风量从引射器出风口射出时速度较大，形成较大的引射器出口动压。引射器出口动压再引射出风侧的风流，同时带动一小部分风量从辅扇以外的通风巷道中流过来，从而使该通风巷道中的风量增加。因为不构筑风墙，辅扇的安装与移动都十分方便，在应用上比较灵活，不少非煤矿山的风量调节和加强局部地点的通风均采用此方法。

一般巷道的风量大于辅扇的风量。学者们在总结现场实践经验的基础上，对此调节方法的作用原理和应用条件进行了分析，提出了有效风压理论。

无风墙辅扇在巷道中工作时，风流运动的全能量方程式为

$$P_A Q + H_f Q_f = P_B Q + hQ + h_p Q_f + h_m Q_m + \frac{\rho v^2}{2} Q \tag{2-50}$$

式中　P_A、P_B ——巷道入口、出口的大气压力，Pa；

h_p ——由扇风机出口到巷道全断面的突然扩大损失，Pa；

h ——巷道摩擦阻力与局部阻力损失，Pa；

h_m ——两断面间的摩擦阻力损失，Pa；

Q ——巷道风量，m^3/s；

Q_f ——辅扇风量，m^3/s；

Q_m ——两断面间绕过辅扇的风量，m^3/s。

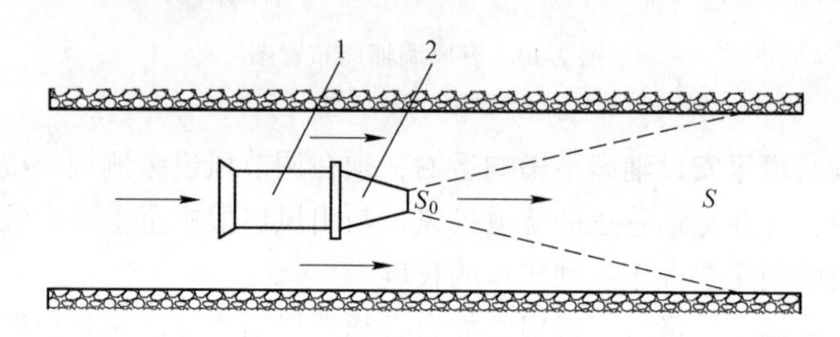

图 2-41　无风墙辅扇的布置示意图

1—扇风机；2—引射器

上式中 $P_A = P_B$，将上式除以 Q，并加以整理后可得辅扇的有效压力：

$$\Delta H = H_f \frac{Q_f}{Q} - h_p \frac{Q_f}{Q} - h_m \frac{Q_m}{Q} \tag{2-51}$$

$$\Delta H = h + \frac{\rho v^2}{2} \tag{2-52}$$

无风墙辅扇的有效压力等于扇风机全能量中减去由扇风机出口到巷道全断面的突然扩大损失和绕过扇风机风流的能量损失后所剩余的能量。该能量用于克服巷道摩擦阻力和局部阻力，并在巷道的出口造成动压损失。由上式变换可得如下形式：

$$\Delta H = \rho v_f^2 \times \frac{S_f}{S}\left(1 - \alpha \frac{v}{v_f}\right) \tag{2-53}$$

式中　S_f ——辅扇出口断面面积，m^2；

v_f ——辅扇出口的平均风速，m/s；

α ——比例系数。

在无其他通风动力情况下，无风墙辅扇在巷道中单独工作时所造成的风量与无风墙辅扇的有效风压 ΔH 和巷道风阻 R 有关。如已知辅扇出口动压 H_v，出口断面 S_f、巷道断面 S 及巷道风阻 R（包括巷道出风风阻在内），由阻力定律可列出下列公式：

$$K \times \frac{S_f}{S} \times \frac{\rho u_f^2}{2} = RQ^2$$

取 $K = 1.65, \rho = 1.2\text{kg/m}^3$，代入上式，可得风量计算公式：

$$Q = \frac{Q_f}{\sqrt{RSS_f}} \tag{2-54}$$

无风墙辅扇在巷道中单独工作时，应保证在安装扇风机地点不产生风流循环，即巷道风量大于或等于辅扇风量。巷道风量与风阻有关，当巷道风阻增加到某一数值时，巷道风量与辅扇风量相等，此风阻值为不产生循环风流的极限风阻，以 R_K 表示。巷道实际风阻大于 R_K，则产生循环风流。取 $Q = Q_f$，代入式（2-54）可求得极限风阻的表达式：

$$R_K = \frac{1}{SS_f} \tag{2-55}$$

表 2-11 所示为辅扇 5 种不同运行工况下，产生循环风流时巷道风阻的实测值，并与按式（2-55）计算的极限风阻值进行对比。结果表明，计算的极限风阻值均大于反风前实测巷道风阻，小于反风后实测巷道风阻，计算的极限风阻值符合实际情况。

表 2-11 巷道极限风阻实测值

扇风机	巷道断面面积 S/m^2	辅扇出口断面 S_f/m^2	实测巷道风阻/$\text{N}\cdot\text{s}^2\cdot\text{m}^{-8}$		极限风阻 $R_K/\text{N}\cdot\text{s}^2\cdot\text{m}^{-8}$
			反风前	反风后	
Ⅰ-1	0.054	0.0027	6733	7291	6783.3
Ⅰ-2	0.054	0.0027	6233	21511	6783.3
Ⅰ-3	0.054	0.0027	3979	40082	6783.3
Ⅰ-4	0.054	0.0027	5243	36750	6783.3
Ⅱ	0.054	0.00207	7095	30321	8946.1

由上述分析可以看出，当巷道风阻 $R < R_K$ 时，采用无风墙辅扇通风，巷道风量 Q 大于辅扇风量 Q_f，在辅扇处不产生循环风流，对加强通风十分有利；若 $R = R_K$，构筑风墙只能起阻挡风流的作用；若 $R > R_K$，在辅扇处有循环风流，巷道风量小于辅扇风量。在这种情况下，应构筑风墙，以提高巷道风量。

无风墙辅扇的通风效果，不能以辅扇是否产生循环风作为评价的依据，而应以单位有效风压的功耗大小作为评价的依据。当采用低风压、大风量辅扇做无风墙通风时，虽然在辅扇处部分出现循环风，但产生同样有效风压所消耗的功率低，仍可认为是合理的。

无风墙辅扇安装方便，但安装时应注意如下问题：

①无风墙辅扇的有效风压与辅扇出口动压成正比，因此现场一般采用大风量

中低压风机，这样风机出风口的动压大，通风效果好。

②辅扇有效风压与安设辅扇巷道的断面面积成反比，故实际应用时，辅扇应安设在断面面积较小的巷道以减少辅扇出口动压损失（尽量安设在平直巷道的中央）。

③无风墙辅扇主要靠风机动压做功，若所在巷道的风阻较大，可能在辅扇附近出现循环风流，因此要合理选择辅扇型号。

因此，在两并联通风巷道中，如需调节的阻力差值较小，则使用无风墙辅扇较为适宜。

（2）自然风压调节法。由于矿井通风网络中的进风和回风巷道不一定全部都分布在同一水平面上，因而自然风压的作用在矿井中普遍存在。当需要增加某一巷道的风量时，在条件允许时可在进风巷道中设置水幕或利用井巷的淋水冷却空气，以增大进风风流的空气密度；在回风巷道最低处可利用地面锅炉余热来提升回风风流气温，以减小回风井风流的空气密度。这样，该巷道中的自然风压就增大了，可在一定程度内增加该巷道的风量。然而，自然风压调节风量的作用是有限的。

（3）增能调节法的特点。增能调节法的优点是应用简便、易行，且能增加矿井的总风量，但管理复杂，安全性相对要差，尤其是使用不当时容易造成循环风流，而且对于有爆炸性气体的矿井，使用此方法会增加不安全性。此外，该方法还增加了辅扇的购置费、安装费和运行电费，若辅扇带风墙还有绕道的开掘费等。因此，增能调节法一般在需要调节的并联巷道阻力相差悬殊、矿井主扇能力不能满足较大阻力巷道用风量需求时才应用。

D　调节效果比较

图 2-42 所示为三种风量调节方法的风量变化情况。横坐标表示一条风路风量增加的百分数，纵坐标表示另一风路风量减少的百分数。图中曲线 b 为减阻调节，曲线 c 为辅扇调节，两曲线效果基本相同，其风量增加的百分数大于风量减少的百分数，总风量有所增加，但减阻调节有一定限度。曲线 a 为增阻（风窗）调节的效果，它表明一条风路风量增加的不多，而另一条风路风量减少的多，可见增阻调节的效果不如其他两种调节方法好。

2.2.2.2　矿井总风量调节

当矿井总风量不足或过剩时，则需要进行总风量调节，即调整主扇的工况点。一般采取改变主扇的工作特性、或改变矿井的总风阻等措施。

A　改变主扇的工作特性

通过改变主扇的叶轮转速、轴流式扇风机叶片安装角度或离心式风机前导器叶片角度等，可以改变扇风机的运行工况，从而达到调节扇风机所在系统总风量的目的（见图 2-43）。

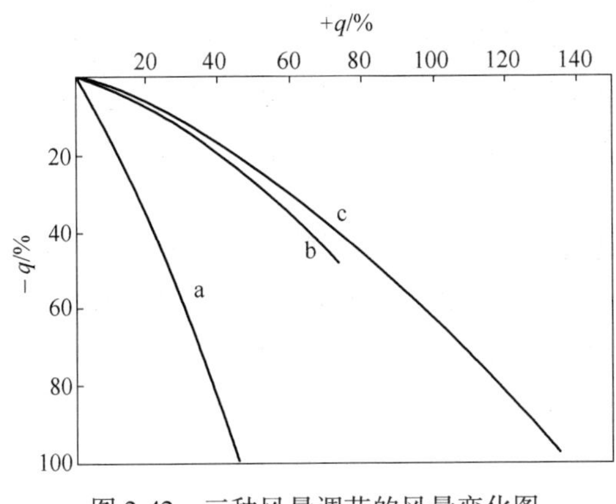

图 2-42 三种风量调节的风量变化图
a—增阻；b—减阻；c—辅扇

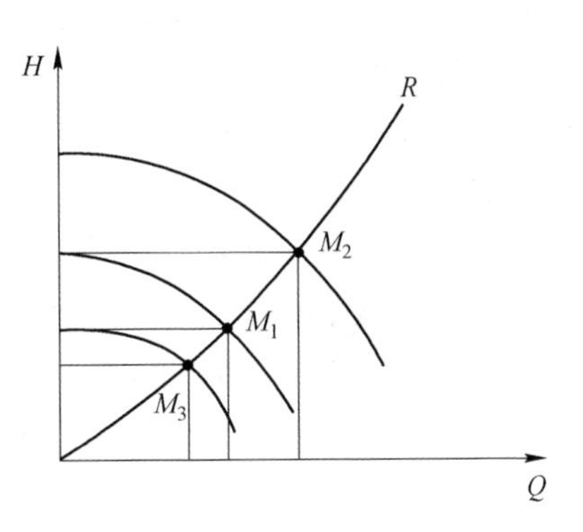

图 2-43 改变风机运行特性调节矿井总风量
（M_1、M_2、M_3 为工况点）

B 改变矿井总风阻

（1）风硐闸门调节法。如果在扇风机风硐内安设调节闸门，通过改变闸门的开口大小可以改变扇风机的总工作风阻，如图 2-44 所示，从而可调节扇风机的工作风量。

（2）降低矿井总风阻。当矿井总风量不足时，如果能降低矿井总风阻，则不仅可增大矿井总风量，而且可以降低矿井总通风阻力。

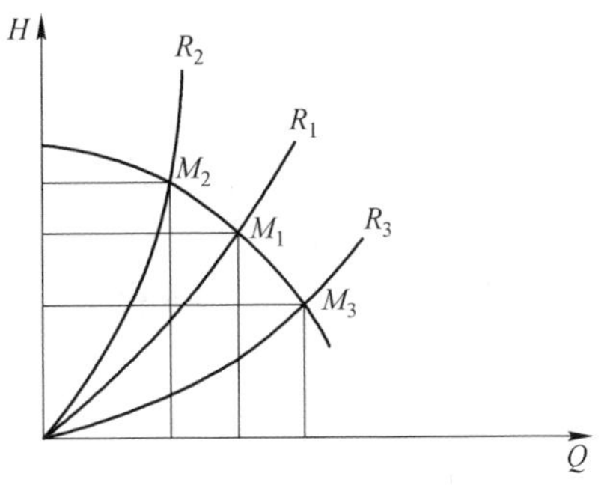

图 2-44 改变矿井总风阻调节矿井总风量

2.3 矿用空气幕调节

当风流调节设施通风构筑物、辅扇、局扇等需要设置在运输巷道、易变形巷道或易受爆破冲击波破坏的巷道时，这些传统的风流调节方法一般难以取得有效的风流调节效果，为此，研究应用矿用空气幕来调节风流。

矿用空气幕是由轴流扇风机、供风器和整流器构成，其中供风器内可设分流片，以提高其出口风流分布的均匀性，但会增加内部阻力，也可不设分流片。矿用空气幕工作时，扇风机产生的风流通过供风器以较高风速按一定方向喷射出来，形成一股扁平射流，可用于隔断巷道中的风流或调节巷道中的风量。考虑到运输巷道的行人和运输问题，矿用空气幕一般安装在通风巷道侧壁的硐室内，供风器出风口与巷道中心轴线成 0°~30°角，其射流在巷道中形成的风速小于 4m/s。因此，该方式可以做到不妨碍无轨、有轨运输设备的运行，不影响行人，且运行可靠。

在需要增加风量的巷道中，矿用空气幕顺巷道风流方向工作，可增压引射风流，起辅扇作用；在需要减少风量的巷道中，矿用空气幕逆风流方向工作，可对风流增阻，起调节风窗作用；在巷道中可隔断风流起风门作用。可见，矿用空气幕具有多种功能，可以用来防止漏风、控制风流方向、调控井巷的风量和防止有毒有害气体侵入工作地点等。矿用空气幕在矿井通风巷道中应用时，有多种布置形式和取风方式。

（1）布置形式。矿用空气幕有 6 种典型的布置形式，即顺风式、逆射式、分路中逆射式、单侧串联、双侧串联、双侧并联。当单台矿用空气幕达不到调控风流的要求时，可将矿用空气幕串联或并联运行。将几台矿用空气幕安装在同一巷道的不同断面上称为串联，安装在同一巷道的同一断面上称为并联，如图 2-45 所示。

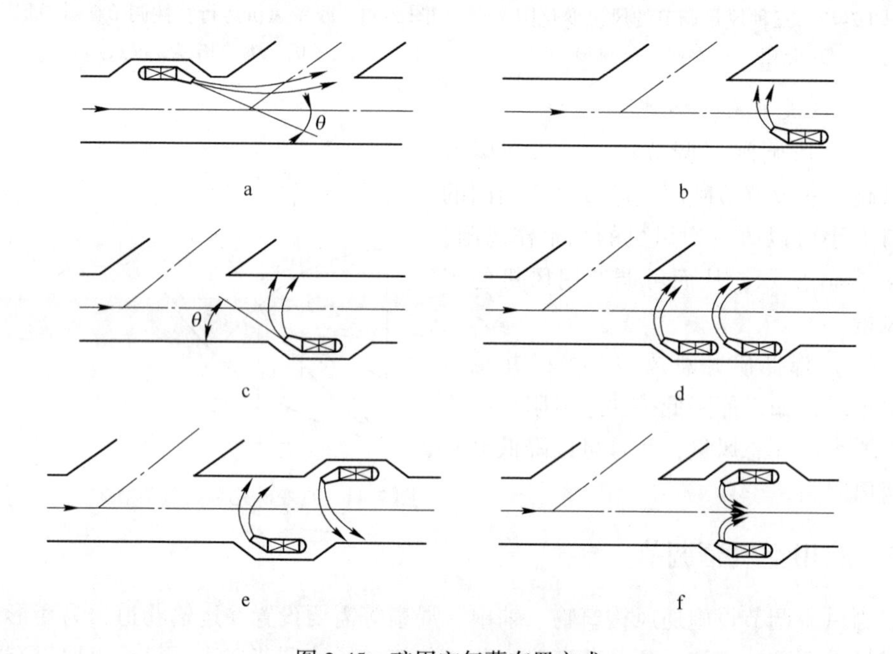

图 2-45　矿用空气幕布置方式

a—顺风式；b—逆射式；c—分路中逆射式；d—单侧串联；e—双侧串联；f—双侧并联

（2）取风方式。矿用空气幕的取风方式按安装位置的不同可分为循环型和非循环型两种。循环型空气幕安装在同一巷道无分岔口的地点，其出风口的风流和进风口的风流自成循环，如图 2-46a 所示。非循环型空气幕分为两种情况，第一种情况是安装在两条巷道的分岔口，如图 2-46b 所示；第二种情况是安装在同一巷道内，其取风方式为上游取风，如图 2-46c 所示。

从图 2-46b、c 可以看出，在第一种情况下，空气幕吸取 A 巷道的风流后在

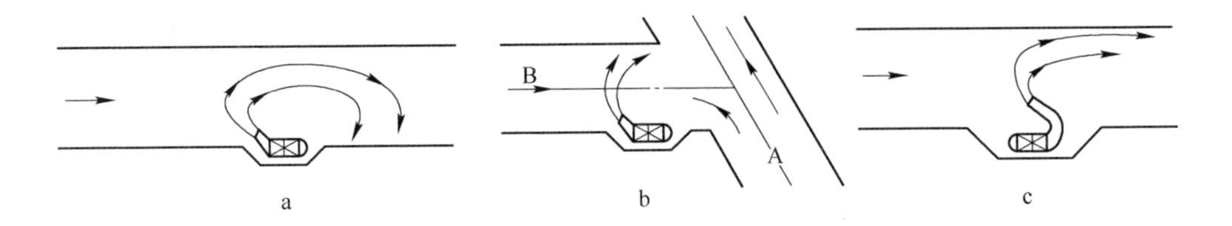

图 2-46 矿用空气幕取风方式示意图
a—循环型（下游取风）；b—非循环型（上游取风）；c—非循环型（上游取风）

B 巷道形成风幕，阻隔 B 巷道的风流；在第二种情况下，空气幕从巷道吸取风流并排入同一巷道内。这两种情况的风流都不再流回吸风口，即未形成风流循环，但后者所耗风机的能量更大。

空气幕按取风方式又可分为上游取风和下游取风两种。从图 2-46 中可以看出，下游取风为循环型，上游取风为非循环型，下游取风优越于上游取风。

国内外空气幕的研究与发展结果表明：（1）矿用空气幕的研究是基于大门空气幕，但与其有着非常大的区别，不能直接引用其理论及技术，尤其是在大断面、大压差的运输巷道内不能简单引用。（2）国内矿山大多是采用传统的人工调控方法调控风流，在可预见的一个时期内，矿井风流的自动控制系统的研究与应用仍处于试验研究阶段。

2.4 溜矿井风流控制

2.4.1 溜矿井放矿冲击风流

地采矿山生产过程中，溜矿井是矿石运输的重要渠道，也是矿山井下主要粉尘污染源之一。溜矿井多位于井底车场附近，进风巷道的旁侧，一般通过支岔溜井与卸矿硐室相连通。各中段采出的矿石经过阶段运输平巷运至卸矿硐室，卸入与支岔溜井相通的溜矿井，再经有轨电车至主井破碎硐室破碎。溜矿井卸矿时，由于落矿高差较大，矿石沿溜井加速下落，类似于活塞运动，前方空气受到压缩，产生强大冲击气浪，并带出大量的粉尘，当通过各中段的支岔溜井口时，含尘浓度很高的冲击气流瞬间大量涌出，造成较强的含尘冲击风流，可冲出几十米远，严重污染卸矿硐室及其附近的巷道，甚至造成整个入风系统的风流污染。溜矿井卸矿的防尘情况复杂，与卸矿频率、矿石降落速度、冲击风速以及气流扩散长度等因素有关。因此，研究溜矿井卸矿时冲击风流产生的规律及其控制措施，对防止矿内空气污染，保护矿工身体健康具有实际意义。

2.4.1.1 冲击风流的形成

矿石在空气中运动时，其前后会形成压力差。单位体积流体因克服正面阻力所造成的能量损失，可由下式计算：

$$h_c = c\frac{S_n}{S - S_n}\frac{\rho v_n^2}{2}$$

式中 v_n——风流通过溜井断面的平均流速，m/s；

S_n——正面阻力物在垂直于风流方向上的投影面积，m^2；

c——冲击风压校正系数，与正面阻力系数、溜井口阻力系数有关。

在溜井中，一次落矿矿石在垂直于风流方向上的投影面积仅占溜井全断面的4%~15%，为了计算上方便，上式分母中（$S - S_n$）可略去 S_n 将上式简化成如下形式：

$$h_c = c\frac{S_n}{S}\frac{\rho v_n^2}{2} \tag{2-56}$$

从矿石与流体的相互作用来看，矿石在溜井中降落与空气绕过矿石的流动具有相同的性质。只不过流体绕经物体流动，消耗流体的机械能，而矿石在空气中快速降落，增加空气的机械能。如果把矿石在溜井中的降落看成自由降落，矿石下落速度 $v_n = \sqrt{2gH}$ 。根据运动的相对性，矿石下落速度应等于风流绕过矿石的速度。所以，矿石因与空气相互作用所造成的单位体积空气的能量增量，应等于 h_c 。将 $v_n = \sqrt{2gH}$ 代入式（2-56）得

$$h_c = c\frac{S_n}{S}\rho gH \tag{2-57}$$

式中 H——放矿高度，m。

在冲击压力作用下，由溜井口冲出的气流与溜井口风阻有关。由于冲击气流的形成与消失属非稳定流动过程，所以，其压力损失为

$$h = \xi\frac{\rho v^2}{2} + H\rho\frac{dv}{dt} \tag{2-58}$$

式中 v——由于冲击风压而造成的空气流速，m/s；

ξ——溜井口局部阻力系数，无因次；

$H\rho\frac{dv}{dt}$——惯性阻力，随时间而变化，当空气流速达最大值时，$\frac{dv}{dt} = 0$。

风流因克服阻力会造成风流能量损失，显然 $h_c = h$ ，即

$$c\frac{S_n}{S}\rho gH = \xi \times \frac{\rho v^2}{2} + H\rho\frac{dv}{dt} \tag{2-59}$$

当 $\dfrac{\mathrm{d}v}{\mathrm{d}t}=0$ 时，式（2-59）简化成：

$$c\frac{S_{\mathrm{n}}}{S}\rho gH=\xi\frac{\rho v^2}{2}$$

整理后得

$$\frac{v^2}{2gH}=\frac{c}{\xi}\frac{S_{\mathrm{n}}}{S} \tag{2-60}$$

式中 $\dfrac{v^2}{2gH}$——压力系数，无因次；

$\dfrac{S_{\mathrm{n}}}{S}$——断面系数，无因次；

$\dfrac{c}{\xi}$——阻力系数，无因次。

式（2-60）表达了最大冲击风速与其他各项参数之间的基本关系。

2.4.1.2 影响冲击风速的因素

图 2-47 所示为溜井放矿的实验模型。溜井主体采用圆形铁筒，总高为 10.87m，圆筒直径 160mm。从几何相似角度来看，它相当于直径 3m、高 200m 的溜矿井。

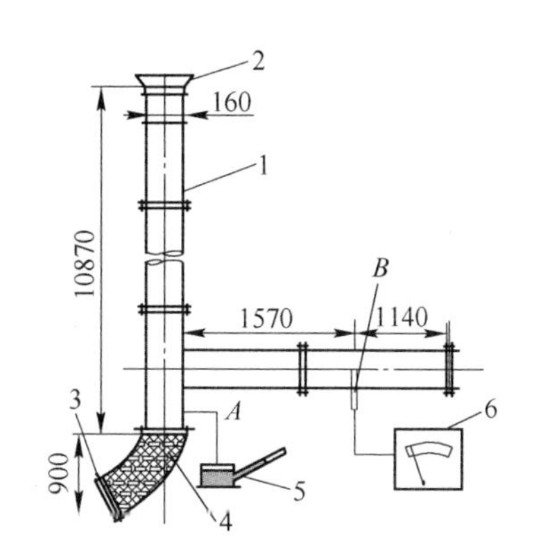

图 2-47 溜井放矿冲击气流实验模型

1—铁管；2—漏斗；3—闸门 1；4—闸门 2；5—倾斜压差计；6—热球风速计

溜井放矿时的主要动力是矿石本身的重量。矿山溜矿井一次实际放矿量分 1t、2t、3t 三种情况，假定矿石在溜井口中呈松散球体自由下落，一个直径 3m 的松散矿石球重量有 20 多吨。可见，3t 重的松散矿石球远远没有占满溜井断面。模型溜井直径为 0.16m，一个直径 0.16m 的松散矿石球重 3.16kg。为保持实验的相似条件，模型溜井中松散矿石球断面与模型溜井全断面之比应等于实际溜井中的松散矿石球断面与实际溜井全断面之比，并均应小于 1，即

$$\frac{S_{\mathrm{n}}}{S}=\frac{S'_{\mathrm{n}}}{S'}<1 \tag{2-61}$$

式中 S'_{n}——模型溜井中，松散矿石球体的投影面积，m^2；

S'——模型溜井全断面面积，m^2。

由此可见，模型实验中一次放矿量必须控制在 3.16kg 以内。实验时，在模

型溜井上口漏斗处，由人工翻矿，使矿石自由落下。冲击风速和压力随矿石下落逐渐增大。测定时，只取其极大值。冲击气流的速度和压力用 QDF-2A 型热球式风速计和倾斜压差计测定。测风点设在溜井下部水平管道 B 处，测压点设在 A 处，如图 2-47 所示。

在不同的放矿量 G 、放矿高度 H 、溜井口阻力系数 ξ 条件下，冲击气流的测定数据及其整理结果如表 2-12 所示，对表中数据可做如下分析。

(1) 放矿量对冲击风速的影响。在放矿高度、溜井口阻力系数不变的情况下，改变放矿量，测定溜井冲击风速的变化，并将测定结果绘成放矿量 G 与冲击风速 v 的关系曲线。由图 2-48 可见，冲击风速随放矿量增加而增加，在放矿量较低时，冲击风速增加幅度较高；在放矿量较高时，冲击风速增加幅度变小。冲击风速与放矿量之间存在非线性关系。

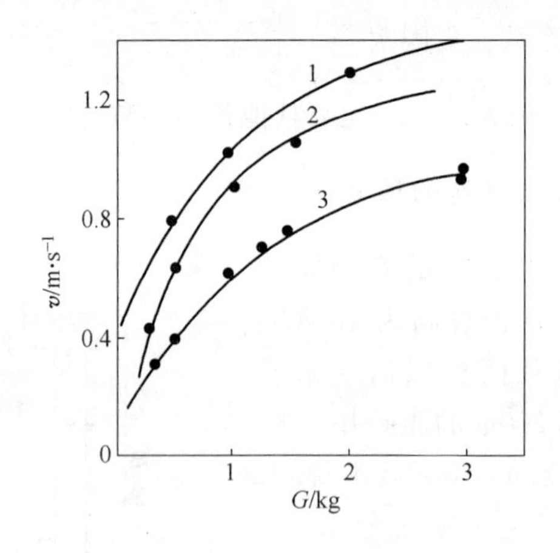

图 2-48　放矿量 G 对冲击风速 v 的影响

1—放矿高度 $H=10.87$m；2—放矿高度 $H=5.87$m；

3—放矿高度 $H=3.87$m

(2) 放矿高度对冲击风速的影响。图 2-49 所示为冲击风速 v 随放矿高度 H 变化曲线。由图可见，冲击风速随放矿高度增加逐渐增大。当高度较低时，冲击风速变化幅度较大；高度较高时，冲击风速变化幅度较小。冲击风速随放矿高度的变化呈非线性关系。

(3) 溜井口阻力对冲击风速的影响。调整图 2-47 中闸门 2，改变溜井口阻力系数 ξ ，测定冲击风速的变化，并根据测定资料绘出冲击风速 v 随溜井口阻力系数 ξ 的变化曲线。可见，冲击风速随溜井口阻力系数增大而显著减少。当风阻较小时，风速随阻力系数变化幅度较大；当风阻较大时，风速随阻力系数的变化幅度较小。风速随阻力系数的变化呈非线性关系，如图 2-50 所示。

表 2-12 溜井放矿冲击气流参数测算表

序号	岩石量 G/kg	$\frac{\pi\left(\frac{3G}{4\pi\gamma_n}\right)^{\frac{2}{3}}}{S}$	风速 v/m·s^{-1}	静压 h /Pa	高度 H /m	$2gH$	$\frac{u^2}{2gH}$	直线斜率 K	局部阻力系数 ξ		冲击风压系数 c	$\frac{c}{\xi}\times\frac{\pi\left(\frac{3G}{4\pi\gamma_n}\right)^{\frac{2}{3}}}{S}$	备注
									ξ	ξ_c			
1	1.5	0.615	0.52		2.37	45.4	0.00583	0.010		14.2	0.142	0.00615	
2	3.0	0.970	0.66		2.37	45.4	0.0094	0.010		14.2	0.142	0.00970	
3	1.5	0.615	0.72		3.87	75.0	0.0068	0.010		14.2	0.142	0.00615	
4	3.0	0.970	0.92		3.87	75.0	0.0112	0.010		14.2	0.142	0.00970	
5	0.5	0.294	0.39		3.87	75.0	0.0020	0.010		14.2	0.142	0.00294	
6	1.0	0.466	0.58		3.87	75.0	0.0044	0.010		14.2	0.142	0.00466	
7	0.5	0.615	0.68		3.87	75.0	0.0061	0.010		14.2	0.142	0.00615	
8	3.0	0.970	0.89		3.87	75.0	0.0104	0.010		14.2	0.142	0.00970	$\xi=2h/u^2\rho$;
9	0.5	0.294	0.62		5.87	135	0.00284	0.010		14.2	0.142	0.00294	ξ_c—平均值;
10	1.0	0.466	0.87		5.87	135	0.0056	0.010		14.2	0.142	0.00466	γ_n—矿石密
11	1.5	0.615	1.07		5.87	135	0.0085	0.010		14.2	0.142	0.00615	度，kg/m^3
12	0.5	0.294	0.75		10.87	213	0.00264	0.010		14.2	0.142	0.00294	
13	0.4	0.252	0.68		10.87	213	0.0028	0.010		14.2	0.142	0.00252	
14	0.5	0.294	0.85		10.87	213	0.0034	0.010		14.2	0.142	0.00294	
15	1.0	0.466	0.99	5.0	10.87	213	0.0046	0.010	10	14.2	0.142	0.00466	
16	2.0	0.740	1.22	12	10.87	213	0.007	0.010	12.9	14.2	0.142	0.00740	
17	3.0	0.970	1.38	23	10.87	213	0.009	0.010	19.8	14.2	0.142	0.00970	
18	1.0	0.466	0.83	16	10.87	213	0.00323	0.007	38	46	0.32	0.00327	

续表 2-12

序号	岩石量 G/kg	$\frac{\pi\left(\frac{3G}{4\pi\gamma_n}\right)^{\frac{2}{3}}}{S}$	风速 v/m·s^{-1}	静压 h /Pa	高度 H /m	$2gH$	$\frac{u^2}{2gH}$	直线斜率 K	局部阻力系数 ξ		冲击风压系数 c	$\frac{c}{\xi}\times\frac{\pi\left(\frac{3G}{4\pi\gamma_n}\right)^{\frac{2}{3}}}{S}$	备　注
									ξ	ξ_c			
19	2.0	0.74	1.08	30	10.87	213	0.0055	0.007	41.7	46	0.32	0.00518	
20	3.0	0.97	1.22	44	10.87	213	0.0070	0.007	48.2	46	0.32	0.0068	
21	4.0	1.17	1.26	53	10.87	213	0.0075	0.007	54.2	46	0.32	0.0082	
22	5.0	1.37	1.41	58	10.87	213	0.0094	0.007	48	46	0.32	0.0096	
23	1.0	0.466	0.505	24	10.87	213	0.0012	0.0023	174	234	0.53	0.00107	$\xi=2h/u^2\rho$;
24	2.0	0.74	0.623	52	10.87	213	0.0018	0.0023	219	234	0.53	0.0017	S—模拟溜井
25	3.0	0.97	0.644	68	10.87	213	0.0019	0.0023	267	234	0.53	0.00022	断面，
26	4.0	1.17	0.743	82	10.87	213	5	0.0023	243	234	0.53	0.0027	$S=0.02m^2$;
27	5.0	1.37	0.806	107	10.87	213	0.0026	0.0023	270	234	0.53	0.00315	$\gamma_n=1470kg/m^3$,
28	1.0	0.466	0.390	42	10.87	213	0.0031	0.0014	450	482	0.68	0.00065	$\rho=1.2kg/m^3$;
29	2.0	0.74	0.440	58	10.87	213	0.0007	0.0014	490	482	0.68	0.00103	此表中 G
30	3.0	0.97	0.508	88	10.87	213	2	0.0014	455	482	0.68	0.00136	的单位为
31	4.0	1.17	0.597	101	10.87	213	0.0009	0.0014	464	482	0.68	0.00163	kg，应用上
32	5.0	1.37	0.654	123	10.87	213	7	0.0014	470	482	0.68	0.00192	较方便，与之
33	1.0	0.466	0.171	39	10.87	213	0.0012	0.0003	2180	2570	0.77	0.00019	相应的密度
34	2.0	0.74	0.208	73	10.87	213	1	0.0003	2200	2570	0.77	0.00022	γ_n 的单位用
35	3.0	0.97	0.235	99	10.87	213	0.0016	0.0003	2940	2570	0.77	0.00029	kg/m^3
36	4.0	1.17	0.260	122	10.87	213	7	0.0003	2930	2570	0.77	0.00035	
37	5.0	1.37	0.317	158	10.87	213	0.0020	0.0003	2580	2570	0.77	0.00041	
							1						
							0.0001						

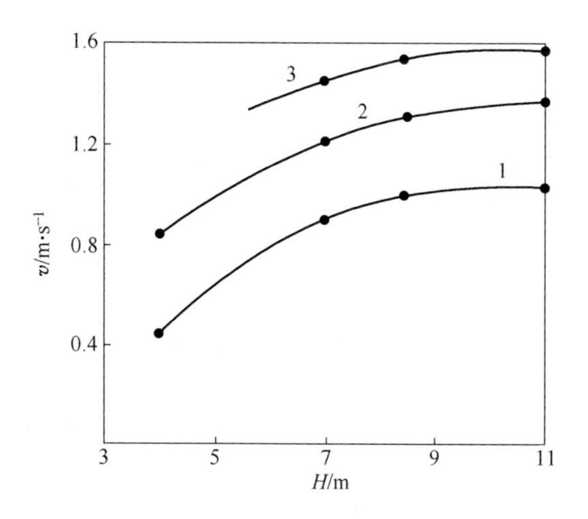

图 2-49 冲击风速 v 随放矿高度 H 变化曲线

1—放矿量 $G=1$kg；2—放矿量 $G=2$kg；3—放矿量 $G=3$kg

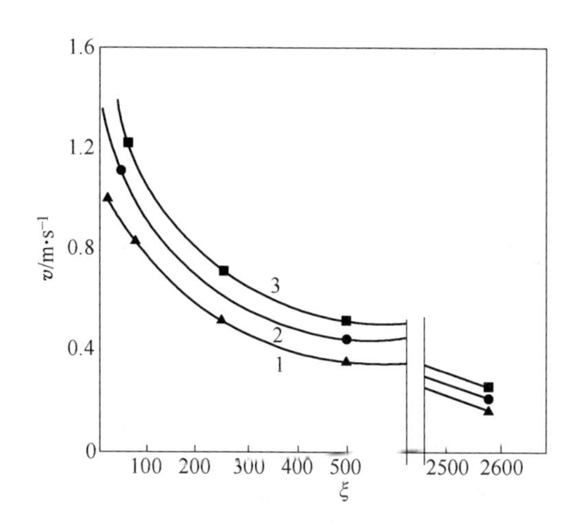

图 2-50 冲击风速随溜井口阻力变化曲线

1—放矿量 $G=1$kg；2—放矿量 $G=2$kg；3—放矿量 $G=3$kg

2.4.1.3 冲击风速（或风量）计算

前面已导出冲击风速与断面系数、阻力系数和放矿高度等参数之间的关系式（2-60），其中 S_n 是下落矿石在溜井中所占的面积，其大小与矿石下落时的形状有关。假定矿石下落时呈松散球体状，那么该球体的投影面积 S_n 可按式（2-62）计算：

$$S_n = \pi \left(\frac{3G}{4\pi\gamma_n} \right)^{\frac{2}{3}} \tag{2-62}$$

式中　G—— 一次放矿量，t；

γ_n——矿石的密度，kg/m³，松散体矿石的密度 $\gamma_n = 1470\text{kg/m}^3$。

将此 S_n 代入式（2-60）中，得

$$\frac{v^2}{2gH} = \frac{c}{\xi} \times \frac{\pi \left(\frac{3G}{4\pi\gamma_n} \right)^{\frac{2}{3}}}{S} \tag{2-63}$$

把落矿参数的测定资料，按无因次式（2-63）分别进行整理后列于表 2-13 中。同时，以 $\frac{\pi \left(\frac{3G}{4\pi\gamma_n} \right)^{\frac{2}{3}}}{S}$ 为横坐标，以 $\frac{v^2}{2gH}$ 为纵坐标，绘制压力系数与断面系数的关系曲线（见图 2-51），得出不同阻力系数情况下、不同斜率的一组直线。每一条直线对应着一个 ξ 值。由这些直线的斜率及其对应的 ξ 值，可求出冲击风压校正系数 c，c 值与落体的正面阻力系数有关。表 2-13 中列出了不同 ξ 值时的冲击风压校正系数 c，并绘出如图 2-52 所示的 c-ξ 关系曲线。

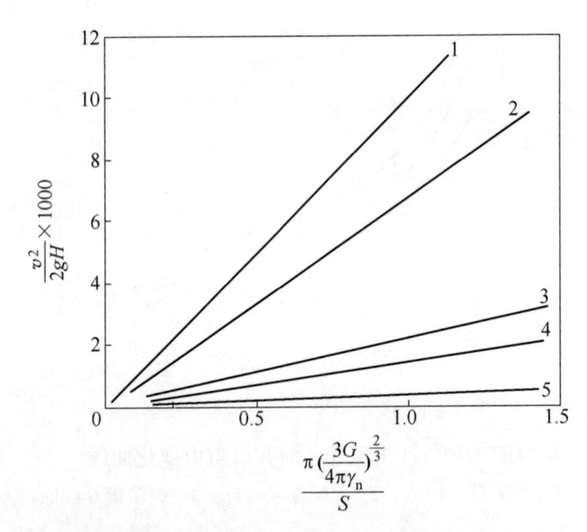

图 2-51　压力系数与断面系数的关系曲线

1—ξ=14.2；2—ξ=47.5；3—ξ=230；4—ξ=485；5—ξ=2570

表 2-13　风压校正系数 c

阻力系数 ξ	直线斜率 $k = \frac{c}{\xi}$	校正系数 c	备注
14.2	0.01	0.142	溜井口全开

续表 2-13

阻力系数 ξ	直线斜率 $k=\frac{c}{\xi}$	校正系数 c	备注
46	0.007	0.32	溜井口遮挡 1/3
234	0.0023	0.53	溜井口遮挡 2/3
482	0.0014	0.68	溜井口全闭，有漏风
2570	0.0003	0.77	溜井口全闭，十分严密

1975 年，前人曾对红透山矿溜矿井的冲击风流进行了现场实际测量。该溜井位于大竖井旁的入风侧（见图 2-53），是一个多中段放矿的深溜井。从 133m 中段到-167m 中段，井深 300m。放矿中段有 133、73、13、-47、-107 中段，最大放矿高度 240m。溜井断面（2.5×2）m^2，放矿量有 3t、2t 和 1t 三种情况。在生产过程中，由于各中段大量放矿，在各中段溜井口产生很大的冲击气流，特别是下部-107m 中段冲击气流最大，粉尘污染严重。该矿的实测结果如表 2-14 所示。

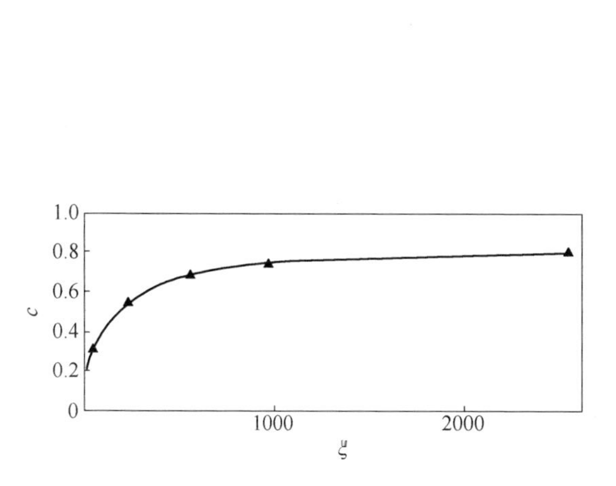

图 2-52 c-ξ 关系曲线

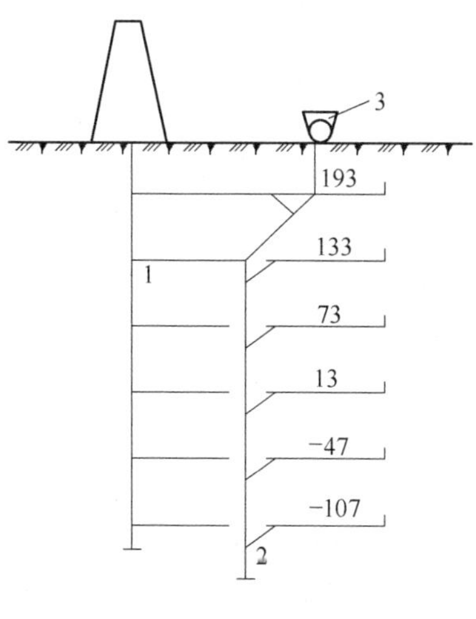

图 2-53 红透山矿放矿溜井图

1—大竖井；2—溜矿井；3—溜井排尘扇风机

表 2-14 红透山矿溜矿井冲击风流测定结果

矿石质量 /kg	$\frac{\pi\left(\frac{3G}{4\pi\gamma_n}\right)^{\frac{2}{3}}}{S}$	风速 /m·s^{-1}	高度 /m	$2gH$	$\frac{v^2}{2gH}$	阻力系数 ξ	$\frac{c}{\xi_c}\frac{\pi\left(\frac{3G}{4\pi\gamma_n}\right)^{\frac{2}{3}}}{S}$	备注
3000	0.390	4.9	240	4700	0.0051	10.97	0.0058	c=0.142，ξ 平均值为 9.3
2000	0.303	4.0	180	3530	0.0045	9.6	0.00455	
1000	0.187	2.1	60	1170	0.0036	7.4	0.0028	

溜井口没有采取有效的密闭措施，属于全开型，取冲击风压修正系数 $c=0.142$，由式（2-63）得

$$\xi=\frac{2\pi gHc\left(\frac{3G}{4\pi\gamma_n}\right)^{\frac{2}{3}}}{Sv^2} \tag{2-64}$$

按式（2-64）算出的溜井口阻力系数 ξ 如表 2-14 所示。

将模型实验与现场测定的结果（表 2-12 和表 2-13）绘于以 $\frac{v^2}{2gH}$ 为纵坐标、$\frac{c}{\xi}\times\frac{\pi\left(\frac{3G}{4\pi\gamma_n}\right)^{\frac{2}{3}}}{S}$ 为横坐标的图 2-54 中，所得各点均大致分布于斜率为 1 的直线附近。表明式（2-64）与实测结果基本吻合，能满足工程计算的要求。取 $\gamma_n=1470\text{kg/m}^3$，$g=9.8\text{m/s}^2$，代入式（2-64），并加以整理后得冲击风速的计算式：

$$v=0.43\sqrt{\frac{Hc}{\xi S}}\sqrt[3]{G} \tag{2-65}$$

上式表明，冲击风速与卸矿量的三次方根成正比，与卸矿高度的平方根成正比，而与溜井断面和溜井口阻力系数的平方根成反比。上式中的风速为图 2-47 中测点 B 处的风速。冲击风量 Q 可按下式计算：

$$Q=0.43S_0\sqrt{\frac{Hc}{\xi S}}\sqrt[3]{G} \tag{2-66}$$

式中　S_0——溜矿道断面面积，m^2。

溜井放矿时，最大冲击风压 h_c 可按式（2-67）计算：

$$h_c=0.11c\frac{H}{S}G^{\frac{2}{3}} \tag{2-67}$$

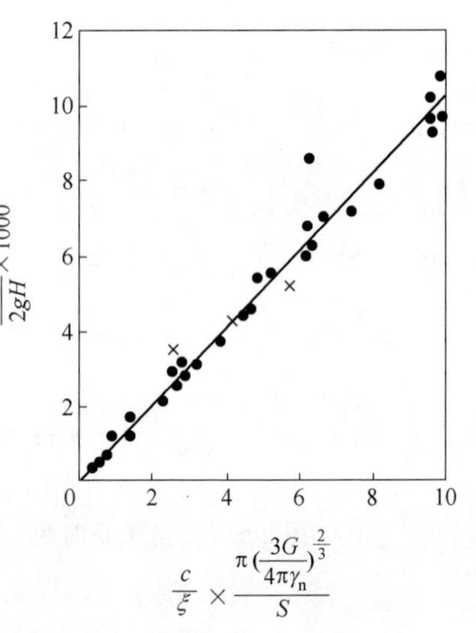

图 2-54　溜井冲击风流理论曲线与实测数据对照图

2.4.1.4　连续卸矿时的冲击风流

使用自翻矿车连续放矿时，会产生连续的冲击风流。当卸矿频率较高时，在前次卸矿所造成的冲击风流未完全消失之前，再次卸矿又产生新的冲击风流，形成了冲击风流互相叠加的现象，从而出现了更强的冲击风流。

模型实验和生产矿山的测定结果表明，冲击风流由零增加到最大值所用的时

间 t 远大于矿石自由降落时间，这是由于风流惯性作用的结果。依实验和现场测定结果可得如下经验式：

$$t_{m} = 1.35\sqrt{H} \tag{2-68}$$

表 2-15 所示为冲击风速上升时间 t_{m} 的观测值与计算值。

表 2-15 冲击风速上升时间 t_{m} 的观测值与计算值

实验地点	溜井卸矿高度 /m	自由落体降落时间 /s	冲击风速上升时间/s	
			观测值	计算值
东工溜井模型	10.87	1.49	4.50	4.40
红透山矿	60	3.50	10.00	10.50
红透山矿	120	4.95	15.00	14.80

将式（2-68）中的 $\sqrt{H}$ 代入式（2-65），可得冲击风速与时间的关系式：

$$v = 0.32t\sqrt{\frac{C}{\xi S}}\sqrt[3]{G} \tag{2-69}$$

上式表明，冲击风速随时间的变化呈线性关系增加。

当冲击风速达最大值之后，由于矿石的冲击作用减弱，其风速也开始衰减。此衰减的运动方程如下：

$$\xi\rho\frac{v^{2}}{\rho^{2}} + \rho H\frac{\mathrm{d}v}{\mathrm{d}t} = 0 \tag{2-70}$$

当 $t=0$ 时，$v = v_{m}$，当 $t=t$ 时，$v=v$，按此条件积分上式，可得

$$v = \frac{1}{\dfrac{1}{v_{m}} + \dfrac{\xi t}{2H}} \tag{2-71}$$

在溜井口风阻较高情况下，冲击风速迅速衰减，衰减后的风速值很小，在工程上可忽略不计。

如果连续放矿时，两次卸矿的间隔时间为 Δt，而且 $\Delta t < t_{m}$，就会出现风速叠加现象。叠加后的最大冲击风速可按下式计算：

$$\Sigma v_{m} = v_{m}\left(n + 1 - \frac{1}{t_{m}}\sum_{i=1}^{n} i\Delta t\right) \tag{2-72}$$

式中 n——冲击风速叠加的次数，$n=\dfrac{t_{m}}{\Delta t}$，取正整数；

i——序号 1、2、…、n，为正整数。

表 2-16 所示为 $v_{m}=1\text{m/s}$，$t_{m}=4.5\text{s}$，$\Delta t=1\text{s}$、1.5s、2s、3s 时的最大冲击风速值。由于忽略衰减风速，所以计算的叠加风速较实测值略小。

表 2-16　连续卸矿时叠加最大风速测算表

间隔时间 Δt/s	$n=\frac{t_m}{\Delta t}$	计算 Σv_m /m·s^{-1}	实测 Σv_m /m·s^{-1}	备注
1	4	2.8	—	v_m = 1m/s t_m = 4.5s
1.5	3	2.0	2.1	
2.0	2	1.65	1.80	
3.0	1	1.33	1.40	

2.4.2　高溜井漏风及卸矿粉尘污染控制技术

多年来，许多矿山致力于高溜井防尘技术的研究与应用，目前主要采用密闭抽尘、洒水降尘、卸压控制粉尘、净化除尘以及卸矿量控制等技术措施，收到了一定成效。但不同矿山的使用条件不一样，因而收到的效果也不一样。

2.4.2.1　冲击风流控制措施

（1）溜井位置选择。溜井在通风系统中所处的位置不同，对矿井风流的质量有较大影响。当溜井位于进风侧时，溜井冲击风流所带出的粉尘将严重污染进风风质；当溜井位于回风侧时，则对矿井风流风质影响不大。过去一些企业常将溜井设在主要运输巷道的进风道一侧，使得许多矿山投产后因矿尘危害而被迫进行改造，花费较大，且取得的效果也不明显。例如有的矿山曾实行溜井与主风流之间采用水幕装置隔离，可是效果不好；或用风门隔离，这在运输频繁的情况下也难起到隔离的作用，反而使该区段的运输和装卸工作复杂化，同时还需要开凿一个补充巷道将卸矿硐室的含尘空气引出，这一方法也未能改善卸矿硐室的劳动卫生条件，因此，溜井的位置一开始就须结合通风条件来选定。

在选择溜井位置时，宜将溜井布置在回风侧。如因条件限制需要将溜井设在进风井巷附近时，则应该使溜井设置在离开主要入风巷道的绕道，溜井口距绕道的距离应大于连续放矿时冲击风流波及距离，一般为 60~100m；或者把溜井与主要风流隔断；或者把污风导入回风系统；或者将溜井内的粉尘排至地表；或者将污风就地加以净化。所以，溜井位置不能选在回风侧布置时，需通过技术经济比较来确定其布置位置或需要采用的设施。

（2）溜井结构选择。合理选择溜井的结构形式是减少和消除溜井产尘危害的重要途径之一。一般采用斜溜井、降低溜井高度（分段控制直溜井、阶段式溜井）、合理设计溜井及溜井口的尺寸、改变矿石流动方向等结构，具体应根据矿山的实际情况而定。

（3）卸矿量的控制。卸矿扬尘是矿井主要产尘源之一，单位时间向溜井卸矿量越大，则矿石在溜井断面内所占面积越大，产生的冲击风流和矿尘量就越大。自卸式卸矿过程是均匀连续地卸矿，矿石在溜井断面内占有较小的面积，故卸矿时的冲击风流不大，矿尘产生量也不多。翻笼卸矿则是不均匀和非连续性的，一次卸矿量比较大，且矿石涌入溜井并几乎占据其整个断面，故易形成强大的冲击风流，带出大量粉尘。前倾式和人工侧卸式卸矿通常在生产能力不大的中段采用，故一次卸矿量小，产生的冲击风流小，矿尘浓度一般不高。根据矿车容积及卸矿方式，分别采用限制卸矿量的措施，即减少一次连续卸矿量或延长一次卸矿时间。例如，可在溜井口的卸矿道上加设铁链条等，以适当放慢卸矿速度，这样既能减少冲击风流，又能增加井口的阻力。采用多中段分支共用的溜井时，应在各个水平安设信号装置，使上下卸矿口不同时向溜井中卸矿，尽量避免和减少冲击风流的互相叠加。

（4）溜矿井高度设计。溜矿井的卸矿高度直接影响冲击风速的大小。一些中小型有色金属矿山，中段高度不太大，卸矿高度也比较小，卸矿时产生的冲击风流并未引起严重后果。但是有些大中型金属矿山，采用多中段集中放矿的高溜井，放矿高度达200~300m，上部中段卸矿时，在下部中段所造成的冲击风流能带出大量粉尘，造成入风系统严重污染，危害较大。

在溜矿井设计时，应尽量避免使用多中段共用的高溜井。如果从矿井开拓方面必须采用高溜井，则在各中段溜井的布置上，应错开一段水平距离，使上中段卸落的矿石通过一段斜坡道再溜入下中段溜井，以缓冲矿石的下落速度。

另外，溜矿井的断面不宜太小。溜矿井断面增大一倍，在其他条件相同情况下，可使冲击风速降低30%。从限制冲击风速角度来看，溜矿井越高、溜矿量越大，溜矿井断面应大些。当溜矿井高度在60m以下时，溜矿井断面取5~6m^2为宜；当溜矿井高度在百米以上时，其断面应增大到8~10m^2。

2.4.2.2 粉尘污染控制措施

通过采取溜矿井口密闭、卸矿地点密闭抽尘、装矿闸门操作室单独密闭、非生产巷道封闭等措施密闭尘源，以及在溜矿井通道循环降尘和用专用回风道排尘等措施控制粉尘，可收到较好的防尘效果。

（1）密闭通风防尘措施。冲击风流随溜井口局部阻力系数增大而迅速减小。在溜井口采取密闭措施，增大溜井口的阻力是防止冲击风流的重要措施之一。有不少矿山在溜井口采用安设自动溜井密闭门、自动井盖、挂皮带帘或在调车场安设自动风门等措施，以减少冲击风量，都收到了一定的效果。但是溜井密闭装置都比较笨重，并需经常检修，在管理上增加了麻烦。实际上，溜井口密闭是溜井通风防尘的基本措施之一，它能明显地限制冲击风量。当溜井口无密闭时，其局部阻力系数ξ为10~15；采用中等程度的密闭时，ξ值增大到200~500，冲击风量降到原来的1/3；若采用十分严密的密闭措施，ξ值可增大到2000~3000，冲击风量可降到原来的1/10。另外，井口密闭也为充分发挥通风抽尘的作用创造了先决条件。当然，单靠井口密闭并不能完全解决冲击风流的危害，还需有其他措施的配合。

溜井采用抽尘措施在天宝山、红透山、西华山等矿厂均取得了成功经验。在加强溜井口密闭的前提下，应用专门的排尘风机使整个溜井都处于负压状态，能有效地防止溜井冲击风流外泄。溜井口内外压差大小与抽尘风机性能和溜井口密闭程度有关。当抽尘风机的风压较大，溜井口密闭较严，在溜井内外所形成的压差大于卸矿时所产生的冲击风压时，可使溜井口不产生含尘气流外泄现象。如果抽尘风机能力不足，或溜井口密闭较差，抽尘风机在溜井口内外形成的压差不足以抵制瞬时的冲击风压时，溜井口仍能产生含尘气流外泄。这种现象多出现在下部中段冲击风压较大、且抽尘风机工作风压较弱的区段。

在进行溜井通风排尘设计时，排尘风机的风量应等于或稍大于最下部中段溜井口的最大冲击风量与上部各中段溜井口正常排尘风量之和。即

$$Q = K\left(Q_m + \sum_{i=1}^{n} Q_i\right) \tag{2-73}$$

式中 Q_m ——最下部中段的最大冲击风量，m^3/s，按式（2-66）计算；

Q_i ——上部各中段正常排尘风量，m^3/s，取巷道排尘风速为0.5m/s；

K ——备用风量系数，取1.1~1.2。

排尘风机的风压应稍大于最下部中段最大冲击风压与排风系统总阻力之和，即

$$H \geqslant K\left(h_m + \sum_{i=1}^{n} h_i\right) \tag{2-74}$$

式中 h_m ——最下部中段的最大冲击风压，Pa；

h_i ——排尘系统各段巷道的风压，Pa；

K ——风压备用系数，取1.1~1.2。

（2）卸压防尘技术。对于服务于多中段的卸矿溜井，在不改变溜井的结构及卸矿方式的前提下，要减弱冲击风流是比较困难的。冲击风流是矿石冲击溜井后才形成的，如果把这股风流限制在溜井内部流动，就不会造成危害或大大减弱危害。据此提出了利用平行溜井互为缓冲空间的措施，即在主溜井附近开一条与之平行的防尘卸压井，并隔一定距离开凿联络道，将防尘卸压井与主溜井贯通，构成防尘卸压溜井系统，使冲击风流在溜井内循环，可减轻溜井口的冲击风流。其结构如图2-55所示。

在实验模型中，利用打开溜井口下部放矿闸门的方法，间接地测定了与主溜井有并列循环风路的溜井口的冲击风流。当放矿闸门打开的面积A和溜井断面S的比值等于8%时，溜井口的冲击风流稍有降低；当$A/S=1$时，冲击风流降低了

76%，如图 2-56 和表 2-17 所示。

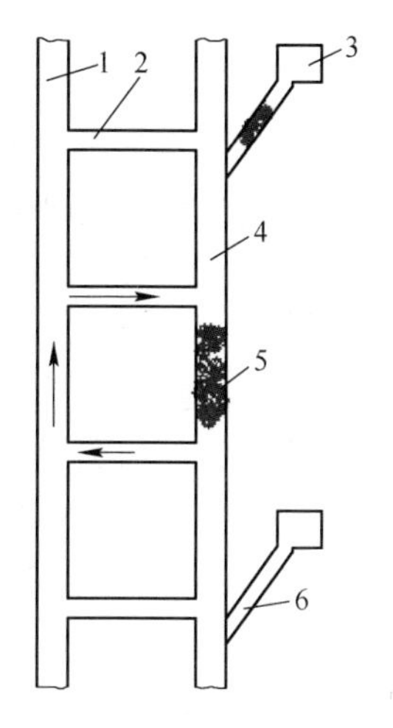

图 2-55 防尘卸压溜井系统示意图

1—卸压井；2—联络道；3—卸矿硐室；4—主溜井；5—矿石；6—支岔溜井

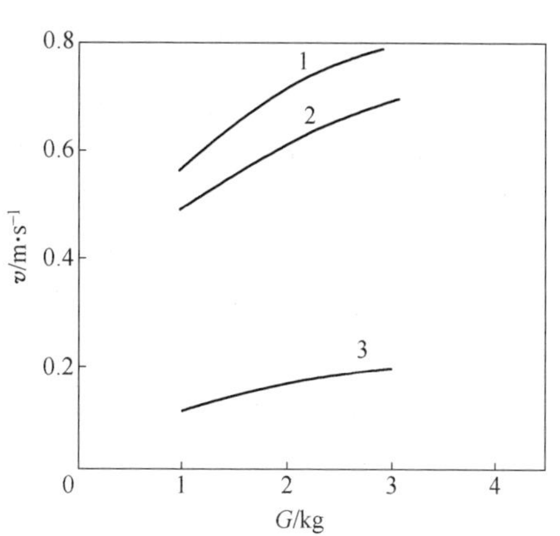

图 2-56 有并列循环溜井时的冲击风流

1—$\frac{A}{S}=0$；2—$\frac{A}{S}=0.08$；3—$\frac{A}{S}=1$

表 2-17 A/S 值对冲击风速的影响

矿石质量 /kg	冲击风速/$m \cdot s^{-1}$			备注
	$A/S=0$	$A/S=0.08$	$A/S=1$	
1	0.55	0.48	0.125	放矿高度 $H=10.87$m
2	0.72	0.612	0.135	
3	0.775	0.684	0.185	

结果表明，在主溜井旁侧开凿一条与该溜井断面相同的卸压井，构成循环风路，可使溜井口的冲击风流大幅度下降。

卸压原理：当主溜井卸矿时，矿石降落产生强大的冲击风压，在其作用下，所产生的冲击气流分为两路。一路由支岔溜井口涌出，另一路经联络道、卸压井和主溜井构成循环风路，在防尘卸压溜井系统内部循环，使支岔溜井口的冲击风速显著降低，从而缩短了含尘气流的污染长度，防止或减弱冲击风流的危害。根据并联网路分风原理，开凿防尘卸压井后，支岔溜井涌出的风量 Q' 可用下式计算：

$$Q' = Q/K \tag{2-75}$$

式中 Q'——支岔溜井口涌出的风量，m^3/s；

K——溜井口分风系数，$K=1+S_x/S\sqrt{\xi/\xi_x}$；

S_x——循环风路的断面面积，m^2；

S——主溜井断面面积，m^2；

ξ_x——循环风路的局部阻力系数。

（3）湿式净化技术。为解决高溜井防尘问题，许多矿山曾采用溜井密闭、喷雾洒水、抽风排尘以及综合防尘措施等，有一定防尘效果，但仍然不理想。为此，东北大学等共同研究了湿式振动纤维栅净化含尘冲击风流的技术，收到了显著的效果。

湿式振动纤维栅净化除尘的机理主要包括：1）通过惯性碰撞、滞留，尘粒与雾滴、纤维或水膜发生接触。2）微小尘粒通过扩散与雾滴、纤维发生接触。3）尘粒润湿后相互凝聚。4）在紊流脉动风速的作用下，迫使纤维作纵向和横向振动，提高了尘粒与水膜、纤维碰撞接触的概率。

当湿式振动纤维栅除尘净化装置启动后，在风机的作用下，卸矿硐室后巷形成负压，运输平巷中的新鲜风流进入，后巷中的污风进入支岔溜井口，经主溜井、联络道、防尘卸压井进入净化硐室，净化后的风流与主石门的新鲜风流汇合。

从应用试验结果可以看出，湿式振动纤维栅除尘净化装置具有阻力小、过滤风速高、净化效果好等特点。该除尘净化装置结构简单、自动清灰方便、易于维护管理，适用于矿山井下溜井卸矿硐室、破碎硐室等的除尘，而且性能稳定、可靠。

2.4.3 高溜井多片式挡风板

安徽某铜矿井下的高溜井较多，且每条溜井服务多个中段，每个中段高度60m，平均每隔5min就向高溜井卸一车矿，平均每车矿石重6t。高溜井结构示意图如图2-57所示，各中段溜井口涌出风量和含尘浓度如表2-18所示。可以看出，卸矿时溜井口不仅涌出风量大，而且涌出风流中的含尘浓度较高。涌出的含尘风流又与上盘运输道内的新鲜风流混合进入作业面，造成作业面风流风质较差，超过风源含尘浓度标准，危害作业面工人的身体健康。

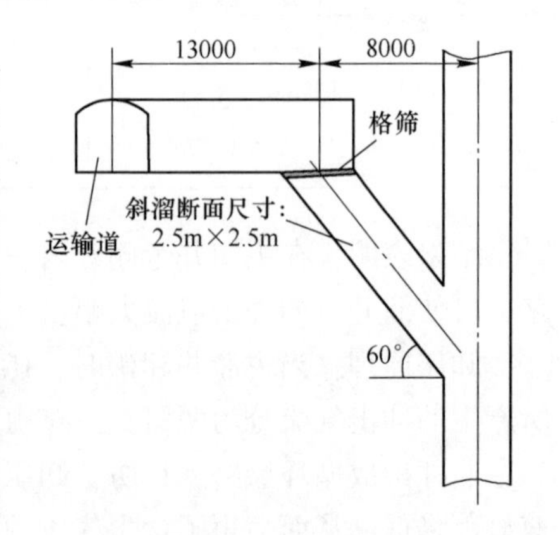

图2-57 高溜井结构示意图

2.4.3.1 解决方案

安徽某铜矿的矿石和废石溜井基本上都是单一溜井，且已开拓完成。重新挖掘卸压井以形成防尘和减弱冲击风流的卸压系统不仅掘进工程量大，而且不适合

表 2-18 溜井口涌出风量和含尘浓度（平均值）

中段	卸矿口粉尘浓度/mg · m⁻³				溜井口涌出风量/m³ · s⁻¹			
	1 号溜井	2 号溜井	3 号溜井	4 号溜井	1 号溜井	2 号溜井	3 号溜井	4 号溜井
-280m	0.7	0.6			7.5	6.3		
-340m	0.5	0.5			13.5	11.7		
-385m	0.5	0.4			11.0	12.9		
-400m		4.1	3.2		14.3	13.8		
-460m	5.7	4.6	3.8	5.1	16.6	15.7	7.9	8.1
-510m	6.0	5.6	4.8	7.1	15.0	13.0	9.0	10.1
-580m	7.2	6.8	2.5	4.9	17.9	15.0	10.7	12.0

该铜矿采矿工艺，也难以收到良好效果；由于井下采用铲运机出矿，在溜井口采取密闭和喷雾洒水方法也不适合；另外，VCR 法强化开采工艺又不宜采用控制卸矿量和降低卸矿高度的技术措施。针对该铜矿的实际情况，确定在高溜井的支岔溜井中安装多片链板式挡风板控制漏风和粉尘污染，并选择在某溜井进行试验研究。

2.4.3.2 多片挡风板结构设计

考虑到卸矿量、卸矿时的冲击力、上部溜井口的卸矿作业、维护量、检修、使用寿命以及卸矿作业的不定期性，将挡风板设计成多片链板式，在竖直方向分成 2 段，上长下短，之间用圆钢连接，可转动，以减少挡风板上部悬挂端的摩擦，延长使用寿命；在水平方向分成 4 块，每块宽度 750mm，块与块之间间隙不大于 50mm，其安装示意图和挡风板结构如图 2-58 和图 2-59 所示。

此多片链板式挡风板主要技术特点如下：

(1) 挡风板分成 4 块，避免因放矿量少而难以冲开挡板的情况发生。

(2) 挡风板分成 2 段，减小冲开挡板所需要的冲击力，避免矿石局部堵塞。

(3) 挡风板分成 2 段，减少上部悬挂端的摩擦，延长挡风板的使用寿命。

(4) 挡风板背后用钢丝绳悬挂在岩石内的锚杠上，避免挡风板掉进主溜井内。

(5) 挡风板与岩石壁之间靠挡风板的自重尽可能紧密结合，减少漏风量。

(6) 挡风板分成 8 片，便于加工和安装，更换也容易。

2.4.3.3 现场应用与分析

安装多片链板式挡风板时对原已经形成的溜井结构未做大的改动，只进行安

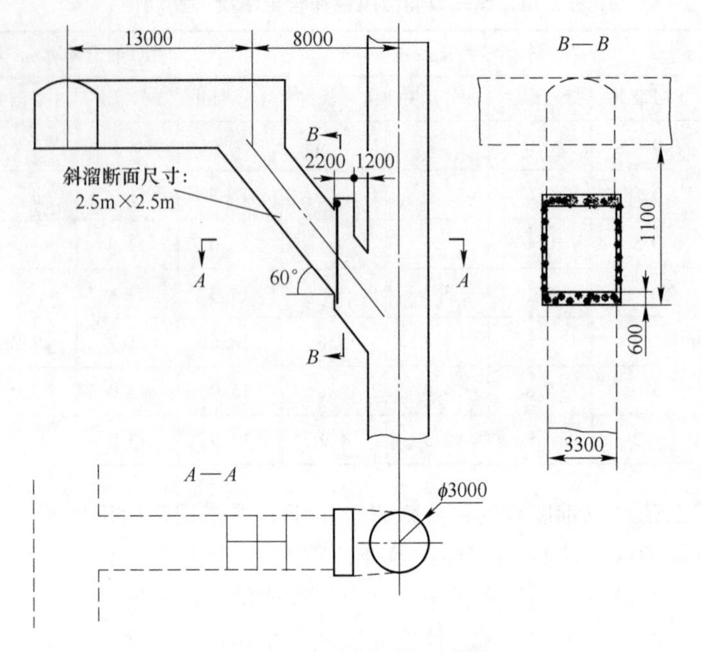

图 2-58　挡风板安装示意图

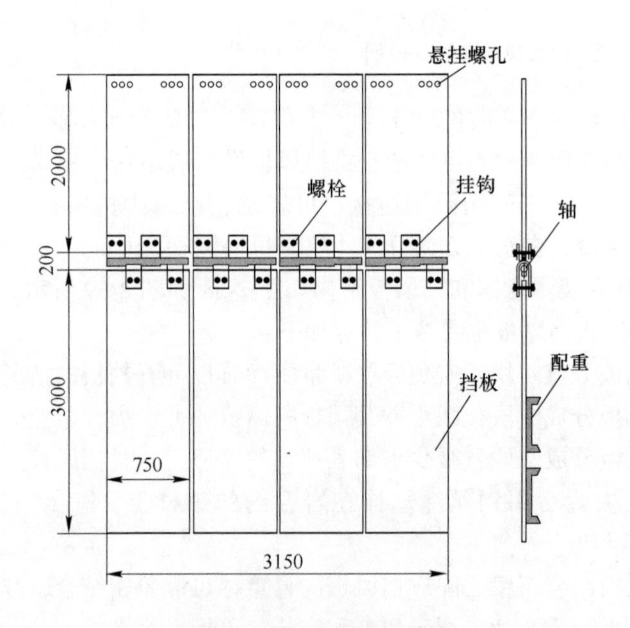

图 2-59　挡风板结构示意图

装所需要的处理。现场试验时，在六种不同的作业状态条件下，挡风板安装前后的溜井口冲击风流和含尘浓度分别进行测定，测定结果如表 2-19 所示。

表 2-19 安装挡风板前后溜井口冲击风流与含尘浓度数据

作业状态	冲击风流/$m^3 \cdot s^{-1}$		含尘浓度/$mg \cdot m^{-3}$	
	安装前	安装后	安装前	安装后
A	6.9	1.1	4.1	0.6
B	10.1	1.5	7.1	1.0
C	5.4	0.8	5.5	0.7
D	4.8	0.6	3.1	0.6
E	4.0	0.5	2.2	0.4
F	3.8	0.4	0.6	0.3

注：A—-460m 卸矿，-510m、-580m 不卸矿；B —-460m 卸矿，-510m 不卸矿，-580m 卸矿；C —-460m、-510m 卸矿，-580m 不卸矿；D —-460m 不卸矿，-510m、-580m 卸矿；E —-460m、-510m不卸矿，-580m 卸矿；F —-460m、-510m、-580m 不卸矿。

从表 2-19 可以看出，在不同作业状态下，4 号溜井-510m 溜井口安装挡风板后，冲击风流量大幅减少，漏风量为 10%~15%；同时风流的含尘浓度也大幅降低，大多数情况下溜井口的粉尘浓度较低，接近或低于 0.5mg/m^3，个别状态时的粉尘浓度虽然还较高，但与安装挡风板之前相比，其效果十分明显。

多片链板式挡风板在该铜矿井下应用试验的结果表明：（1）在溜井口安装链板式挡风板，不仅能有效减少溜井口的冲击风流，而且显著控制溜井的漏风，漏风率为 10%~15%。（2）挡风板可以有效降低漏风风流的含尘浓度，改善井下的作业环境，保护作业人员的身体健康。（3）挡风板设计独特，多片结构为其安装和维护提供了便利。

3 矿用空气幕的理论与应用

矿井通风系统是一个动态系统，需要实时进行风流调节，传统的调节方法主要是通过调节电机转速或叶片安装角等来调节主扇运行特性，采用风门、风窗、风桥等传统通风构筑物调节风流有序流动。很多矿山仍在应用这些调节方法且有效果，但对于无轨运输巷道、有爆破冲击波影响和易变形巷道的风流调节常常失效，难以达到满意的风流调节效果。为此，学者们开始研究和应用矿用空气幕技术调控矿井风流。

3.1 矿用空气幕研究进展

3.1.1 国外研究现状

20 世纪 50 年代，苏联学者谢别列夫等人将大门空气幕引入矿山巷道中，然而巷道不同于工厂大门，大门空气幕的风量比设计法已不再适用。因此，他们对矿用空气幕进行了大量研究认为，空气幕的工作效率取决于空气幕风流对巷道的遮断程度，即取决于空气幕轴线的位置和形状，空气幕轴线的位置和形状与发生器在巷道中的位置、始射角 θ 、巷道风流与空气幕风流的动量比 mv_c/m_0v_0、并联分支巷道中增风分支对减风分支的风阻比 $R_{\mathrm{I}}/R_{\mathrm{II}}$、空气幕所在巷道宽度等因素有关。他们将 $v_c/v_0=k_mR_{\mathrm{I}}/R_{\mathrm{II}}$ 作为设计依据，式中 K_m 为与漏风量 ϕ_1 有关的实验系数。1969 年，法国的 Grassmuck. G 首先明确把空气幕两边的压差作为主要研究对象，他借助气垫船升力方程式来解释空气幕两边的压差。Grassmuck. G 还对 Berry 型空气幕进行了压力测定，在 $Q_g=0$ 条件下，这种空气幕装置气幕两边的压差可达 4. 02~5. 49Pa，消耗的功率仅为 2. 2kW，当时被认为是较先进的。1974 年和 1975 年，苏联 Eropoв 和 Megebgeb 教授在实验的基础上分别给出空气幕风量与巷道风量、空气幕出口宽度、巷道断面面积等之间关系的经验公式。由于谢别列夫等人认为空气幕是一种附加阻力物，这些公式局限性太大，在相同条件下不能得出一致的结果。1979 年，波兰的 piotr kijkowski 等人依据动量守恒定律，推导了空气幕有效压力计算公式，并进行了实验室对比试验，结果理论值与实验值的误差约 25%，其主要是因为公式推导时假设巷道风流为平面流、速度分布是均匀的所造成的。2000 年，Guyonnaud 等人认为空气幕装置的几何和动力条件可以用巷道两边的压差、巷道高度、空气幕出口宽度、空气幕的始射角、空气幕出口速度、射流出口紊动强度、空气的动力黏性系数和空气密度八个变量来描述，并得出结论：（1）在几何条件不变的情况下，当巷道两边的压差增大时，空气幕出口速度可以通过欧拉准则获得。（2）当紊动强度为0~20%时，不影响空气幕的运行。（3）不能用几何近似和欧拉准则来推导空气幕的尺寸。以上结论只是在巷道高度为0.2~1.44m范围内适用，并没有得出关于空气幕的通用设计计算公式。

3.1.2 国内研究进展

我国研究应用矿用空气幕较国外晚。20世纪60年代，国内不少研究单位进行了空气幕的试验研究。中南矿冶学院等单位均模仿苏联的模式进行研究，用一台JBT-51轴流风机装备的空气幕，在巷道断面面积为7m^{2}的条件下，空气幕的阻风率可达23.8%~25.2%。东川矿物局等单位对空气幕供风器的结构及风机的连接形式进行了改进，应用两台JFT-2型局扇装备的空气幕，在巷道断面面积为3.9~4.2m^{2}的条件下，阻隔风流的阻风率为33.3%~175%，其变化范围非常大，所以仅用阻风率一个指标难以判断空气幕的隔断能力和设计是否合理。从现场应用情况看，空气幕的运行费用虽然比风门高，但用空气幕隔断风流的效果还是优越于风门。

20世纪60年代，东北大学王英敏等以“有效压力”理论成功研究了无风墙辅扇的通风过程，并指出空气幕和辅扇通风的原理基本相似，均属动压通风范畴，认为“有效压力”理论也可以用来研究矿用空气幕。

1984年，东北大学徐竹云等运用“有效压力”理论对矿用空气幕的作用原理做了进一步的研究，找到了空气幕功耗与其结构参数的内在联系，为空气幕的设计提供了一个“从整体出发，以合理的结构参数求得较小功率功耗”的途径，并结合实验室的研究结果，给出了空气幕参数的合理范围和从节省功耗角度出发的矿山空气幕参数设计法，得出矿山空气幕隔断风流的能力即为空气幕的有效压力的结论，并据此研制出了宽口大风量矿用空气幕，用以代替风门隔断运输巷道的漏风。在武钢大冶铁矿龙洞采区斜坡道、河北省金厂峪金矿平硐、江苏省无锡川埠煤矿运输道等地点应用单台空气幕隔断风流，试验结果表明，当空气幕设计合理时，其在主要运输道能取得一定的隔断风流效果。“九五”期间，我国的空气幕技术得到了进一步的发展和更加广泛的应用。

由于空气幕隔断风流的压差有限，上述单机空气幕均在巷道断面面积较小（$S \leqslant 6$m^2）、压差不大（$\Delta H \leqslant 60$Pa）的情况下应用。1999年，金岭铁矿应用一台自行设计制造的空气幕，在近100Pa压差的井底车场处，成功地隔断了10.4m^3/s的漏风，且不妨碍井下的行车和作业。

20世纪90年代以来，矿用空气幕的应用已不局限于隔断巷道风流。1999年湘潭矿业学院王海桥、刘荣华等人把空气幕应用于煤矿综采工作面隔尘，从理论和实践两方面对综采工作面空气幕隔离呼吸性粉尘的原理及方法进行了研究，提出了隔尘分区的概念，并导出控制区和污染区的粉尘浓度比公式，分析认为，空气幕两侧粉尘浓度比与控制区风量 q_b 及空气幕吸风量 q'有关，在一定情况下 q_b 是个定值，因此 q'的大小是空气幕的主要设计参数，其与空气幕出口风速和出口宽度有关。此外，他们还分别对煤矿综采工作面隔离粉尘空气幕出口的射流风速、纵向安装角与空气幕隔离分区两侧粉尘浓度的关系进行了研究，确定了不同空气幕出口断面宽度下的最佳风速和纵向安装角，即空气幕的合理风速为应使射到巷道顶板的气流风速保持在 1.0~1.2m/s 范围内，而空气幕的纵向安装角应不大于 15°。在邢台矿业集团有限公司葛泉煤矿的现场应用研究表明，在空气幕风量为 3.4~5.6m^3/s 条件下，空气幕在司机处对呼吸性粉尘的隔尘率可达 79.3%~85.8%，与喷雾降尘比较，对呼吸性粉尘的降尘率可提高 20%左右。

以上大多是针对空气幕隔断风流所作的研究。尽管有文献提出，当空气幕有效压力大于巷道两边的压差时，会出现过余隔断，属于引射器的工作范围。但对空气幕是否具有引射器或辅扇的功能、引射风量与空气幕的特性之间的关系等，尚未从理论和实践上进行深入研究，尤其是未在大断面大压差条件下进行试验研究。此外，当空气幕有效压力小于巷道两边的压差时，会出现不足隔断风流的现象，空气幕起增阻的作用，但其阻风率与空气幕有效压力等的关系也尚未从理论和实践上进行研究。

在井下运输和行人频繁或受爆炸冲击波影响明显或易变形的巷道中设置辅扇、风门、风窗等传统的风流调控装置时，其易遭受破坏，一般情况下难以收到预期的调节风流效果。而具有隔断风流、引射风流和对风流增阻等作用的新型风流调控装置——矿用空气幕，安装在巷道侧壁的硐室内，可灵活调控矿井风流，且效果十分明显。

据此，作者依据射流理论、有效压力理论等风流流动理论，建立辅扇型、风门型和风窗型矿用空气幕的理论模型，模拟分析了各种理论模型的影响因素和相互关系，并开展现场试验研究，同时为矿用空气幕的广泛应用奠定了基础。

3.2　矿用空气幕理论

矿用空气幕的作用过程与矿井风流流动过程均是动力与阻力平衡的过程，遵从风压平衡定律。矿用空气幕在巷道中工作时可能出现三种不同的情况：(1) 隔断巷道风流，即巷道两端的压差与矿用空气幕的有效压力相等，理想情况下漏风量 $Q_g=0$。(2) 引射巷道风流，即巷道两端的压差小于矿用空气幕的有效压力，巷道风流方向与矿用空气幕出口风流方向相同。(3) 对巷道风流增阻，即巷道两端的压差大于矿用空气幕的有效压力，有漏风，$Q_g>0$。下面就上述三种情况分别进行理论推导和分析。

3.2.1 矿用空气幕隔断风流

3.2.1.1 理想有效压力

矿用空气幕完全隔断风流时，在其装置前后产生的静压差称为矿用空气幕的有效压力，用 ΔH 表示。

A 单机矿用空气幕理想有效压力

假设巷道风流为理想流体，对于单机矿用空气幕，其风流流动模型如图 3-1 所示。

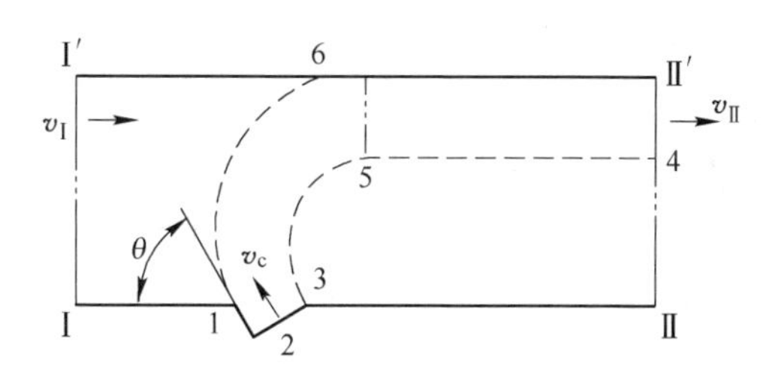

图 3-1 单机矿用空气幕的理想流体流动模型

当矿用空气幕完全隔断风流时，Ⅰ—Ⅰ′断面上风速为零，$v_{Ⅰ}=0$。在Ⅱ—Ⅱ′断面上，$v_{Ⅱ}=v_c$。按理想流体的假设，矿用空气幕的射流在流动过程中不扩散，也没有能量损失，流线 1—6 压力为常数，等于 $P_{Ⅰ}$；流线 3—5—4 压力亦为常数，等于 $P_{Ⅱ}$，斜面 1—2 与断面 3—3 流体静压力相等，对控制体列 x 轴方向的动量方程，可得

$$(P_{Ⅰ}-P_{Ⅱ})S=\rho(Q_c v_{Ⅱ}-Q_c v_{cx}) \tag{3-1}$$

由于 $Q_c=v_c S_c$，$v_{cx}=-v_c\cos\theta$，则单机矿用空气幕的理想有效压力 $\Delta H_{理}$为

$$\Delta H_{理}-P_{Ⅰ}-P_{Ⅱ}=\rho v_c^2\frac{S_c}{S}(1+\cos\theta) \tag{3-2}$$

式中 ρ——空气密度，kg/m³；

v_{cx}——单机矿用空气幕出口风速在 x 轴上的投影，m/s。

S——安装矿用空气幕巷道的断面面积，m²；

S_c——矿用空气幕出口断面面积，m²；

v_c——矿用空气幕出口平均风速，m/s；

θ——矿用空气幕安装角，(°)。

B 多机并联矿用空气幕理想有效压力

假设巷道风流为理想流体，对于多机并联矿用空气幕，其风流流动模型如图 3-2 所示。

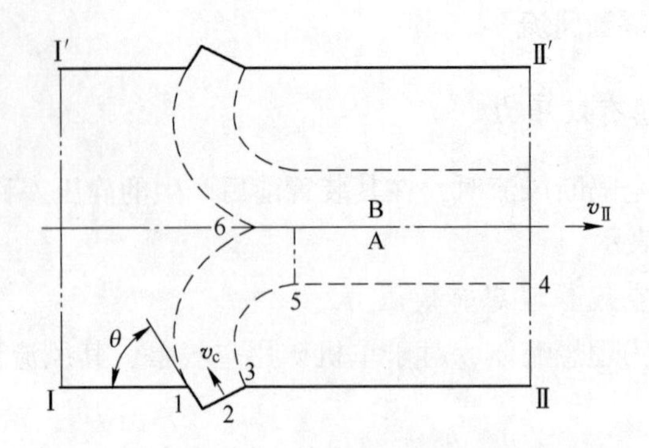

图 3-2　多机并联空气幕的理想流体流动模型

设多机并联矿用空气幕出口风流刚好汇合时完全隔断巷道风流。由于是理想流动，矿用空气幕射流沿程所受阻力为零，因此多机并联矿用空气幕中每台矿用空气幕的体积流量和单机矿用空气幕的体积流量 Q_c 相等，则当每台矿用空气幕的出口面积不变时，多机并联矿用空气幕的总体积流量 $Q_c{}'=nQ_c$。Ⅰ—Ⅰ′断面上风速为零，$v_Ⅰ=0$；在Ⅱ—Ⅱ′断面上，$v_Ⅱ=v_c$，v_c为矿用空气幕出口平均风速。按理想流体的假设，矿用空气幕的射流在流动过程中不扩散，也没有能量损失。考虑射流 A 时，流线 1—6 压力为常数，等于 $P_Ⅰ$；流线 3—4 压力亦为常数，等于 $P_Ⅱ$，斜面 1—2 与断面 3—3 流体静压力相等。由于矿用空气幕为对称并联，射流 A 和射流 B 的流动特性相同，以上分析对射流 B 也适用。取断面Ⅰ—Ⅰ′和断面Ⅱ—Ⅱ′间的流体为控制体，并对其列 x 轴方向的动量方程，可得

$$(P_Ⅰ-P_Ⅱ)S=\rho(Q'_c v_Ⅱ-Q'_c v'_{cx}) \tag{3-3}$$

式中　Q'_c——多机并联空气幕的总体积流量，m³/s；

v'_{cx}——多机并联空气幕出口风速在 x 轴上的投影，m/s。

由于 $Q'_c=nQ_c$，$Q_c=v_cS_c$，$v'_{cx}=\dfrac{Q'_c}{nS_c}=\dfrac{nQ_c}{nS_c}=v_{cx}$，$v_{cx}=-v_c\cos\theta$，$n$ 为矿用空气幕并联台数，且 $(P_Ⅰ-P_Ⅱ)S=\rho(nQ'_c v_Ⅱ-nQ'_c v_{cx})=\rho[nv_cS_cv_c-nv_cS_c(-v_c\text{os}\theta)]$，则多机并联矿用空气幕的理想有效压力 $\Delta H_{理(n)}$ 为

$$\Delta H_{理(n)}=P_Ⅰ-P_Ⅱ=n\rho v_c^2\frac{S_c}{S}(1+\cos\theta) \tag{3-4}$$

比较单机和多机并联矿用空气幕的理想有效压力式（3-2）和式（3-4）可以发现，多机并联矿用空气幕的理想有效压力是 n 台单机矿用空气幕理想有效压力的叠加，即

$$\Delta H_{理(n)}=\sum_{i=1}^{n}\Delta H_i$$

3.2.1.2 实际有效压力

在实际应用中，由于黏性流体的紊动和扩散，造成矿用空气幕的实际有效压力小于式（3-2）和式（3-4）所给出的值，而且风流在流出矿用空气幕出口后不久就扩散到巷道整个断面上。如果矿用空气幕安装在同一巷道无分岔口的地方，在下游取风的情况下，矿用空气幕吸风口可吸取其出口喷出的风流，风流自成循环；如果矿用空气幕吸取 A 巷道的风流来阻隔 B 巷道的风流，则矿用空气幕风流不循环，因此在实际应用中又可把矿用空气幕分为循环型和非循环型。

矿用空气幕的射流属急变流场，不能用伯努利方程建立不同断面间的速度关系，而动量定律考虑了急变流场的总体受力问题，因此可以用动量定律来解决矿用空气幕的实际有效压力问题。

A 单机空气幕的实际有效压力

（1）循环型。单机循环型矿用空气幕的实际流动模型如图 3-3 所示。

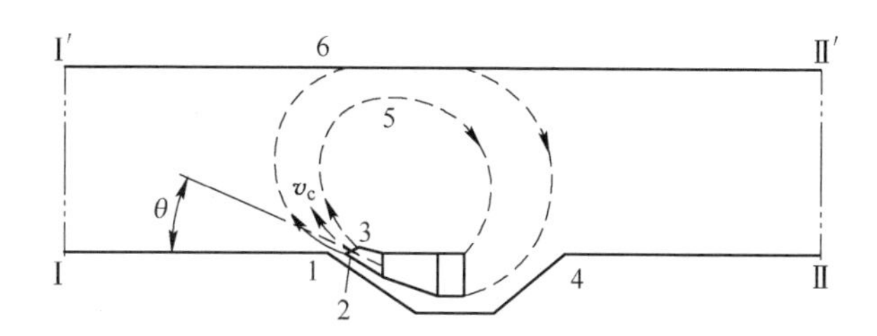

图 3-3 单机循环型矿用空气幕实际流动模型

对于循环型矿用空气幕，在完全隔断风流情况下，在循环段内，巷道风流流动即为矿用空气幕循环风流的流动；在循环段外，巷道无风流流动。把Ⅰ—Ⅰ′断面和Ⅱ—Ⅱ′断面都取在循环段以外，得到的边界条件如下：Ⅰ—Ⅰ′断面上风速为零，$v_{\mathrm{I}}=0$，静压为 P_{I}；Ⅱ—Ⅱ′断面上风速为零，$v_{\mathrm{II}}=0$；静压为 P_{II}。矿用空气幕出口断面 3—3 和壁面 1—2 上的静压，对实际流体而言，并不相等。假设静压在这些断面上呈线性分布，而且 $P_1=P_{\mathrm{I}}$，$P_3=P_{\mathrm{II}}$，则

$$P_{12}-P_{23}=\frac{P_1+P_2}{2}-\frac{P_2+P_3}{2}=\frac{1}{2}(P_{\mathrm{I}}-P_{\mathrm{II}}) \tag{3-5}$$

列断面Ⅰ—Ⅰ′和断面Ⅱ—Ⅱ′间风流的动量方程：

$$(P_{\mathrm{I}}-P_{\mathrm{II}}-h_{\mathrm{I-II}})S+\frac{1}{2}(P_{\mathrm{I}}-P_{\mathrm{II}})S_c\cos\theta=\rho(Q_cv_{\mathrm{II}}-Q_cv_{cx}-Q_gv_{\mathrm{I}})$$

式中 Q_g——矿用空气幕安装后巷道过风风量，m^3/s；

$h_{\mathrm{I-II}}$——矿用空气幕风流的回流阻力，Pa。

由于 $Q_c=v_cS_c$，$v_{cx}=-v_c\cos\theta$，$v_{\mathrm{I}}=v_{\mathrm{II}}=0$，$Q_g=0$，则循环型单机矿用空气

幕的实际有效压力 ΔH 为

$$\Delta H = P_{\mathrm{I}} - P_{\mathrm{II}} = \frac{\rho v_{\mathrm{c}}^2 \cos\theta}{\dfrac{S}{S_{\mathrm{c}}} + \dfrac{1}{2}\cos\theta} + \frac{h_{\mathrm{I-II}} S}{S + \dfrac{1}{2} S_{\mathrm{c}} \cos\theta} \tag{3-6}$$

由于 $h_{\mathrm{I-II}} = R_{\mathrm{c}} Q_{\mathrm{c}}^2$，$v_{\mathrm{c}} = \dfrac{Q_{\mathrm{c}}}{S_{\mathrm{c}}}$，$R_{\mathrm{c}}$ 为矿用空气幕回流风阻（$\mathrm{N \cdot s^2/m^8}$），则上式可写成：

$$\Delta H = \frac{\rho Q_{\mathrm{c}}^2 \cos\theta}{S_{\mathrm{c}}\left(S + \dfrac{1}{2} S_{\mathrm{c}} \cos\theta\right)} + \frac{R_{\mathrm{c}} Q_{\mathrm{c}}^2 S}{S + \dfrac{1}{2} S_{\mathrm{c}} \cos\theta} \tag{3-7}$$

由于回流区Ⅰ—Ⅱ段不长（$< 2\sqrt{S}$），$h_{\mathrm{I-II}}$ 值很小，且 $\dfrac{S}{S + \dfrac{1}{2} S_{\mathrm{c}} \cos\theta} < 1$，因此式（3-7）右边最后一项回流阻力项可忽略。于是可得循环型单机矿用空气幕的实际有效压力为

$$\Delta H = \frac{\rho Q_{\mathrm{c}}^2 \cos\theta}{S_{\mathrm{c}}\left(S + \dfrac{1}{2} S_{\mathrm{c}} \cos\theta\right)} = \frac{\rho v_{\mathrm{c}}^2 \cos\theta}{\dfrac{S}{S_{\mathrm{c}}} + \dfrac{1}{2}\cos\theta} = \frac{\rho v_{\mathrm{c}}^2 \cos\theta}{K + \dfrac{1}{2}\cos\theta} \tag{3-8}$$

式中，$K = \dfrac{S}{S_{\mathrm{c}}}$。

（2）非循环型。单机非循环型矿用空气幕的实际流动模型如图 3-4 所示。

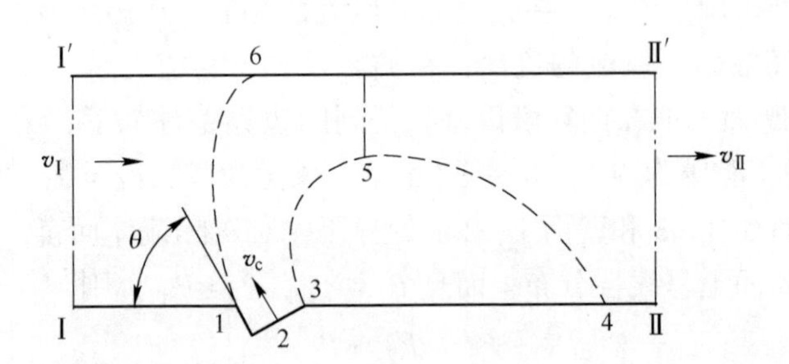

图 3-4　单机非循环型矿用空气幕实际流动模型

非循环型矿用空气幕由于在巷道外取风，风流从矿用空气幕出口喷出以后不会形成循环风流，而是沿着巷道继续向后流动，然后扩散到整个巷道，因此把Ⅱ—Ⅱ′断面取在风流刚好扩散巷道全断面处（把这段距离看着空气幕的回流段），而Ⅰ—Ⅰ′断面的取法和循环型矿用空气幕一致，可以确立边界条件：Ⅰ—Ⅰ′断面上风速为零，$v_{\mathrm{I}} = 0$，静压为 P_{I}；Ⅱ—Ⅱ′断面上风速为 v_{II}，$v_{\mathrm{II}} = Q_{\mathrm{c}}/S$，静压为 P_{II}。而矿用空气幕出口断面 3—3 和壁面 1—2 上的静压的求法和循环型

矿用空气幕一样，即 $P_{12}-P_{23}=(P_{\mathrm{I}}-P_{\mathrm{II}})/2$。列断面Ⅰ—Ⅰ′和断面Ⅱ—Ⅱ′间风流的动量方程：

$$(P_{\mathrm{I}}-P_{\mathrm{II}}-h_{\mathrm{I-II}})S+\frac{1}{2}(P_{\mathrm{I}}-P_{\mathrm{II}})S_{\mathrm{c}}\cos\theta=\rho(Q_{\mathrm{c}}v_{\mathrm{II}}-Q_{\mathrm{c}}v_{\mathrm{c}x}-Q_{g}v_{\mathrm{I}})$$

由于 $Q_{\mathrm{c}}=v_{\mathrm{c}}S_{\mathrm{c}}$，$v_{\mathrm{c}x}=-v_{\mathrm{c}}\cos\theta$，$v_{\mathrm{I}}=0$，$v_{\mathrm{II}}=\dfrac{Q_{\mathrm{c}}}{S}$，$Q_{g}=0$，则非循环型单机矿用空气幕的实际有效压力 $\Delta H'$ 为

$$\Delta H'=P_{\mathrm{I}}-P_{\mathrm{II}}=\frac{\rho v_{\mathrm{c}}^{2}S_{\mathrm{c}}^{2}}{S+\frac{1}{2}S_{\mathrm{c}}\cos\theta}\left(\frac{1}{S}+\frac{\cos\theta}{S_{\mathrm{c}}}\right)+\frac{h_{\mathrm{I-II}}S}{S+\frac{1}{2}S_{\mathrm{c}}\cos\theta} \tag{3-9}$$

又由于 $h_{\mathrm{I-II}}=R_{\mathrm{c}}Q_{\mathrm{c}}^{2}$，$v_{\mathrm{c}}=\dfrac{Q_{\mathrm{c}}}{S_{\mathrm{c}}}$，上式可写成：

$$\Delta H'=\frac{\rho Q_{\mathrm{c}}^{2}}{S+\frac{1}{2}S_{\mathrm{c}}\cos\theta}\left(\frac{1}{S}+\frac{\cos\theta}{S_{\mathrm{c}}}\right)+\frac{RQ_{\mathrm{c}}^{2}S}{S+\frac{1}{2}S_{\mathrm{c}}\cos\theta} \tag{3-10}$$

实验测得，单机矿用空气幕的回流阻力只占有效压力的 7.6%，因此上式中回流阻力项 $\dfrac{RQ_{\mathrm{c}}^{2}S}{S+\frac{1}{2}S_{\mathrm{c}}\cos\theta}$ 可忽略，于是非循环型单机矿用空气幕的实际有效压力 $\Delta H'$ 为

$$\Delta H'=\frac{\rho Q_{\mathrm{c}}^{2}}{S+\frac{1}{2}S_{\mathrm{c}}\cos\theta}\left(\frac{1}{S}+\frac{\cos\theta}{S_{\mathrm{c}}}\right)=\frac{\rho v_{\mathrm{c}}^{2}}{K+\frac{1}{2}\cos\theta}\left(\frac{1}{S}+\frac{\cos\theta}{S_{\mathrm{c}}}\right) \tag{3-11}$$

比较式（3-6）和式（3-10）可以看出，非循环型单机矿用空气幕的有效压力比循环型单机矿用空气幕的有效压力要大，而且只要 S、S_{c}、θ、R_{0} 值确定后，选定矿用空气幕的有效压力 ΔH 就是一个定值，与矿用空气幕所工作的通风网路特性无关。

B　多机并联空气幕的实际有效压力

在实际流体流动的情况下，空气幕并联工作和风机在同一井口并联工作非常相似。n 台风机并联后的风量并不等于单台风机风量的简单叠加，而是比叠加以后的风量更小，即 $Q'_{\mathrm{c}}<nQ_{\mathrm{c}}$；并联后的实际风压和并联前的实际风压也不相等，而是更大，即 $H'>H$。可用风压相等、风量相加原理作出的两台风机对称并联作业的特性曲线图来说明 n 台空气幕对称并联运行的特性，如图 3-5 所示，其中设 $Q'_{\mathrm{c}}=naQ_{c}$，$H'=bH$，$a<1$，$b>1$。如下为所建立的循环型和非循环型多机并联空气幕实际有效压力的理论模型。

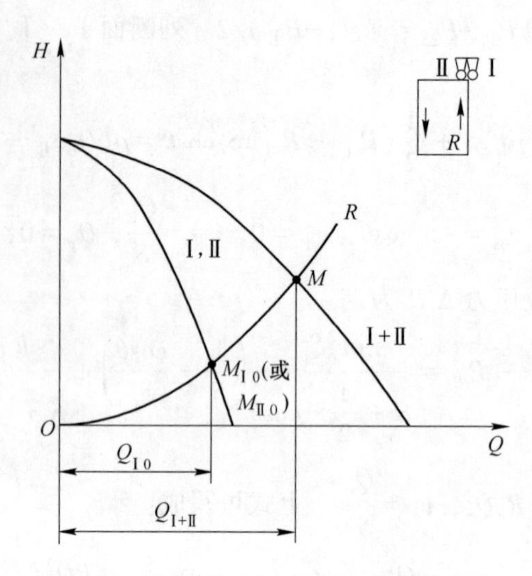

图 3-5　两台风机对称并联工作特性曲线

(1) 循环型。循环型多机并联空气幕的实际流动模型如图 3-6 所示。设循环型多机并联空气幕在风流汇合并扩展到全断面时为完全隔断巷道断面，在循环段内，巷道风流流动即为空气幕循环风流的流动；在空气幕循环段外，巷道无风流流动。把Ⅰ—Ⅰ′断面和Ⅱ—Ⅱ′断面都取在循环风流以外，得到的边界条件为：Ⅰ—Ⅰ′断面上风速 $v_Ⅰ=0$，静压为 $P_Ⅰ$；Ⅱ—Ⅱ′断面上风速 $v_Ⅱ=0$，静压为 $P_Ⅱ$。因为有 n 个空气幕出口断面，所以可以就断面Ⅰ—Ⅰ′和断面Ⅱ—Ⅱ′间的风流列出如下动量方程：

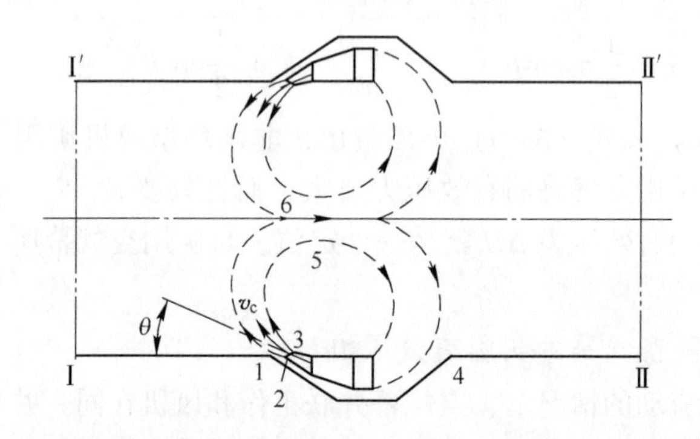

图 3-6　循环型多机并联空气幕的实际流动模型

$$(P_Ⅰ - P_Ⅱ - h_{Ⅰ-Ⅱ})S + \frac{1}{2}(P_Ⅰ - P_Ⅱ)nS_c\cos\theta = \rho(Q'_c v_Ⅱ - Q'_c v_{cx} - Q_g v_Ⅰ)$$

由于 $Q'_c = naQ_c$，$v'_c = \dfrac{\frac{Q'_c}{n}}{S_c} = \dfrac{naQ_c}{nS_c} = a\dfrac{Q_c}{S_c}$，$v_{cx} = -v'_c\cos\theta = -a\dfrac{Q_c}{S_c}\cos\theta$，$v_Ⅰ =$

$v_{\text{II}}=0$，$Q_g=0$，$h_{\text{I-II}}=R_cQ_c'^2=n^2a^2Q_c^2$，$v_c'$ 为多机并联后单台空气幕的出口风速，则循环型多机并联空气幕的实际有效压力 $\Delta H_{(n)}$ 为

$$\Delta H_{(n)}=P_{\text{I}}-P_{\text{II}}=\frac{\rho na^2Q_c^2\cos\theta}{S_c\left(S+\frac{1}{2}nS_c\cos\theta\right)}+\frac{n^2a^2R_cQ_c^2S}{S+\frac{1}{2}nS_c\cos\theta}\tag{3-12}$$

（2）非循环型。非循环型多机并联空气幕的实际流动模型如图 3-7 所示。

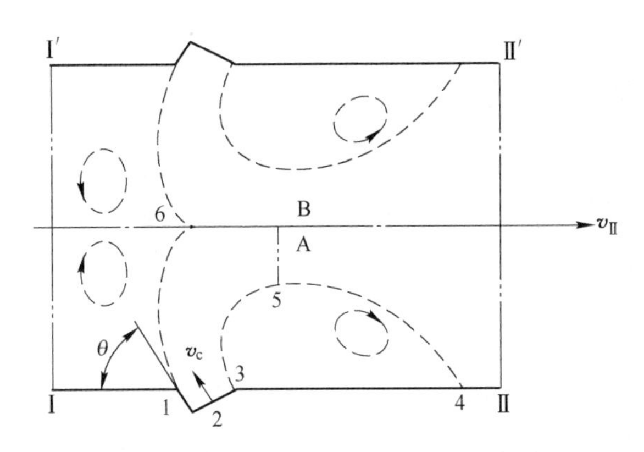

图 3-7　非循环型多机并联空气幕的实际流动模型

由于非循环型空气幕在巷道外取风，风流从空气幕出口喷出以后不会形成循环风流，而是沿着巷道继续向后流动，并且风流会扩散到整个巷道，因此，同样把Ⅱ—Ⅱ′断面取在风流刚好扩散巷道全断面处；而Ⅰ—Ⅰ′断面的取法和循环型空气幕一致，根据以上分析可以确立边界条件：Ⅰ—Ⅰ′断面上风速 $v_{\text{I}}=0$，静压为 P_{I}；Ⅱ—Ⅱ′断面上风速为 v_{II}，静压为 P_{II}。

因为空气幕有 n 个出口断面，所以可以就断面Ⅰ—Ⅰ′和断面Ⅱ—Ⅱ′间的风流列出如下动量方程：

$$(P_{\text{I}}-P_{\text{II}}-h_{\text{I-II}})S+\frac{1}{2}(P_{\text{I}}-P_{\text{II}})nS_c\cos\theta=\rho(Q_c'v_{\text{II}}-Q_c'v_{cx}-Q_gv_{\text{I}})$$

由于 $Q_c'=naQ_c$，$v_c'=\dfrac{\frac{Q_c'}{n}}{S_c}=\dfrac{naQ_c}{nS_c}=a\dfrac{Q_c}{S_c}$，$v_{cx}=-v_c'\cos\theta=-a\dfrac{Q_c}{S_c}\cos\theta$，$v_{\text{I}}=0$，

$v_{\text{II}}=\dfrac{Q_c'}{S}=\dfrac{naQ_c}{S}$，$Q_g=0$，$h_{\text{I-II}}=R_cQ_c'^2=n^2a^2Q_c^2$，则非循环型多机并联空气幕的实际有效压力为

$$\Delta H'_{(n)}=P_{\text{I}}-P_{\text{II}}=\frac{\rho na^2Q_c^2}{\left(S+\frac{1}{2}nS_c\cos\theta\right)}\left(\frac{n}{S}+\frac{\cos\theta}{S_c}\right)+\frac{n^2a^2R_cQ_c^2S}{S+\frac{1}{2}nS_c\cos\theta}\tag{3-13}$$

从式（3-13）可以看出，多机并联空气幕实际有效压力中的回流阻力项与空气幕并联台数 n 的平方成正比，而另一项与空气幕的并联台数 n 成正比。因此，当并联风机台数 n 越大时，回流阻力在有效压力中所占的比例也越大。

比较式（3-6）和式（3-12），式（3-10）和式（3-13）可知，在实际应用中 n 台空气幕并联的有效压力并不等于 n 台单机空气幕的有效压力之和，即 $\Delta H_{(n)} \neq \sum_{i=1}^{n} \Delta H_i$。

3.2.2　矿用空气幕引射风流

当空气幕的有效压力大于巷道风流的静压差时，空气幕可起引射风流的作用，增加需风点的风量。实际应用中，引射风流空气幕的有效压力大小，取决于对引射风量的要求。因此，设计计算引射风流空气幕时，引射风量应作为设计选型的依据。

空气幕在巷道中引射风流时，其工作方式与无风墙辅扇的工作方式非常相似，不同之处在于空气幕出口风流是平面紊动射流，而无风墙辅扇的出口风流是矩形断面紊动射流；空气幕安装在巷道两侧的硐室内，不占用巷道断面，而无风墙辅扇安装在巷道中，占用巷道断面。但两者在促进巷道内风流能量转换时的作用原理一致。

本节主要依据射流理论、无风墙辅扇通风理论以及能量守恒原理等来建立空气幕引射风流的理论模型，并分析其引射风流的过程。

空气幕在巷道中引射风流时，其扇风机的全部能量损失包括以下几部分：

（1）克服巷道两端主扇风压或自然风压所做的功。

（2）克服巷道摩擦阻力和局部阻力的能量损失。

（3）绕过空气幕的风流克服空气幕安装巷道的摩擦阻力的能量损失。

（4）流过空气幕的风流由空气幕出口到巷道的突然扩大的能量损失。

（5）巷道出口处的动量损失。

3.2.2.1　单机空气幕引射风流理论

单机空气幕引射风流的流动模型如图 3-8 所示。

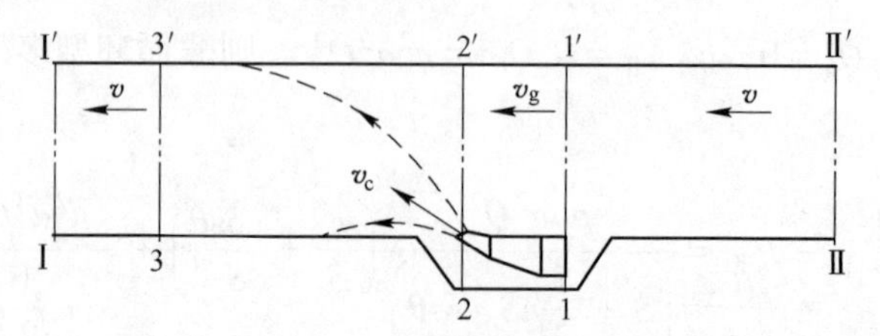

图 3-8　单机空气幕引射风流的流动模型

在巷道Ⅰ—Ⅰ′断面和Ⅱ—Ⅱ′断面间列风流流动的全能量方程式如下：

$$P_{\mathrm{I}}Q + H_cQ_c = P_{\mathrm{II}}Q + hQ + h_cQ_c + h_{1-2}Q_g + \frac{\rho v^2}{2}Q$$

式中 H_c——单机空气幕风机全压，Pa；

h_c——由空气幕出口到巷道全断面的突然扩大损失，Pa；

h——巷道摩擦阻力与局部阻力损失，Pa；

h_{1-2}——断面 1-2 间的摩擦阻力损失，Pa；

v——巷道平均风速，m/s。

将上式除以 Q，并加以整理得

$$h + \frac{\rho v^2}{2} = H_c\frac{Q_c}{Q} - h_c\frac{Q_c}{Q} - h_{1-2}\frac{Q_g}{Q} - (P_{\mathrm{II}} - P_{\mathrm{I}}) \tag{3-14}$$

设引射风流空气幕的有效压力为当巷道两端的静压差（$P_{\mathrm{II}}-P_{\mathrm{I}}$）为零时空气幕的全能量中减去由空气幕出口到巷道全断面的突然扩大损失和绕过空气幕风流的能量损失后所剩余的能量，即引射风流空气幕的有效压力表达式为

$$\Delta H = H_c\frac{Q_c}{Q} - h_c\frac{Q_c}{Q} - h_{1-2}\frac{Q_g}{Q} \tag{3-15}$$

则巷道的全能量方程可写为如下形式：

$$h + \frac{\rho v^2}{2} = \Delta H - (P_{\mathrm{II}} - P_{\mathrm{I}}) \tag{3-16}$$

通过空气幕的风流：

$$P_1Q_c + \frac{\rho v^2}{2}Q_c + H_cQ_c = P_2Q_c + \frac{\rho v_c^2}{2}Q_c \tag{3-17}$$

绕过空气幕的风流：

$$P_1Q_g + \frac{\rho v^2}{2}Q_g = P_2Q_g + \frac{\rho v_g^2}{2}Q_g + h_{1-2}Q_g \tag{3-18}$$

式中 P_1、P_2——断面 1、2 处风流的静压，Pa。

将以上两式相加，并除以 Q，可得

$$P_1 - P_2 = \frac{\rho v_c^2}{2}\times\frac{Q_c}{Q} + \frac{\rho v_g^2}{2}\times\frac{Q_g}{Q} - \frac{\rho v^2}{2} - H_c\frac{Q_c}{Q} + h_{1-2}\frac{Q_g}{Q}$$

绕过空气幕部分的风流，单位体积流量的能量方程式可写成下列形式：

$$P_1 - P_2 = \frac{\rho v_g^2}{2} - \frac{\rho v^2}{2} + h_{1-2}$$

由上两式可得

$$H_c\frac{Q_c}{Q} = \frac{\rho v_c^2}{2}\times\frac{Q_c}{Q} - \frac{\rho v_g^2}{2}\times\frac{Q_c}{Q} - h_{1-2}\frac{Q_c}{Q} \tag{3-19}$$

由空气幕出口流出的风流，在扩大到巷道全断面时的突然扩大冲击损失，可按式 $h_c = \frac{\rho(v_c - v)^2}{2}$ 计算。

上式可展开成下列形式：

$$h_c \frac{Q_c}{Q} = \frac{\rho v_c^2}{2} \times \frac{Q_c}{Q} - \rho v_c v \frac{Q_c}{Q} + \frac{\rho v^2}{2} \times \frac{Q_c}{Q} \tag{3-20}$$

将式（3-19）和式（3-20）代入式（3-15），得

$$\Delta H = \rho v_c v \times \frac{Q_c}{Q} - \frac{\rho v^2}{2} \times \frac{Q_c}{Q} - \frac{\rho v_g^2}{2} \times \frac{Q_c}{Q} - h_{1-2}$$

上式可改写成下列形式：

$$\Delta H = \rho v_c v \times \frac{Q_c}{Q} - \rho v^2 \times \frac{Q_c}{Q} + \frac{\rho(v - v_g)^2}{2} \times \frac{Q_c}{Q} - h_{1-2}$$

分析上式，其中最后两项与前两项相比在数值上十分微小，且其值与 v^2 相关，于是可简化为

$$\Delta H = \rho v_c v \times \frac{Q_c}{Q} - a' \rho v^2 \frac{Q_c}{Q}$$

或写成如下形式：

$$\Delta H = \rho v_c^2 \times \frac{S_c}{S}\left(1 - a' \frac{v}{v_c}\right) \tag{3-21}$$

式中 a'——比例系数。

式（3-21）为计算引射风流空气幕有效压力的理论公式，由于空气幕引射风流和无风墙辅扇的通风过程非常相似，可将无风墙辅扇通风实验所得到的 $a' = 2$ 应用到本公式中，由此可得空气幕引射风流的计算式：

$$\Delta H = \rho v_c^2 \times \frac{S_c}{S}\left(1 - 2 \times \frac{v}{v_c}\right)$$

通过对现场实际风速的测定，巷道风速通常不超过 4m/s，而空气幕出口风速常达 20~30m/s。为了计算简化，可将上式改写为

$$\Delta H = K_s \frac{\rho v_c^2}{2} \times \frac{S_c}{S} \tag{3-22}$$

式中，K_s 为试验系数，与空气幕在巷道中的安装条件、巷道风速和空气幕出口风速有关。将上式代入式（3-16），并将巷道平均风速 v 用巷道断面面积和巷道风量 Q 表示，整理得单机空气幕引射风量的计算公式：

$$Q = \sqrt{\frac{K_s \rho v_c^2 S S_c - 2S^2(P_{\mathrm{II}} - P_{\mathrm{I}})}{2S^2 R + \rho}} \tag{3-23}$$

在其他条件相同的情况下，由上式可以看出：

（1）空气幕出口风速 v_c越大，其引射风量越大。

（2）巷道断面面积与空气幕出口的断面面积比越大，空气幕引射风量越小。

（3）巷道反向风压（$P_{\mathrm{II}}-P_{\mathrm{I}}$）越高，空气幕引射风量越小。

（4）巷道风阻 R 越大，空气幕引射风量越小。

3.2.2.2 多机并联空气幕引射风流理论

多机并联空气幕引射风流的风流流动模型如图 3-9 所示。

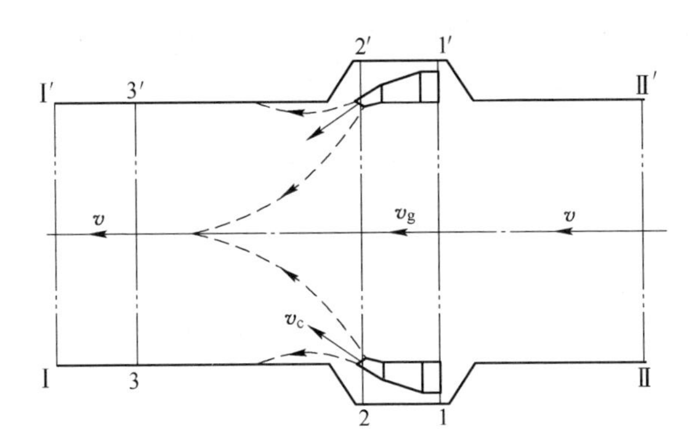

图 3-9 多机并联空气幕引射风流的流动模型

在巷道入口与出口间列风流流动的全能量方程：

$$P_{\mathrm{I}}Q + H'_c Q'_c = P_{\mathrm{II}}Q + hQ + h_c Q'_c + h_{1-2}Q_g + \frac{\rho v^2}{2}Q$$

式中 H'_c——多机并联空气幕的全压，Pa。

将上式除以 Q，并加以整理得

$$h + \frac{\rho v^2}{2} = H_c\frac{Q'_c}{Q} - h_c\frac{Q'_c}{Q} - h_{1-2}\frac{Q_g}{Q} - (P_{\mathrm{II}} - P_{\mathrm{I}}) \tag{3-24}$$

则得多机并联空气幕引射风流的有效压力计算公式：

$$\Delta H_{(n)} = H_c\frac{Q'_c}{Q} - h_c\frac{Q'_c}{Q} - h_{1-2}\frac{Q_g}{Q} \tag{3-25}$$

即 n 台空气幕并联后的有效压力等于当巷道两端静压差（$P_{\mathrm{II}}-P_{\mathrm{I}}$）为零时并联空气幕全能量减去由空气幕到巷道全断面的突然扩大损失和绕过空气幕风流的能量损失。该能量用于克服巷道摩擦阻力和局部阻力，并在巷道出口形成动压损失。由空气幕入风侧断面 1 到出风侧断面 2 有两股风流，其中一股进入空气幕，另一股绕过空气幕，其风流在 1、2 断面间的能量变化如下。

通过空气幕的风流：

$$P_1 Q'_c + \frac{\rho v^2}{2} Q'_c + H'_c Q'_c = P_2 Q'_c + \frac{\rho v'^2_c}{2} Q'_c \tag{3-26}$$

绕过空气幕的风流：

$$P_1 Q_g + \frac{\rho v^2}{2} Q_g = P_2 Q_g + \frac{\rho v_g^2}{2} Q_g + h_{1-2} Q_g \tag{3-27}$$

将上两式相加，并除以 Q，并加以整理得

$$P_1 - P_2 = \frac{\rho v'^2_c}{2} \times \frac{Q'_c}{Q} + \frac{\rho v_g^2}{2} \times \frac{Q_g}{Q} - \frac{\rho v^2}{2} - H'_c \frac{Q'_c}{Q} + h_{1-2} \frac{Q_g}{Q} \tag{3-28}$$

绕过空气幕的风流，其单位体积流体的能量方程式可写成下列形式：

$$P_1 - P_2 = \frac{\rho v_g^2}{2} - \frac{\rho v^2}{2} + h_{1-2}$$

由上两式可得

$$H'_c \frac{Q'_c}{Q} = \frac{\rho v'^2_c}{2} \times \frac{Q'_c}{Q} - \frac{\rho v_g^2}{2} \times \frac{Q'_c}{Q} - h_{1-2} \frac{Q'_c}{Q} \tag{3-29}$$

由空气幕出口流出的风流，在扩大到巷道全断面时的突然扩大冲击损失，可按下式计算：

$$h_c = \frac{\rho\ (v'_c - v)^2}{2}$$

则式（3-29）可展开成下列形式：

$$h_c \frac{Q'_c}{Q} = \frac{\rho v'^2_c}{2} \times \frac{Q'_c}{Q} - \rho v'_c v \frac{Q'_c}{Q} + \frac{\rho v^2}{2} \times \frac{Q'_c}{Q} \tag{3-30}$$

将式（3-29）与式（3-30）代入式（3-25）得

$$\Delta H_{(n)} = \rho v'_c v \times \frac{Q'_c}{Q} - \frac{\rho v^2}{2} \times \frac{Q'_c}{Q} - \frac{\rho v_g^2}{2} \times \frac{Q'_c}{Q} - h_{1-2} \tag{3-31}$$

式中，$Q'_c = naQ_c$，$v'_c = \dfrac{\frac{Q'_c}{n}}{S_c} = \dfrac{\frac{naQ_c}{n}}{S_c} = \dfrac{aQ_c}{S_c} = av_c$，于是上式又可以写成：

$$\Delta H_{(n)} = na^2 \rho v_c v \times \frac{Q_c}{Q} - na \frac{\rho v^2}{2} \times \frac{Q_c}{Q} - na \frac{\rho v_g^2}{2} \times \frac{Q_c}{Q} - h_{1-2} \tag{3-31a}$$

或改写成下列形式：

$$\Delta H_{(n)} = na^2 \rho v_c v \times \frac{Q_c}{Q} - na\rho v^2 \times \frac{Q_c}{Q} + na \frac{\rho\ (v - v_g)^2}{2} \times \frac{Q_c}{Q} - h_{1-2} \tag{3-31b}$$

分析上式，其中最后两项与前两项相比在数值上较小，且其值与 v^2 相关，于是可简化为

$$\Delta H_{(n)} = na^2\rho v_c v \times \frac{Q_c}{Q} - na\alpha'\rho v^2 \times \frac{Q_c}{Q} \tag{3-32}$$

或写成如下形式：

$$\Delta H_{(n)} = na\rho v_c^2 \times \frac{S_c}{S}\left(a - \alpha' \times \frac{v}{v_c}\right) \tag{3-33}$$

按照规程要求，巷道风速通常不超过4m/s，而实际测定发现，多机并联空气幕出口风速常达20~30m/s。为了计算简化，可将上式改写为

$$\Delta H_{(n)} = naK_s \frac{\rho v_c^2}{2} \times \frac{S_c}{S} \tag{3-34}$$

式中 a——风量比系数；

n——风机数量。

可见，多机并联空气幕引射风流的有效压力与巷道的特性条件、巷道风速、并联风机台数、并联空气幕中单台空气幕与单机空气幕的风量比以及空气幕出口风速有关。

将式（3-34）代入式（3-24），并将巷道平均风速 v 用巷道断面面积和巷道风量 Q 表示，整理得多机并联空气幕引射风量的计算公式：

$$Q = \sqrt{\frac{naK_s\rho v_c^2 S_c S - 2S^2(P_{\mathrm{II}} - P_{\mathrm{I}})}{2S^2 R_{\mathrm{I-II}} + \rho}} \tag{3-35}$$

在其他条件相同的情况下，分析空气幕引射风流的理论模型，可得到如下结论：

（1）并联空气幕的有效压力与空气幕并联台数 n 和风量比系数 a 成正比。

（2）空气幕出口断面面积与安装空气幕巷道的断面面积之比 S_c/S 越大，空气幕引射风流的有效压力越高，此时，风流突然扩大的能量损失越小。

（3）空气幕出口的风速 v_c 越大，空气幕有效压力越大，因此，适当提高空气幕出口的风速是提高有效压力的一个重要途径。

（4）巷道反向风压（$P_{\mathrm{II}}-P_{\mathrm{I}}$）越高，空气幕引射风量越小。

（5）巷道风阻 R 越大，空气幕引射风量越小。

3.2.3 矿用空气幕对风流增阻

在实际应用中，空气幕的有效压力与巷道两端的压差不易达到平衡。当空气幕的有效压力低于巷道两端的压差时，空气幕则对风流增阻起风窗作用，其增阻效果用阻风率来衡量。因此在设计此类型空气幕时，一般是依据阻风率来设计选型。由于在实际应用中，大多采用循环型空气幕，故本节主要是建立和分析循环型空气幕对风流增阻的理论模型。

3.2.3.1 单机空气幕的阻风率

循环型单机空气幕对风流增阻的流动模型如图 3-10 所示。

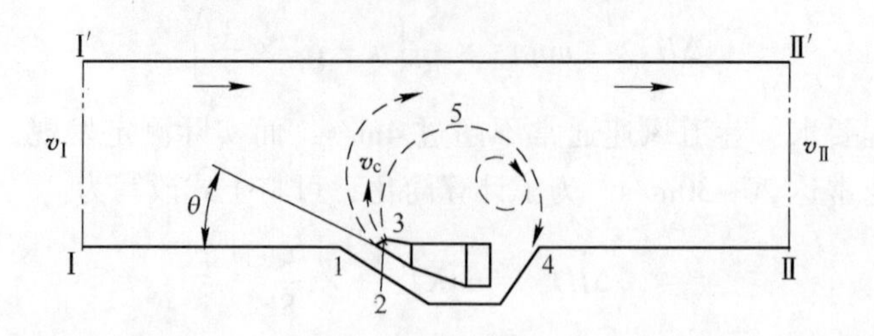

图 3-10 循环型单机增阻空气幕的流动模型

在循环型空气幕不足隔断巷道内风流时，有两股风流流入Ⅰ—Ⅰ′和Ⅱ—Ⅱ′断面间的控制体，一股为空气幕射流 Q_c，另一股为巷道的逆向过流 Q_g。空气幕风流是循环流动，流出控制体的只有一股风流，即巷道的过风风流 Q_g。与前面相同，列风流的动量方程：

$$(P_{Ⅰ} - P_{Ⅱ} - h_{Ⅰ-Ⅱ})S + \frac{1}{2}(P_{Ⅰ} - P_{Ⅱ})S_c\cos\theta = \rho(Q_g v_{Ⅱ} - Q_c v_{cx} - Q_g v_{Ⅰ})$$

由于 $Q_c = v_c S_c$，$v_{cx} = -v_c\cos\theta$，$v_{Ⅰ} = \dfrac{Q_g}{S}$，$v_{Ⅱ} = \dfrac{Q_g}{S}$，$h_{Ⅰ-Ⅱ} = R_{Ⅰ-Ⅱ}Q_g^2 + R_cQ_c^2 + 2R_cQ_cQ_g$，整理上式，得到循环型单机空气幕不足隔断风流时巷道两边的压差 ΔH_f 的表达式：

$$\Delta H_f = P_{Ⅰ} - P_{Ⅱ} = \frac{\rho Q_c^2\cos\theta}{S_c\left(S + \dfrac{1}{2}S_c\cos\theta\right)} + \frac{(R_{Ⅰ-Ⅱ}Q_g^2 + R_cQ_c^2 + 2R_cQ_cQ_g)S}{S + \dfrac{1}{2}S_c\cos\theta} \tag{3-36}$$

在不足以隔断风流时，循环型空气幕工作巷道两边的压差与空气幕有效压力之差即压力不足差量，以 H_{ud} 表示，表达式为

$$H_{ud} = \Delta H_f - \Delta H \tag{3-37}$$

把式（3-7）、式（3-36）代入式（3-37），整理得

$$H_{ud} = \frac{R_{Ⅰ-Ⅱ}Q_g^2 + 2R_cQ_cQ_g}{1 + \dfrac{\cos\theta}{2K}} \tag{3-37a}$$

令 $z = 1 + \dfrac{\cos\theta}{2K}$，则上式可转变为

$$H_{ud} = \frac{1}{z}(R_{Ⅰ-Ⅱ}Q_g^2 + 2R_cQ_cQ_g) \tag{3-37b}$$

将式（3-37b）代入式（3-37），得单机空气幕的有效压力 ΔH 表达式：

$$\Delta H = \Delta H_f - \frac{1}{z}(R_{\mathrm{I-II}} Q_g^2 + 2R_c Q_c Q_g) \tag{3-38}$$

设 $\frac{Q_c}{Q_g} = m$，则式（3-38）可以变形为

$$\Delta H = \Delta H_f - \frac{1}{z}(R_{\mathrm{I-II}} Q_g^2 + 2mR_c Q_g^2) \tag{3-39}$$

假设在巷道中安装空气幕后不改变矿井的总风量 $Q_{总}$，只改变矿井的风量分配，则当空气幕不工作时，巷道的总风量 $Q_{总}$ 可表达为安装空气幕的巷道风量 Q 的函数，其表达式如式（3-40）所示，空气幕并联网路如图 3-11 所示。

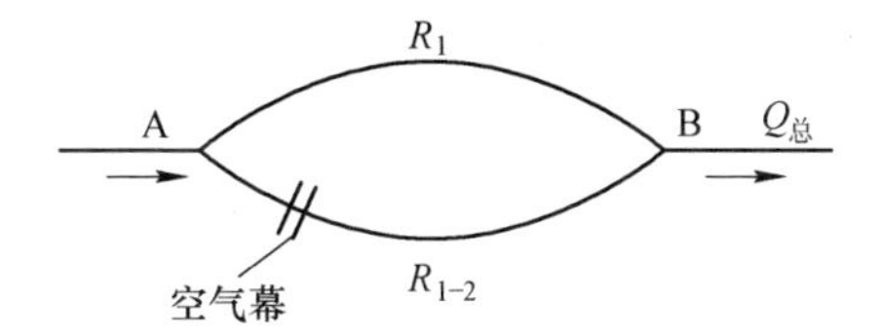

图 3-11 空气幕并联网路

$$Q_{总} = Q\left(\sqrt{\frac{R_{\mathrm{I-II}}}{R_1}} + 1\right) \tag{3-40}$$

空气幕运行后，巷道两端的压差 ΔH_f 又可表达为

$$\Delta H_f = R_1(Q_{总} - Q_g)^2 \tag{3-41}$$

将式（3-38）变形得

$$\rho\cos\theta = \frac{100R_c S_c S}{b} - R_c S_c S \tag{3-42}$$

将式（3-7）、式（3-40）~式(3-42）和 $Q_c/Q_g=m$ 代入式（3-39），计算整理得空气幕运行后巷道的过风率 η_g：

$$\eta_g = \frac{\sqrt{bz}(p+1)}{\sqrt{100tm^2 + bp^2 + 2bmt} + \sqrt{bz}} \times 100\% \tag{3-43}$$

式中 p——安装空气幕的巷道与其并联巷道的风阻比，$p = \sqrt{\frac{R_{\mathrm{I-II}}}{R_1}}$；

t——空气幕回流风阻与空气幕并联巷道风阻之比，$t = \frac{R_c}{R_1}$；

b——并联空气幕风压变化常数，$b>1$。

空气幕对巷道风流的阻风率 η_z 的表达式为

$$\eta_z = (1 - \eta_g) \times 100\% = \frac{\sqrt{100tm^2 + bp^2 + 2bmt} - p\sqrt{bz}}{\sqrt{100tm^2 + bp^2 + 2bmt} + \sqrt{bz}} \times 100\% \quad (3\text{-}44)$$

从上式可以看出，空气幕的阻风率与空气幕所在巷道的风阻、空气幕回流风阻、空气幕的有效压力、空气幕出口断面面积和巷道断面面积比、巷道过风风量与空气幕风量比、空气幕的安装角等有关。

3.2.3.2　多机并联空气幕的阻风率

循环型多机并联空气幕对风流增阻的流动模型如图 3-12 所示。

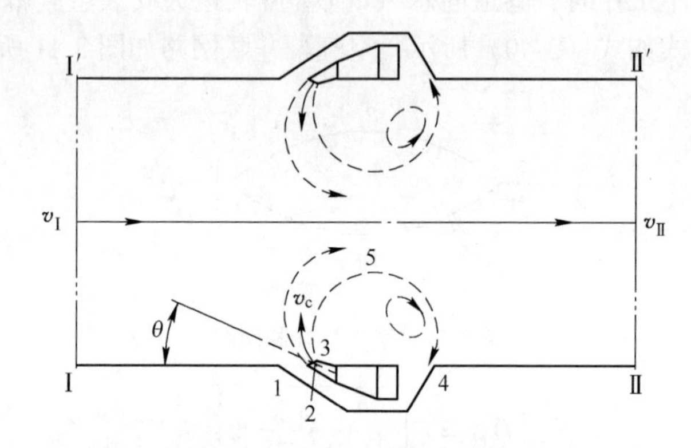

图 3-12　循环型多机并联空气幕增阻流动模型

循环型多机并联空气幕在巷道内实现增阻作用时，过风风流 Q_g 在整个巷道内流动，而多机并联空气幕循环风流 Q_c' 只在循环段内流动。因此，多机并联空气幕对风流增阻时，流入控制体内的风流有空气幕风流和巷道过流，流出控制体的只有巷道过流，与前面相同，可列风流的动量方程：

$$(P_Ⅰ - P_Ⅱ - h_{Ⅰ-Ⅱ})S + \frac{1}{2}(P_Ⅰ - P_Ⅱ)nS_c\cos\theta = \rho(Q_{g(n)}v_Ⅱ - Q_c'v_{cx} - Q_{g(n)}v_Ⅰ)$$

式中　$Q_{g(n)}$——多机并联空气幕工作时巷道中过风风量，m^3/s。

由于 $Q_c' = naQ_c$，$v_c = \dfrac{\frac{Q_c'}{n}}{S_c} = \dfrac{\frac{naQ_c}{n}}{S_c} = \dfrac{aQ_c}{S_c}$，$v_{cx} = -v_c\cos\theta = -\dfrac{aQ_c}{S_c}\cos\theta$，$v_Ⅰ = \dfrac{Q_{g(n)}}{S}$，$v_Ⅱ = \dfrac{Q_{g(n)}}{S}$，$h_{Ⅰ-Ⅱ} = R_{Ⅰ-Ⅱ}Q_{g(n)}^2 + R_cQ_c'^2 + 2R_cQ_c'Q_{g(n)}$，整理上式，得到循环型多机并联空气幕不足隔断时巷道两端的压差 $\Delta H_{f(n)} = P_Ⅰ - P_Ⅱ$：

$$\Delta H_{f(n)} = \frac{\rho na^2Q_c^2\cos\theta}{S_c\left(S + \frac{1}{2}nS_c\cos\theta\right)} + \frac{(R_{Ⅰ-Ⅱ}Q_{g(n)}^2 + n^2a^2R_cQ_c^2 + 2naR_cQ_cQ_{g(n)})S}{S + \frac{1}{2}nS_c\cos\theta} \quad (3\text{-}45)$$

循环型多机并联空气幕工作巷道两边的压差与空气幕有效压力之差即压力不足差量，以 $H_{ud(n)}$ 表示，表达式为

$$H_{ud(n)} = \Delta H_{f(n)} - \Delta H_{(n)} \tag{3-46}$$

把式（3-12）、式（3-40）代入上式，整理得

$$H_{ud\ (n)} = \frac{R_{\mathrm{I-II}} Q_g^2 + 2naR_c Q_c Q_{g(n)}}{1 + \dfrac{n\cos\theta}{2K}} \tag{3-46a}$$

令 $z_{(n)} = 1 + \dfrac{n\cos\theta}{2K}$，则上式可变为

$$H_{ud\ (n)} = \frac{1}{z_{(n)}}(R_{\mathrm{I-II}} Q_g^2 + 2naR_c Q_c Q_{g(n)}) \tag{3-46b}$$

由于 $\dfrac{Q_c}{Q_{g(n)}} = m'$，则上式变形为

$$H_{ud\ (n)} = \frac{1}{z_{(n)}}(R_{\mathrm{I-II}} Q_{g(n)}^2 + 2m)'naR_c Q_{g(n)}^2) \tag{3-46c}$$

将式（3-46c）代入式（3-46）得：

$$\Delta H_{(n)} = \Delta H_{f(n)} - \frac{1}{z_{(n)}}(R_{\mathrm{I-II}} Q_{g(n)}^2 + 2m'naR_c Q_{g(n)}^2) \tag{3-47}$$

多机并联空气幕不工作时，巷道的总风量 $Q_总$ 可表达为安装空气幕巷道的风量 $Q_{(n)}$ 的函数，即

$$Q_总 = Q_{(n)}\left(\sqrt{\frac{R_{\mathrm{I-II}}}{R_1}} + 1\right) \tag{3-48}$$

多机并联空气幕工作后，巷道两端的压差 $\Delta H_{f(n)}$ 又可表示为

$$\Delta H_{f(n)} = R_1(Q_总 - Q_{g(n)})^2 \tag{3-49}$$

将式(3-48)、式(3-49)、式(3-12)、式(3-42) 和 $\dfrac{Q_c}{Q_{g(n)}} = m'$ 代入式（3-47），经过计算并整理得

$$\eta_{g(n)} = \frac{\sqrt{bz_{(n)}}(p+1)}{\sqrt{100natm'^2 + n(n-1)m'^2atb + bp^2 + 2bm'nat} + \sqrt{bz_{(n)}}} \times 100\% \tag{3-50}$$

式中　$\eta_{g(n)}$ ——安装多机并联空气幕后巷道的过风率，$\eta_{g(n)} = \dfrac{Q_{g(n)}}{Q_{(n)}} \times 100\%$ 。

多机并联空气幕对巷道风流的阻风率 $\eta_{z(n)}$ 表达式如下：

$$\eta_{z_{(n)}} = (1 - \eta_{g(n)}) \times 100\% \tag{3-51}$$

将式（3-50）代入式（3-51）得

$$\eta_{z_{(n)}} = \frac{\sqrt{100natm'^2 + n(n-1)m'^2atb + bp^2 + 2bm'nat} - p\sqrt{bz_{(n)}}}{\sqrt{100natm'^2 + n(n-1)m'^2atb + bp^2 + 2bm'nat} + \sqrt{bz_{(n)}}} \times 100\% \tag{3-52}$$

从上式可以看出，安装多机并联空气幕后，巷道的阻风率与空气幕所在巷道和与之并联巷道的风阻比、空气幕回流风阻与其并联巷道的风阻比、空气幕的回流长度、空气幕出口断面面积与巷道断面面积之比、巷道过风风量与空气幕风量之比、多机并联空气幕中单台空气幕的风量与单机空气幕的风量比、空气幕并联台数等因素有关。

3.3　矿用空气幕空气动力学特性研究

矿用空气幕供风器是矿用空气幕的重要部件之一，其内部气流的动力学特性直接影响着空气幕的作用效果，因此通过研究供风器内部流体特性并优化供风器的结构，对提高矿用空气幕的工作性能有非常重要的意义。

伴随着计算机技术的飞速发展，数值分析、优化算法等学科的不断完善，计算流体动力学（CFD）已成为流体力学、空气动力学等相关领域研究和设计的重要手段。作者应用 FLUENT 软件，采用 SIMPLE 算法和标准 k-ε 湍流模型对矿用空气幕供风器的内部流场进行数值模拟，分析其速度分布及流动特征，为矿用空气幕的结构优化提供依据。

3.3.1　供风器计算模型

3.3.1.1　物理模型及网格划分

供风器由顶圆底方长管与异面矩形管连接而成，其圆形端与风机连接，导流锥置于顶圆底方长管内，异面矩形管与顶圆底方长管之间的中心轴成一定夹角 β，异面矩形管的横截面为非圆形，如图 3-13 所示。

应用 PRO/E 软件建立供风器内部流场的三维几何模型，其计算的二维几何尺寸：顶圆底方长管圆形端直径 D 为 1100mm，导流锥直径 d 为 480mm，顶圆底方长管方形端高度 h_1 为 2200mm，异面矩形管高度 h_2 为 2200mm，顶圆底方长管长度 l_1 为 1000mm，异面矩形管长度 l_2 为 920mm，顶圆底方长管方形端宽度 a_1 为 890mm，异面矩形管宽度 a_2 为 350mm，两轴线的夹角 β 为 30°，如图 3-14 所示。

依据二维几何尺寸建立供风器三维模型，通过 PRO/E 软件导出 step 格式的图形文件并导入到 FLVENT 前处理软件 gambit 中。其内部流场三维模型结构较为不规整，故采用 Tet/Hybird 单元与 TGrid 结合的方法划分体网格。在保证计算迭代收敛和计算结果精确度较高的前提下，尽量减少网格数量，取节点的间距为

30，生成体网格总数为 488979。通过 gambit 软件检查网格生成的质量，结果表明，网格单元质量评价指标的数值均集中在 0.2~0.5 之间（0 为质量最好，1 为质量最差)，体网格中没有负体积，网格质量较好。

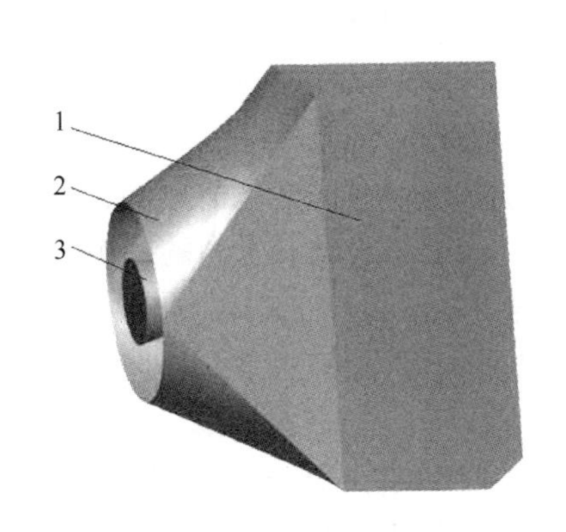

图 3-13 供风器三维模型

1—异面矩形管；2—顶圆底方长管端；3—导流锥

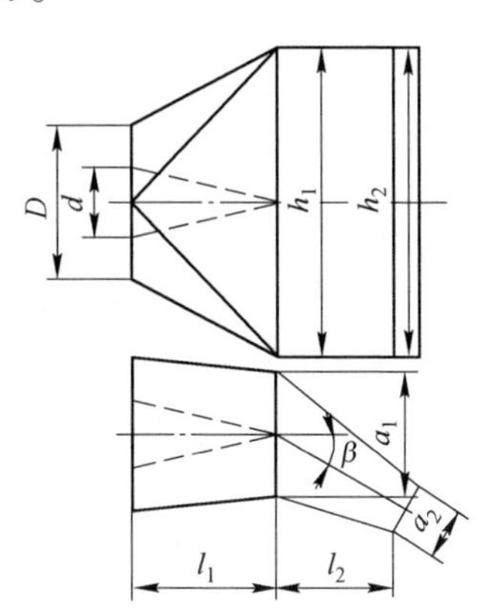

图 3-14 供风器二维结构

3.3.1.2 数学模型

矿用空气幕工作时，供风器内部空气流动速度小于 50m/s，可视为不可压缩流体。空气在供风器内流动可认定为定常、绝热流动。在理想大气条件下，空气的密度 ρ 为 1.225kg/m^3，空气的动力黏度 μ 为 1.7894×10^{-5}Pa · s，根据雷诺数计算公式算出空气的雷诺数远大于 2300，供风器内部流场为湍流。因此，内部流场的数值模拟可采用湍流模型中的标准 k-ε 两方程模型来求解。流体湍流的瞬时运动遵循连续方程和 Navier-Stokes 方程，湍流流动仅通过这两方程进行求解，则忽略了对流和扩散的影响。为了弥补混合长度假定的局限性，在这两方程的基础上建立一个湍动能 k 的运输方程，并再引入一个关于湍动耗散率 ε 的方程，形成了标准 k-ε 两方程模型。当流体为不可压缩时，由于浮力引起的湍动能 k 的产生项 $G_{\mathrm{m}}=0$，可压湍流中脉动扩张的贡献 $Y_{\mathrm{m}}=0$，用户定义的源项 $S_{\mathrm{k}}=0$，$S_{\varepsilon}=0$，则标准 k-ε 模型的运输方程为

$$\frac{\partial(\rho k)}{\partial t}+\frac{\partial(\rho k u_i)}{\partial x_i}=\frac{\partial}{\partial x_j}\left[\left(\mu+\frac{\mu_t}{\sigma_k}\right)\frac{\partial k}{\partial x_j}\right]+G_k-\rho\varepsilon \tag{3-53}$$

$$\frac{\partial(\rho\varepsilon)}{\partial t}+\frac{\partial(\rho\varepsilon u_i)}{\partial x_i}=\frac{\partial}{\partial x_j}\left[\left(\mu+\frac{\mu_t}{\sigma_\varepsilon}\right)\frac{\partial\varepsilon}{\partial x_j}\right]+\frac{C_{1\varepsilon}}{k}G_k-C_{2\varepsilon}\rho\frac{\varepsilon^2}{k} \tag{3-54}$$

式中，湍动能 $k=G_k+\rho\varepsilon$，耗散率 $\varepsilon=\frac{\varepsilon}{k}(C_{1\varepsilon}G_k-C_{2\varepsilon}\rho\varepsilon)$，由于平均速度梯度引

起的湍动能 k 的产生项 $G_k = \mu_t \left(\frac{\partial u_i}{\partial x_j} + \frac{\partial u_j}{\partial x_i} \right) \frac{\partial u_i}{\partial x_j}$，$u$ 为流体相对速度，m/s，$C_{1\varepsilon}$、$C_{2\varepsilon}$ 和 $C_{3\varepsilon}$ 为经验常数，σ_k 和 σ_ε 分别为与湍动能 k 和耗散 ε 对应的 Prandtl 数，通常情况下，$C_{1\varepsilon} = 1.44$，$C_{2\varepsilon} = 1.92$，$C_{3\varepsilon} = 0.09$，$\sigma_k = 1.0$，$\sigma_\varepsilon = 1.3$。

3.3.2 边界条件设定

数值模拟过程中假设流体在常温常压下流动，不考虑温度的影响，不考虑壁面与空气的热传递，只研究流场内速度分布，忽略颗粒物和重力的影响。

（1）进口边界条件。采用速度入口边界（Velocity Inlet），设定入口截面风流为均匀来流，风流速度为 20m/s，方向垂直于入口截面，初始表压设定为 350Pa。

（2）出口边界条件。供风器内部风流为不可压缩风流，出口速度和压力都是未知，故采用出口流动边界（Outflow），由于进口流入流体均从异面矩形管出口流出，设定 Flow Rate Weighting 为 1。

（3）固壁条件。供风器计算域其余各面均为固壁，风流为黏性流动，采用绝热无滑移边界。壁面上的速度均为 0。

在 FLUENT 软件中，采用隐式分离式求解器，计算模型采用标准 k-ε 湍流模型，离散方程的求解采用 SIMPLE 算法，收敛残差标准均设为 1×10^{-4}。

3.3.3 数值模拟结果与分析

3.3.3.1 传统结构模拟分析

由供风器内部风流的速度流线（见图 3-15）可以清楚看到风流从顶圆底方长管入口流入到异面矩形管的流动状态。当风流流动到靠近顶圆底方长管上下壁面两区域时，形成了较强的回流，供风器上下靠近壁面部分的流线比较紊乱，而中间部分的流线较为平滑。

图 3-15 供风器内部风流迹线

为了更好地说明供风器内部流场的流动状态，选取具有代表性的中心截面 $X=0$。顶圆底方长管的通流截面逐渐变大，风流流入后速度逐渐减小。由图 3-16 可以看出，风流在截面中间部分的流动较为顺畅，而在靠近左右壁面的两区域由于通流截面扩展过大，形成了较强的旋涡，并且流线弯曲曲率较大，旋涡的产生加大了风流的流动损失，影响风流的流出，从而降低了矿用空气幕的作用效果，增加运行能耗。

出口速度的均匀程度决定着矿用空气幕工作性能的好坏。由于供风器内部旋涡的产生以及风流在供风器内偏转30°流出，导致其出口截面的速度较为不均匀，如图3-17所示。截面中间小部分的风流速度值集中在21m/s左右，而左右两端的风流速度大小分布在15.5~22.5m/s。其中左边特别不均匀，最大速度和最小速度的差值最大。

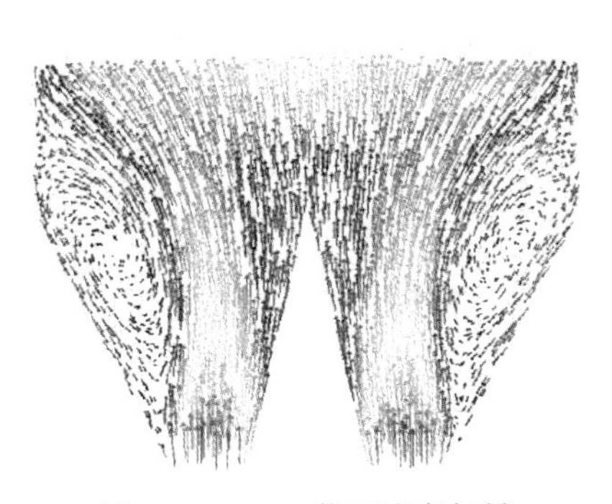

图3-16 $X=0$ 截面速度矢量

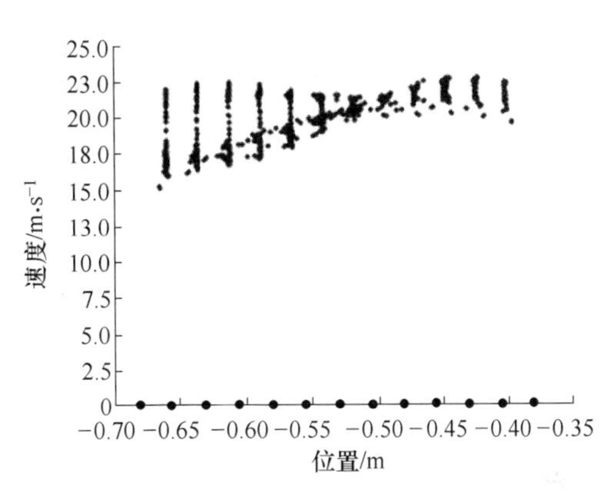

图3-17 出口截面的速度分布

可见，由于供风器的结构不够理想，顶圆底方长管的横截面积扩张过大，导致风流流经拐角处产生较强的紊流，形成旋涡，造成了部分能量的损耗，降低了矿用空气幕的工作效率。同时供风器出口速度的不均匀也削弱了矿用空气幕的作用效果，因此需要优化。

3.3.3.2 新型结构模拟分析

依据以上的模拟结果，对传统供风器结构尺寸做如下改进：将顶圆底方长管的长度 l_1 改为1600mm，其他结构尺寸不变。改进后的供风器为一个类似喇叭状的渐扩结构，如图3-18所示。计算得到的结果则如图3-19~图3-21所示。由图可见，在结构优化前存在的问题已得到解决，顶圆底方长管的长度经过优化后，

图3-18 新型结构的三维模型

图3-19 新型结构的风流迹线

其通流截面扩展更加平缓，有利于风流在其内部流动。图 3-15 中的风流流动到靠近顶圆底方长管上下壁面两区域的回流在图 3-19 中已经消失，供风器上下靠近壁面部分的流线比较平滑。

与图 3-16 对比，图 3-20 中在靠近壁面左右两区域的旋涡消失了，风流的流线曲率不大且更加的平缓，风流流动更加顺畅。

空气流经供风器的阻力损失关系到矿用空气幕的运行能耗。通过 FLUENT 软件可以计算出传统供风器的出入口压差约为 60. 5Pa，优化后压差约为 41. 3Pa。优化后的供风器阻力损失更小，可有效地降低矿用空气幕的运行能耗。

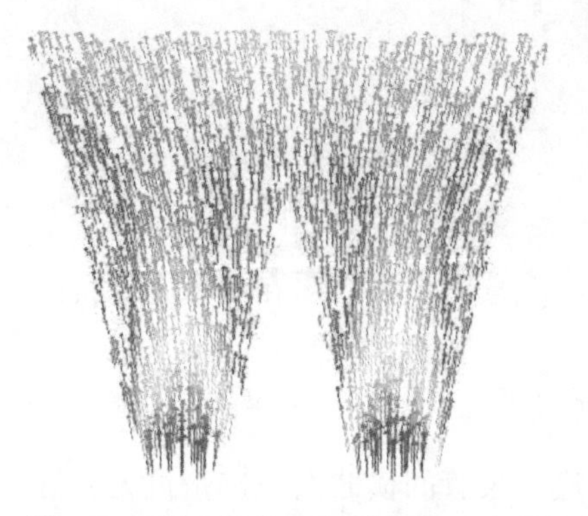

图 3-20　新型结构 $X=0$ 截面速度矢量

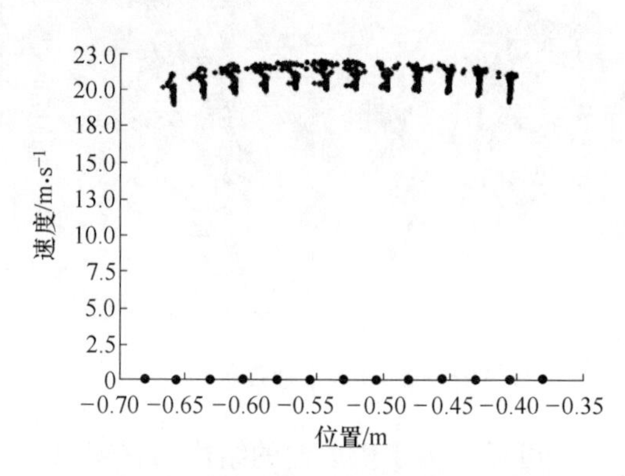

图 3-21　新型结构出口截面的速度分布

与图 3-17 对比，图 3-21 中新型供风器的出口速度要比优化前更加均匀，出口速度值集中在 19. 3~22. 5m/s 之间，基本落在一个水平的长方形内，最大速度和最小速度的差值约为优化前的一半。

综上所述：（1）传统型供风器的通流截面扩展过大，导致内部风流流动较为紊乱，存在着旋涡现象，且出口速度不太均匀，增加了矿用空气幕的运行能耗。（2）喇叭状渐扩结构供风器的内部风流更加顺畅，流动阻力损失减少了 31. 7%，出口速度更加均匀，增强了矿用空气幕的作用效果。

3. 4　矿用空气幕应用研究

3.4.1　矿用空气幕应用现状

1998 年以来，作者依据有效压力理论、射流理论、动量定律等建立了多机并联空气幕隔断风流、单机和多机并联空气幕对风流增阻和引射风流的多个理论模型（见表 3-1），通过数值模拟分析和试验，研究了影响矿用空气幕特性的各因素相互关系，并在国内多座矿山开展了替代风门隔断风流、替代辅扇或风机机站引射风流和替代风窗对风流增阻减少风流的现场应用研究，有效解决了运输巷道和易变形巷道上风流短路、污风停滞、风流反向、污风循环等风流调控的技术难题。具体应用情况如表 3-2 所示。

表 3-1 不同时期矿用空气幕理论公式一览表

公式序号	理论内容	理论表达式	研究者或单位	发表时间
1	空气幕两边的压差	$\Delta P = 2\left(H_t - \frac{P_c}{2}\right)\frac{S_c}{S}(1+\cos\theta)$，非循环型 $\Delta P = 2\left(H_t - \frac{P_c}{2}\right)\frac{S_c}{S}\cos\theta$，循环型	法国 Grassmuck. G	1969 年
2	空气幕风量	$Q_c = C\sqrt[3]{Q_{g_0}\Delta P(1-\phi_1^2)S_c^2}$	苏联 EropoB	1974 年
3	空气幕风量	$Q_c = \frac{Q_0 d_c}{\sqrt{d_c\cos\theta}}\left(1 - \frac{1}{n + mS\sqrt{R_{0k}}}\right)$	苏联 Megebgeb	1975 年
4	空气幕压差	$\Delta P = -\frac{\rho k}{RS_c}Q_c^2$	波兰 piotr kijkowski	1979 年
5	空气幕的动力与几何尺寸的关系	$\frac{\Delta P}{\frac{1}{2}\rho v_c^2} = f\left[\frac{H}{b_0}, \frac{v_c b_0}{\nu}, \alpha, \theta\right]$	Guyonnaud 等	2000 年
6	单机理想有效压力	$\Delta H = \frac{2S_c}{S_s}\frac{\gamma}{2g}v_c^2(1+\cos\theta)$	东北大学徐竹云	1984 年
7	单机实际有效压力	$\Delta H = \frac{\gamma}{2g}v_c^2\frac{2}{K + \frac{1}{2}\cos\theta}\left(\frac{\alpha_2}{K} + \alpha_1\cos\theta\right) + R_c Q_c^2$	东北大学徐竹云	1984 年
8	两侧的粉尘浓度比	$\frac{N_b}{N_a} = \frac{q'/4}{q'/4 + q_b}$	湘潭矿业学院王海桥、刘荣华	1999 年
9	多机理想有效压力	$\Delta H_{理(n)} = n\rho v_c^2\frac{S_c}{S}(1+\cos\theta)$	江西理工大学	2003~2005 年
10	多机实际有效压力	$\Delta H_{(n)} = \frac{\rho n a^2 Q_c^2\cos\theta}{S_c\left(S + \frac{1}{2}nS_c\cos\theta\right)} + \frac{n^2 a^2 R_c Q_c^2 S}{S + \frac{1}{2}nS_c\cos\theta}$		
11	单机引射风流风量	$Q = \sqrt{\frac{K_s\rho v_c^2 S S_c - 2S^2(P_{\mathrm{II}} - P_{\mathrm{I}})}{2S^2R + \rho}}$		
12	多机引射风流风量	$Q = \sqrt{\frac{naK_s\rho v_c^2 S_c S - 2S^2(P_{\mathrm{II}} - P_{\mathrm{I}})}{2S^2R_{\mathrm{I-II}} + \rho}}$		
13	单机空气幕增阻率	$\eta_g = \frac{\sqrt{bz}(p+1)}{\sqrt{100tm^2 + bp^2 + 2bmt} + \sqrt{bz}} \times 100\%$		

续表 3-1

公式序号	理论内容	理论表达式	研究者或单位	发表时间
14	多机空气幕增阻率	$\eta_{z(n)}=\dfrac{\sqrt{100natm'^2+n(n-1)m'^2atb+bp^2+2bm'nat}-p\sqrt{bz_{(n)}}}{\sqrt{100natm'^2+n(n-1)m'^2atb+bp^2+2bm'nat}+\sqrt{bz_{(n)}}}\times 100\%$	江西理工大学	2003～2005 年
符号意义	H_t—风机全压，Pa；ΔP、ΔH—空气幕两边静压差，Pa；P_c—与 ΔP 意义相同，Pa；S—巷道面积，m^2；θ—空气幕射流轴线与巷道轴线夹角，(°)；Q—空气幕所在巷道风量，m^3/s；Q_c—空气幕风量 m^3/s；d_c—空气幕缝隙宽度，m；n、m、a、b、t、z、C—试验系数；Q_1、Q_g—分别为并联分支巷道中增风分支和减风分支的风量，m^3/s；γ—空气重度，N/m^3；R_c—气幕回流段风阻，$N\cdot s^2/m^8$；K、K_s—断面比系数；N_b—控制区粉尘浓度，mg/m^3；N_a—污染区粉尘浓度，mg/m^3；q'—空气幕吸风量，m^3/s；q_b—空气幕司机侧的风量，m^3/s			

表 3-2　矿用空气幕现场应用情况

应用矿山		风机型号	风机数量	布置形式	作用	应用效果	应用时间
金川公司二矿区	分斜坡道	K40-6No. 11	4	并联	隔断风流	85%～88%	1998 年
	主运输道	K45-6No. 13	4	并联	引射风流	30～40m³/s	2000 年
	主斜坡道	K45-6No. 11	4	并联	隔断风流	80%～85%	2000 年
	主斜坡道	K45-6No. 12	4	并联	引射风流	25～35m³/s	2003 年
	1000m 中段	K40-6No. 13	4	并联	引射风流	>30m³/s	2006 年
	1150m 粉矿道	K45-6No. 12	4	并联	隔断风流	>80%	2010 年
	941m 斜坡道	K40-6No. 13/14	2/2	并联	引射风流	>25m³/s	2010 年
金川公司龙首矿主斜坡道		K40-6No. 14	4	并联	对风流增阻	40%～60%	2003 年
金川公司三矿区副井石门		K45-6No. 12	4	并联	隔断风流	>80%	2010 年
金川公司三矿区斜坡道		K40-6No. 12	4	并联	隔断风流	>80%	2010 年
福建马坑矿业股份公司平洞		K45-6No. 11	1	—	引射风流	>6m³/s	2004 年
铜陵公司冬瓜山铜矿（4 处）		K40-6No. 12/13	2×4	并联	引射风流	35～55m³/s	2010 年
铜陵公司安庆铜矿斜坡道		K45-6No. 10	4	并联	引射风流	>15m³/s	1999 年
铜陵公司安庆铜矿主井石门		K45-6No. 10/11	2×2	并联	对风流增阻	50%～70%	2000 年
安徽金安矿业有限公司		K45-6No. 11	4	串并联	控制污风循环	—	2008 年
南京银茂铅锌矿		K45-6No. 12	1	—	引射风流	>8.0m³/s	2009 年

续表 3-2

应用矿山	风机型号	风机数量	布置形式	作用	应用效果	应用时间
内蒙古大中矿业公司书记沟铁矿	K45-6No. 13	2	并联	控制主井进风量	防止结冰	2011 年
瓮福磷矿集团公司大塘矿	K45-6No. 11	2	并联	隔断风流	>80%	2017 年
新疆富蕴喀拉通克铜镍矿	K45-6No. 13	2	并联	引射风流	替代风机机站	2012 年
瓮福磷矿集团公司北斗山矿	K45-6No. 11	2	并联	引射风流	>10m^3/s	2016 年
福建马坑铁矿	K45-6No. 12	2	并联	引射风流	>20m^3/s	2016 年

从表 3-2 中可以看出，矿用空气幕现场应用涵盖了隔断风流、对风流增阻和引射风流三种功能；应用地点覆盖了我国东南西北中地区的镍、铜、铁、磷、铅锌等矿山，具有较好的代表性，为矿井风流控制提供了可行的技术方法和借鉴。

矿用空气幕隔断风流、对风流增阻和引射风流的风流流动模型和理论模型已经建立，并在实验室对隔断风流空气幕的特性进行了研究，为实际应用提供了理论依据。以下主要介绍矿用空气幕在国内多座矿山应用的实例。

3.4.2 替代风门隔断风流的工程实例

在矿井运输巷道内，由于行车频繁或巷道的围岩不稳定，安装的风门常被破坏，一般难以起到隔断风流的作用。而矿用空气幕可以安装在巷道侧壁的硐室内，替代风门隔断巷道中的风流。针对甘肃某大型镍矿 12 行分斜坡道风流短路的情况，根据矿用空气幕隔断风流的理论模型，对其开展了多机并联空气幕替代风门隔断风流的应用研究。

3.4.2.1 现场试验条件及意义

甘肃某大型镍矿 1250~1238m 12 行分斜坡道是井下主要运输和行人巷道之一，是排风机站 TB_4 与供风机站 TB_6 供风巷道之间的通道，为了避免供风风机送往 1238m 分段的新风沿 12 行分斜坡道上行被短路，在 12 行分斜坡道设置了一道手动风门，如图 3-22 所示。由于 12 行分斜坡道为主要运输道，设置的风门仍然常开，即使派专人看守，风门的漏风率也高达 36.3%，严重影响 1238m 分段新鲜风的供风量，导致 1238m 分段作业面的污风不能顺利从分段回风系统排出，而是蔓延在 1238m 分段的进风道或在作业面停滞，严重污染作业环境，对工人的身体健康造成极大危害，不仅影响生产效率，而且不利于安全生产。因此，现场研究应用矿用空气幕替代风门，隔断 12 行分斜坡道的短路风流，对确保 1238m 分段新鲜风流的有效供给、生产作业产生的污浊空气及时排出具有十分重要的意义。

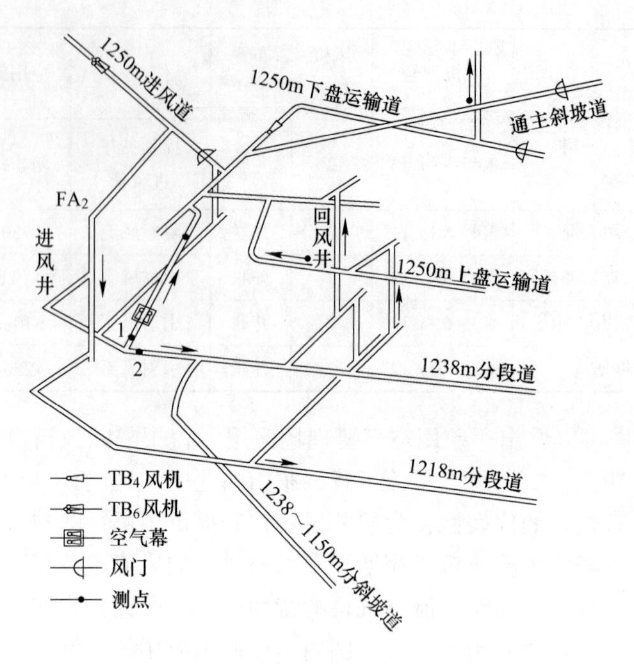

图 3-22　空气幕及测点布置示意图

为获得矿用空气幕隔断风流现场试验研究的基础数据，在考虑自然风压影响的情况下，对 12 行分斜坡道的风量及原风门两侧的静压差等进行了测定，结果如表 3-3 所示。

表 3-3　12 行分斜坡道风流特性测定

测定内容		测定结果	备注
风门开	风量/$m^3 \cdot s^{-1}$	36.0~45.0	有漏风
风门关	漏风率/%	36.3	
	有效静压差/Pa	110.0	
巷道有效断面面积/m^2		3.5×3.0	
技术要求		空气幕不影响行人和运输，漏风率小于 20%	

从现场测定的结果可以看出，当风门打开时，12 行分斜坡道的漏风量达到 36.0~45.0m^3/s，TB_6 供给 1238m 分段的新鲜风流几乎全部由此被短路。另外，由于 12 行分斜坡道离 TB_6 和 TB_4 较近，巷道两端的静压差较大，这无疑增加了矿用空气幕应用的难度。

3.4.2.2　试验方案及空气幕选型

根据多机并联空气幕隔断风流的理论模型可知，安装空气幕后巷道的漏风率与空气幕所在巷道的风阻、空气幕回流风阻、空气幕出口断面面积、巷道断面面积、空气幕风量、多机并联空气幕中单台空气幕的风量与单机空气幕的风量比、空气幕并联台数等因素有关。因此，在进行隔断风流空气幕设计时，依据巷道的风量、断面面积、巷道风阻、静压差等参数，计算出空气幕应提供的有效压力，再根据有效压力设计空气幕，包括风机的数量、风机的布置形式以及空气幕出口断面面积等。

根据现场实际情况和测定结果可知，12 行分斜坡道的最小过车断面尺寸为 3. 5m×3. 0m。当 12 行分斜坡道风门关闭时，风门两侧的静压差为 110Pa，漏风率为 36. 3%。根据表 3-3 可计算空气幕的视在动量为 1155N。由于 12 行分斜坡道有效断面的宽度为 3. 5m，有效断面面积为 10. 5m^2（较大），因此，考虑采用多机串联和多机并联空气幕两种技术方案。若采用多机串联运行方案，空气幕安装在巷道的一侧，风流喷射到其对面巷道壁时能量衰减，巷道风流容易从空气幕对面侧通过，不利于形成有效的空气幕；而采用多机并联运行方案，两侧空气幕喷射的风流在巷道中心线汇合，可形成稳定的气幕，有利于隔断巷道风流。因此，针对此大断面、大压差情况，确定在 12 行分斜坡道采用多机并联运行方案，即在分斜坡道同一断面的两侧分别安装空气幕并联运行。

根据表 3-3 可知，采用双机并联运行空气幕能满足设计要求，但空气幕的出口高度小于分斜坡道有效断面 3m 的高度，不利于阻隔风流。因此，考虑空气幕两侧的对称性和气幕的稳定性，根据分斜坡道的有效过车断面面积等，确定采用 4 台空气幕在同一断面并联运行。矿用空气幕的供风器出口尺寸、风机的型号等相关技术参数如表 3-4 所示。

表 3-4 空气幕技术参数

空气幕型号	空气幕数量/台	风机叶片安装角/(°)	风机型号	风机功率/kW
No. 4	4	40	K40-6-No. 10	7. 5

矿用空气幕安装在手动风门处，其具体安装位置及布置形式如图 3-22 和图 3-23 所示。

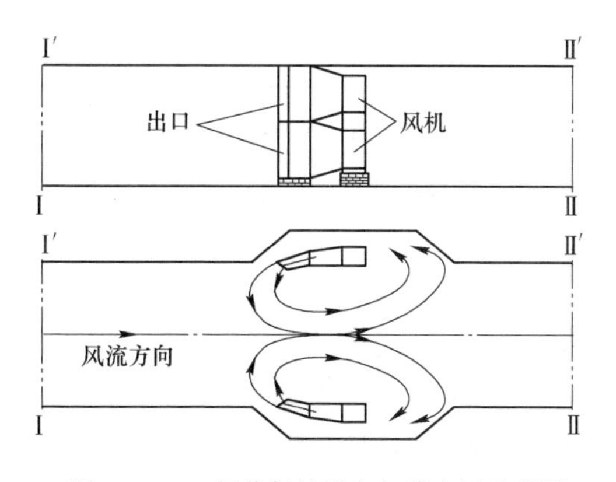

图 3-23 12 行分斜坡道空气幕布置示意图

3. 4. 2. 3 试验结果与分析

A 试验研究内容及方法

在 12 行分斜坡道安装矿用空气幕的目的是替代风门隔断风流，增加 1238m 分段的有效进风量。因此，现场试验主要研究

12行分斜坡道的漏风率和1238m分段的有效风量增加量及其影响因素。

12行分斜坡道的过风量主要与TB_6和TB_4两机站风机的运行状况有关，TB_6和TB_4风机一般常开，TB_6负责输送新鲜风流，TB_4负责排1238m分段的污风。对此采用对比研究的方法，在空气幕和TB_6处于不同运行状态时，现场测试12行分斜坡道和1238m分段道内的风流状态，同时纪录空气幕在不同运行状态时分斜坡道和1238m分段道内风流方向及风质。测点如图3-22中的1、2。为确保现场测试数据的可靠性，在改变空气幕的运行状态时，一般在风流稳定运行30min后再进行测试。为减少自然风压对测试数据的影响，数据测试基本在一个作业班内完成。

矿用空气幕及TB_6、TB_4风机的运行状态分为：(1) TB_6开单机、TB_4开，空气幕开。(2) TB_6开单机、TB_4开，空气幕关。(3) TB_6开双机、TB_4开，空气幕开。(4) TB_6开双机、TB_4开，空气幕关。

B　测试结果与分析

在TB_4、TB_6风机及空气幕运行稳定的条件下，分别对各运行状态下参数进行测定，依据测定结果计算空气幕的漏风率和1238m分段的有效风量增加量。

(1) 漏风率。空气幕的漏风率η_z可用下式计算，计算的结果如表3-5所示。

$$\eta_z = \frac{Q_1}{Q_{g1}} \times 100\% \tag{3-55}$$

式中　Q_1——空气幕关时测点1的风量，m^3/s；

Q_{g1}——空气幕开时测点1的风量，m^3/s。

表3-5　12行斜坡道空气幕漏风率及1238m分段道风量

序号	12行分斜坡道漏风率 /%	1238m分段道有效风量增加量 /$m^3 \cdot s^{-1}$	备　注
1	11.84	12.27	TB_6开单机
2	14.98	24.53	TB_6开双机

由表3-5可以看出，当TB_6机站开单机时，空气幕的平均漏风率为11.84%；而当TB_6机站开双机时，其总供风量增加，空气幕的平均漏风率增加为14.98%，但仍比原手动风门的漏风率36.3%分别降低了24.46%和21.32%。可见空气幕在巷道内隔断风流的效果优于风门。但当TB_4机站风机的运行状态不变时，TB_6机站开单机与开双机相比，空气幕的漏风率相差3.14%，说明空气幕隔断风流的效果受TB_6机站风机运行状态的影响，但影响的幅度并不是太大。此外，试验还发现，当空气幕开启、TB_6机站开双机、TB_4机站风机停止运行时，12行分斜坡道的风流向下，说明此时空气幕的有效压力大于巷道内风流的压力。空气幕隔断风

流的能力受巷道风流的压力差的影响大，而受巷道内风量的影响较小。

（2）有效风量增加量。1238m 分段道有效风量增加量 ΔQ 可用下式计算：

$$\Delta Q = Q_{g2} - Q_2 \text{，风向相同}$$
$$\Delta Q = Q_{g2} \text{，风向相反} \tag{3-56}$$

式中 Q_2——空气幕关时测点 2 的风量，m^3/s；

Q_{g2}——空气幕开时测点 2 的风量，m^3/s。

依据现场测定结果和式（3-56）可以计算 1238m 分段道的有效风量增加量，结果如表 3-5 所示。当 TB_6 机站开单机时，1238m 分段道的有效风量的增加量平均为 12. 27m^3/s；而当 TB_6 机站开双机时，有效风量的增加量平均为 24. 53m^3/s。可见，空气幕能有效阻止 TB_6 机站供给的新鲜风流沿 12 行分坡道短路上行，显著增加 1238m 分段作业区域的有效风量，且使 1238m 分段的污风由 1250m 回风系统经 TB_4 机站顺利排出，显著改善作业区域的环境条件。

（3）TB_6 机站风机有效风量增加率。TB_6 机站的有效风量增加率 η 可用下式计算：

$$\eta = \frac{\Delta Q}{Q_f} \times 100\% \tag{3-57}$$

式中 Q_f——TB_6 机站开单机或开双机时的风量，m^3/s。

实测发现，TB_6 机站开单机时的供风量约为 40m^3/s，开双机时的供风量约为 80m^3/s。当空气幕正常运行后，可计算出 TB_6 机站开单机时的有效风量增加率为 30. 68%；开双机时为 30. 66%。12 行分斜坡道空气幕能使 TB_6 机站的有效风量率显著提高。

（4）空气幕风机特性测试。空气幕风机正常运行时，用钳型表和声积计分别对风机的运行功率和噪声进行测试，结果如表 3-6 所示。从表中可以看出，4 台风机的运行功率各不相同，同一侧 1、2 号风机的运行功率分别为 6. 31kW 和 6. 47kW；3、4 号风机的运行功率分别为 4. 80kW 和 4. 58kW，4 台风机的电机效率平均为 80. 53%。当空气幕正常运行时，安装在同一侧空气幕电机的运行功率基本接近，但与另一侧之间存在差异，说明两侧空气幕之间相互影响，尤其是两侧风机形成的气幕不在巷道中心线交汇时，其相互影响更大；另外，空气幕各风机的运行工况对气幕的形成也有影响。因此，在进行空气幕风机选型时要特别注意风机的性能，尽可能选择高效节能的同型号风机。而安装空气幕时，要注意其供风器出口的安装角，尽可能使其出口风流在巷道中心线汇合。

此外，在距空气幕约 5m 处测试的噪声值如表 3-6 所示。多台风机在同一断面同时运行时，其噪声值平均为 92dB（A），虽然超过国家标准规定值，但实际上空气幕的安装地点与井下工人的作业点较远，行人和行车经过空气幕接触噪声的时间较短，其噪声对井下人员的危害相对有限，基本不影响井下的正常作业。

表 3-6　空气幕运行噪声与电机功率测定结果

序　号	额定功率/kW	实测功率/kW	噪声值/dB（A）
1	7.5	6.31	92
2		6.47	
3		4.80	
4		4.58	

（5）TB_4 风机的作用效果。从图 3-22 可以看出，TB_4 风机的作用主要是排出 1238m 分段各作业面的污风。当风门打开时，12 行分斜坡道就成了 1238m 分段进风道与 TB_4 回风道间的短路风路，TB_6 风机站送出的 12.27~24.53m^3/s 新鲜风流直接被 TB_4 风机短路排走。当空气幕正常运行后，TB_6 风机送出的新鲜风流仅有少量沿 12 行分斜坡道上行被 TB_4 排出。这时，TB_4 风机的内部漏风率降低约 25%，排出 1238m 分段各作业面污风的作用效果明显提高。

（6）风流方向及风质。当空气幕未运行时，12 行斜坡道上行的风流速度较大，达 3.0~4.5m/s，火焰可以被吹平，无环绕烟；而当空气幕开启后，12 行斜坡道的风向上行，但风速较小，约为 0.1~1.0m/s，火焰略偏，清晰可见环绕烟流。空气幕阻挡短路风流的效果十分明显。

当空气幕未运行时，1238m 分段道内烟尘弥漫，热风向西，拍出的照片模糊不清，这是 1238m 分段作业面的污风蔓延的结果；当空气幕开启后，1238m 分段道进新风，风向向东，照片清晰，此时，TB_6 风机送出的新鲜风流清洗 1238m 分段作业面后，污风则进入回风系统由 TB_4 风机排出，显著改善了作业区域的环境质量。

3.4.3　替代辅扇引射风流的工程实例

矿井生产过程中，由于开采规模、采矿作业点及自然风压变化的影响，矿井通风系统中时常出现风量不足、风流反向、风流停滞、风流循环、通风死角等问题。为解决生产过程中出现的这些通风问题，常需要对矿井通风系统中通风动力、通风网络和通风构筑物进行及时调整，其中通风动力调整主要是主扇工况调整或增设辅扇辅助主扇通风。但是当运输巷道上需要设置辅扇通风时，有风墙辅扇和无风墙辅扇这两种方式均难以实施。为此，作者根据矿用空气幕理论及井下通风需求，开展矿用空气幕替代辅扇引射风流的应用研究，并取得了较好的应用效果，为矿用空气幕的推广应用提供了经验借鉴。

3.4.3.1　硐室型辅扇及选型方法

A　硐室型辅扇

矿用空气幕也称硐室型辅扇，如图 3-24 所示。硐室型辅扇在巷道形成引射气流，增加了巷道内的风量，且能避免无轨运输设备的破坏，同时也不影响行人，具有较强的适应性。其引射风量与风机的数量及巷道的通风阻力有关，可以是单台或多台风机串联或并联构成。

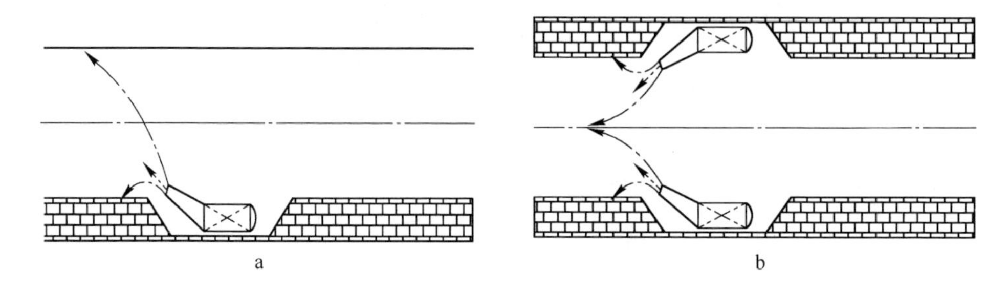

图 3-24 硐室型辅扇布置示意图

a—单机布置；b—双机并联布置

B 硐室型辅扇选型方法

应用矿井通风三维仿真系统软件（3D VS），模拟计算需要设置辅扇巷道的需风量和巷道的通风阻力，依据矿用空气幕引射风流的理论模型，计算出硐室型辅扇风机所需要提供的风压和风量，再优选硐室型辅扇风机型号及供风器出口断面面积。

3.4.3.2 控制污风反向的工程实例

甘肃某大型镍矿 1000m 水平为主要运输中段，井下开采的矿石通过无轨运输设备运到本中段的破碎系统，破碎后的矿石则由皮带运输系统运至地表。在实际生产中，矿井通风动力不足以克服本中段的局部通风阻力，导致该中段新鲜风流明显不足，使得作业过程中产生的粉尘、柴油机尾气等废气在该中段内出现反向或停滞现象，由于扩散作用，部分污风沿着与本中段相通的主斜坡道上行，降低了行车能见度，作业区的环境温度升高，作业环境急剧恶化，严重危害作业人员的身体健康，影响安全生产。

解决上述问题的常规办法是在巷道中增设辅扇或局扇加强通风，然而 1000m 中段上无轨柴油机车运输频繁，在巷道内安装辅扇很难。为此，作者依据矿用空气幕引射风流理论，在运输巷道内安装硐室型辅扇引射风流，解决该中段污风停滞的难题。

A 现场试验条件及技术方案

某大型镍矿 1000m 中段局部通风网络如图 3-25 所示，图中“箭头”表示设计的正常风流方向。硐室型辅扇的选型及其布置形式与其安装地点的风流特性、局部通风网络有关。在开展现场应用试验时，需要先对安装硐室型辅扇的主斜坡道上的风流参数等进行测试，主要测试结果如表 3-7 所示。

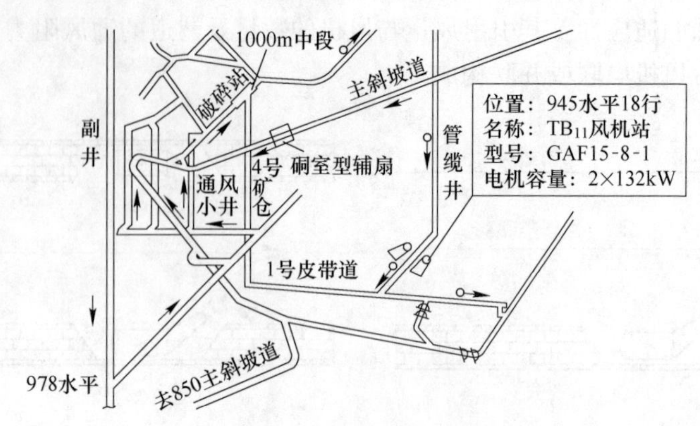

图 3-25　1000m 中段局部通风网络示意图

从表 3-7 可以看出，沿主斜坡道上行的污风量为 12.9m³/s，而设计主斜坡道下行进入 1000m 运输中段的新鲜风量为 45.0m³/s。1000m 中段破碎站没有新鲜风流流入，导致破碎站作业区域环境质量差。

表 3-7　斜坡道风流参数测定结果

测点	平均风速/m · s⁻¹		风流温度/℃	风流湿度/%	测点断面面积/m²	风流方向
	密闭前	密闭后				
斜坡道	0.68	0.06	26.5	47.1	18.9	上行

针对主斜坡道和 1000m 运输中段出现的污风反向和无新鲜风等实际问题，根据现场风流实测结果和多机并联硐室型辅扇引射风流的基本理论研究和分析，确定在 1000m 主斜坡道采用多机并联运行的硐室型辅扇引射风流技术方案，即在 1150~1000m 主斜坡道设置 4 台型号相同的辅扇并联运行。在控制主斜坡道风流反向的基础上，将新鲜风流从 1150m 水平引射到 1000m 运输水平。

B　辅扇选型及工程设计

按照设计要求，应用 3D VS 软件和多机并联硐室型辅扇引射风流理论公式，计算辅扇的选型参数，选择的辅扇型号为 K45-6No.13，电机功率为 30kW，叶片安装角为 40°，配套电机型号为 Y225M-6，转速为 980r/min。

本研究的方案是在主斜坡道两侧的硐室中分别安装两台辅扇并联运行，其工程设计如图 3-26 所示。

硐室型辅扇供风器的结构为顶圆底方长管和异面矩形管，其总长度为 2390mm，顶圆底方长管的圆直径为 1300mm，供风器出口的高和宽为：2.0m×0.5m。

硐室型辅扇的安装硐室采用三心拱断面，锚杆支护。硐室的长×宽×高设计

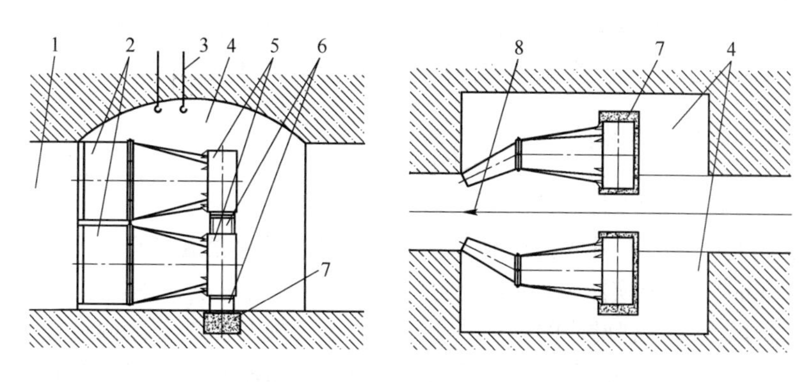

图 3-26 硐室型辅扇安装示意图

1—运输巷道；2—异面矩形管；3—风机吊装锚杆；4—空气幕安装硐室；
5—风机；6—风机支架；7—安装机座；8—风流方向

为 5.3m×5.8m×5.2m。

C 应用结果与分析

采用对比试验方法，在四种不同运行状态下反复测试硐室型辅扇引射风流的效果，结果如表 3-8 所示。其中运行状态 1：硐室型辅扇未运行；运行状态 2：硐室型辅扇全开；运行状态 3：硐室型辅扇开左侧两台；运行状态 4：硐室型辅扇开右侧两台。

表 3-8 1000m 中段硐室型辅扇运行结果比较

序号	运行状态	测点风速/$m \cdot s^{-1}$	测点断面面积/m^2	测点风量/$m^3 \cdot s^{-1}$	风流方向
1	状态 1	-0.52	19.6	-10.2	向上
2	状态 2	3.53	19.6	69.2	向下
3	状态 3	2.30	19.6	45.1	向下
4	状态 4	2.41	19.6	47.3	向下

从表 3-8 可以看出，当硐室型辅扇未运行时，通往 1000m 水平主斜坡道的上行污风风量为 10.2m^3/s，主斜坡道内空气质量差，行车可见度降低，危及安全行车。当硐室型辅扇分别开单侧的两台时，主斜坡道向下的风量为 45.0～47.0m^3/s，可以满足设计需风量的要求。当硐室型辅扇全开时，主斜坡道向下的风量为 69.2m^3/s，比设计需风量 45.0m^3/s 多了 24.2m^3/s。由于设计硐室型辅扇时考虑了最大自然风压的影响，而现场试验并非是自然风压最大时的条件，因此出现了主斜坡道风量偏大的情况。也说明多机并联运行的硐室型辅扇具有一定的灵活性，可通过改变辅扇的运行数量来适应气候条件的变化。

试验结果表明，硐室型辅扇可以替代巷道型辅扇，在巷道中可以按照设计要求引射风流，不仅能控制巷道风流的反向和污风停滞，改善作业区的环境质量，提高行车可见度，而且不影响巷道内的行车和行人，且操作简单。

3.4.3.3　增加斜坡道风量的工程实例

A　现场试验条件及意义

甘肃某大型镍矿主斜坡道是地表通井下的主要运输巷道，原设计新鲜风流的进风量为 $30m^3/s$，但实际上，由于自然风压和行车的影响，主斜坡道 1428m 水平以上的进风量达不到设计的要求。主斜坡道上无轨柴油汽车运输过程中产生的尾气和扬尘难以及时稀释和排走，可见度降低，严重威胁了行车安全和工人的身体健康。此外，受自然风压的影响，主斜坡道还时常出现反风现象，井下空气湿度大，反风会导致主斜坡道巷道壁潮湿，使得巷道壁的维护量和维护频率加大。为确保主斜坡道的行车安全、提高运输效率和减少巷道的维护量，采取措施增加主斜坡道的进风量，对及时排出污浊空气、防止主斜坡道风流反风具有十分重要的意义。

B　试验方案及空气幕选型

(1) 试验方案。在主斜坡道增设辅扇可以增加其风量，但由于主斜坡道有无轨设备运行，辅扇安装成为难题。本研究采用矿用空气幕替代辅扇。在试验前，作者先对矿井通风系统进行调查和分析，并在状态 1：东主扇停止运行，主斜坡道未设临时密闭风墙；状态 2：东主扇停止运行，主斜坡道设临时密闭风墙；状态 3：东主扇运行，主斜坡道设临时密闭风墙三种不同的状态下，在主斜坡道 1428m 以上 50m 处测定其风流状况，测定结果如表 3-9 所示。

根据多机并联空气幕引射风流的理论公式（3-35）可知，空气幕在巷道内引射风流与空气幕所在巷道的风阻、空气幕出口断面面积与巷道断面面积之比、空气幕出口风速、多机并联空气幕中单台空气幕的风量与单机空气幕的风量比、空气幕并联台数等因素有关。因此，在实际应用中，考虑自然风压和东主扇的影响，依据安装空气幕巷道的风流状况、巷道特性等参数以及主斜坡道 $30m^3/s$ 设计进风量的要求，按照公式（3-35）确定空气幕所需提供的有效压力，再根据有效压力设计空气幕，包括风机的数量及叶片安装角、空气幕的布置形式以及空气幕出口断面面积等。

表 3-9　主斜坡道风流状况测定结果

状　态	巷道面积 $/m^2$	巷道墙高 /m	静压差 /Pa	风速 $/m \cdot s^{-1}$	温度 /℃	湿度 /%	测定时间
1	17.9	2.5	0.0	2.35	17.8	79	0：15
2			50.0	0.40	18.0	83	2：35
3			74.6	0.42	18.0	83	3：50

从现场实际测定结果（见表 3-10）可知，东主扇关与开相比，主斜坡道临时密闭风墙两侧的静压差相差 24.6Pa，说明东主扇对主斜坡道的风压影响较大。由于主斜坡道的最小过车断面为（4.0×4.6）m^2，有效断面的宽度为 4.6m，断面面积大，若空气幕安装在巷道的一侧，则不利于形成有效的空气幕，因此确定在巷道同一断面的两侧分别安装空气幕并联运行。

（2）空气幕选型。依据公式（3-35）的计算结果和表 3-4，可以计算空气幕所应提供的有效压力大于 120Pa，故确定采用 4 台风机在同一断面并联运行的空气幕。并联空气幕的供风器出口尺寸、风机的型号等相关技术参数如表 3-10 和表 3-11 所示。

考虑到空气幕安装后不能影响行人和运输、巷道围岩的稳定性以及东主扇等因素，空气幕的安装位置选择在主斜坡道 1428m 以上 50m 处，具体布置形式如图 3-27 所示。

表 3-10　No.6 空气幕的风机及技术参数

风机型号	电机功率/kW	叶片安装角/(°)	供风量/$m^3 \cdot s^{-1}$
K44-6-No.12	18.5	35	22~25
		40	26.5~29
		45	30~32

表 3-11　空气幕供风器尺寸

空气幕型号	数量 /台	供风器出口尺寸/m	
No.6	4	高	2.00
		宽	0.52

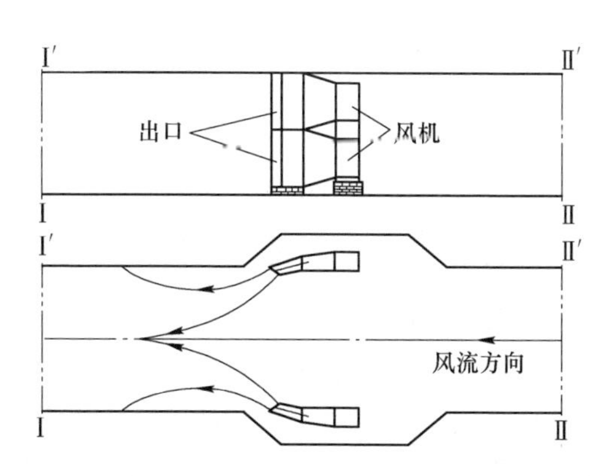

图 3-27　二矿区主斜坡道空气幕布置示意图

C　试验结果与分析

（1）试验内容及方法。在空气幕全开（状态 1）、开双台（单侧各开一台）

(状态 2)、开双台（单侧开两台)(状态 3)、开单台(状态 4)、空气幕全关（状态 5）5 种不同空气幕运行状态下进行现场试验，采用多功能风速仪、热球风速仪等测定风流特性，用主斜坡道的风量增加量和东主扇进风风量分析评价多机并联空气幕引射风流的效果。测试方法同前。

（2）试验结果与分析。在不同状态下，分别对主斜坡道风流特性进行测试，其风量和风量增加量可用式（3-58)、式（3-59）计算，结果如表 3-12 和表 3-13 所示。

$$Q_{引} = v \times S \tag{3-58}$$

$$\Delta Q = Q_{引} - Q_{关} \tag{3-59}$$

式中　$Q_{引}$——空气幕引射风流后出口侧主斜坡道的风量，m³/s；

ΔQ——主斜坡道的有效风量增加量，m³/s；

$Q_{关}$——空气幕全关状态下主斜坡道的风量，m³/s；

v——测点的风速，m/s；

S——空气幕出口端测点的断面面积，m²。

表 3-12　东主扇进风风量测试结果

空气幕运行状态	巷道面积/m²	巷道风量/m³ · s⁻¹	温度/℃	湿度/%
全关	11. 72	20. 16	14. 1	71. 5
全开		21. 00	14. 0	71. 2

表 3-13　主斜坡道空气幕运行测试结果

空气幕运行状态	测点风速 /m · s⁻¹	测点风量 /m³ · s⁻¹	有效风量增加量 /m³ · s⁻¹	风流湿度 /%
状态 1	3. 69	57. 8	32. 12	49. 0
状态 2	3. 18	49. 81	24. 13	69. 3
状态 3	3. 04	47. 61	21. 93	68. 0
状态 4	2. 52	39. 46	13. 78	67. 9
状态 5	1. 64	24. 68	0	71. 1

从表 3-12 和表 3-13 可以看出：

1）在空气幕全关状态下，主斜坡道进风量为 24. 68m³/s，但在东主扇的作用下，其中有 20. 16m³/s 的风量直接进入了三矿区，而沿主斜坡道向下进入二矿区的风量只有 4. 52m³/s，导致二矿区主斜坡道风量严重不足，柴油机设备的运输等产生的有毒有害气体和粉尘弥漫，主斜坡道的空气质量差。当空气幕正常运行后，进入了三矿区的风量基本保持不变，为 21. 00m³/s，主斜坡道的风量增加量却随空气幕的运转状态的变化而变化，风量增加量为 13. 78~32. 12m³/s，达到设计风量的要求，显著改善了主斜坡道的通风效果。

2）空气幕并联风机数 n 越大时，其出口总风量越大，引射的风量也越大，但是 n 台空气幕并联后的引射总风量并非一台空气幕单独运行时的 n 倍。现场单机运行时的引射风量为 13.78m³/s，双机运行时为 21.93～24.12m³/s，4 台风机运行时为 32.12m³/s。即并联空气幕与单机空气幕之间存在一个小于 1 的风量比系数 a，且 n 值越大，a 值越小，这与多机并联空气幕引射风流理论分析相符。

3）空气幕的引射风量与风机数量有关，当空气幕全部开启时，主斜坡道的进风量为 57.8m³/s，比空气幕全关时，有效风量增加 32.12m³/s，扣除进入三矿区的风量，主斜坡道的风量大于设计要求风量 30m³/s；当空气幕开 2 台时，主斜坡道的进风量比空气幕全关时增加 22～24m³/s，虽达不到设计要求，但当自然风压的影响减小时，开 2 台空气幕就能满足要求。可见，空气幕的运行状态与自然风压的影响作用有关，可适时进行调节。

4）并联风机数量增多时，虽然空气幕的引射风量增大，风量增加量随风机数量的增加而增加，但其引射风量的增加率减小，分别为 67.13%、39.47%。因此利用空气幕引射风流时，空气幕风机数量应限定在适当的范围之内，若要克服大压差，可选择风压大的风机，而不能靠增加空气幕风机的数量。

5）在状态 2 和状态 3 条件下，空气幕的引射风量比较接近，但 2 台空气幕在同一侧运行的效果比分布在两侧的效果略差。这表明，多机并联空气幕最好布置在同一断面的两侧，使两侧的气幕在巷道的中心线形成交汇，避免单侧空气幕在巷道对侧造成能量损失。

6）在空气幕出口侧，主斜坡道的湿度随着引射风量的增加而减小，说明在空气幕的作用下，由地表进入主斜坡道的干燥空气量越大，主斜坡道空气的湿度越小，有利于保持巷道壁干燥，减少主斜坡道的维护量。

研究表明，矿用空气幕具有辅扇引射风流的功能，可用于解决井下的风流反向、风量不足、风流停滞等问题，可有效控制风流流动。

3.4.4 替代风窗对风流增阻的工程实例

3.4.4.1 冬季减少斜坡道进风量的工程实例

A 现场应用条件及意义

西北某镍矿为两翼进风中央出风的对角抽出式通风系统，全矿设计进风量为 130m³/s，其中主斜坡道设计进风量为 50m³/s。但由于受冬季自然风压的影响，主斜坡道的进风量显著增加，当环境气温低于−15℃时，主斜坡道的进风量高达 130～150m³/s，风速超过 6m/s，且主斜坡道淋水易结冰，这样不仅影响主斜坡道无轨设备的运输和行人，而且导致新 1 号主井和新 2 号副井成为回风井，井下作业过程中产生的污风对两井筒的提升设备造成严重腐蚀，同时引起井下风流紊乱，危及矿山的安全生产。为此，矿山在主斜坡道口安装了手动风门，派专人看管以控制主斜坡道的进风量。但受气候条件及地理位置等的限制，风门不能有效发挥作用。所以冬季采用空气幕对主斜坡道的进风风流增阻，减少其进风量，对确保矿山的安全有序生产具有重要意义。

B　技术方案及空气幕选型

在实际应用中，当空气幕的有效压力小于巷道两端的压差时，空气幕起增阻作用，其增阻效果用阻风率来衡量。在进行增阻空气幕的设计时，一般依据阻风率确定空气幕所需提供的有效压力，再根据有效压力设计空气幕。

由循环型空气幕对风流增阻的风流流动模型（图 3-12）可知，空气幕射流 Q_c 和巷道的逆向过流 Q_g 流入控制体Ⅰ—Ⅰ′和Ⅱ—Ⅱ′断面内，流出控制体的风量为 Q_g，空气幕所在巷道两端的压差 $\Delta H_{f(n)}$ 与空气幕的有效压力 $\Delta H_{(n)}$ 的差值为压力不足差量 $H_{ud(n)}$。通过半理论半经验分析得到多机并联空气幕对巷道风流的阻风率 η_z 表达式（3-52）。从表达式可知，空气幕的阻风率与空气幕所在巷道和与之并联巷道的风阻比、空气幕回流风阻与其并联巷道的风阻比、空气幕出口断面面积与巷道断面面积之比、巷道过风风量与空气幕风量之比、多机并联空气幕中单台空气幕的风量与单机空气幕的风量比、空气幕并联台数等因素有关。

试验前，现场对主斜坡道的风流状况等进行了调查和测试。当地面气温分别为-15～-20℃、-10℃、0℃、4～8℃时，主斜坡道的进风量分别为 130m³/s、94.5m³/s、54.3m³/s、38.5m³/s，而龙首矿主斜坡道附近历史上的最低气温为-15～-20℃。因此，在空气幕的设计选型时，按气温为-15～-20℃的最困难条件考虑空气幕的阻风率，通过计算可知，主斜坡道空气幕的阻风率应大于60%。依据增阻空气幕阻风率计算公式和现场的实测风流静压值等，可计算出空气幕应提供的有效压力为160Pa，据此可以确定主斜坡道增阻空气幕由 4 台风机并联组成，风机的型号等有关技术参数如表 3-14 所示。空气幕安装在距主斜坡道口约 300m 处的硐室内，供风器出口朝主斜坡道口方向，安装硐室分布在巷道的两侧，如图 3-28 所示。

表 3-14　主斜坡道空气幕风机及其主要技术参数

空气幕安装地点	风机型号	电机功率/kW	供风器出口尺寸/m	数量/台	叶片安装角/(°)
主斜坡道	K45-6-No. 13	30	2.0×0.54	4	35

C　试验研究内容及方法

主斜坡道的设计进风量为 50m³/s。为了考察多机并联空气幕对主斜坡道风流增阻的效果，现场采用对比试验的方法，分别在不同气温（4～8℃、0℃和-10℃）（当时没有低于-15℃的气候条件）和不同空气幕运转状态下测试空气幕

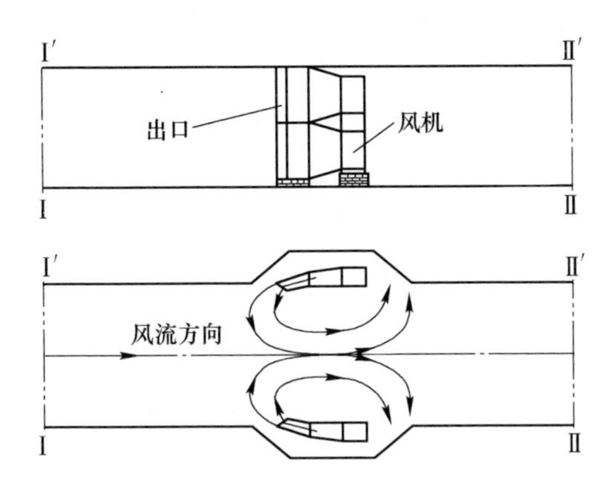

图 3-28 龙首矿空气幕布置示意图

的阻风率以及风流方向的变化。空气幕运转状态 1：空气幕全关；状态 2：开一侧空气幕；状态 3：空气幕全开。用主斜坡道的进风量、空气幕的阻风率及风流的方向来评价空气幕调节风流的效果。

主斜坡道空气幕的实际阻风率 η_z 可用下式计算：

$$\eta_z = (Q - Q_g)/Q \times 100\% \tag{3-60}$$

式中 Q——空气幕未开时巷道内的风量，m^3/s；

Q_g——空气幕开启后巷道内的风量，m^3/s。

D 试验结果与分析

现场试验时，测点选择在主斜坡道空气幕的下风侧 50m 处，为减少外界因素对测试结果的影响，主斜坡道内禁止无轨设备运行，且避开井下的放炮作业。具体测试结果如表 3-15 所示。

表 3-15 主斜坡道风量及风流方向测试结果

空气幕状态	风流速度/m·s^{-1}	风量/m^3·s^{-1}	阻风率/%	风流方向	气温/℃
状态 1	2.28	38.5	—	进风	4~8
状态 2	0.63	10.7	72.2	进风	
状态 3	-1.00	-16.9	—	出风	
状态 1	3.27	54.3	0.0	进风	0
状态 2	1.51	24.5	54.0	进风	
状态 3	0.5	8.45	84.7	进风	
状态 1	4.6	94.5	0.0	进风	-10
状态 2	3.05	51.5	44.5	进风	
状态 3	1.45	24.5	74.0	进风	

（1）控制主斜坡道的进风量。

从表 3-15 的测试结果可以看出，当地表大气温度为 4～8℃时，空气幕全开所提供的有效压力大于主扇在主斜坡道内形成的负压，主斜坡道成为回风道，排风量为 16.9m^3/s；开一侧空气幕，其所提供的有效压力小于主扇在主斜坡道内形成的负压，主斜坡道进风，进风量为 10.7m^3/s，此时，空气幕对主斜坡道的进风流增阻，起调节风窗的作用，阻风率为 72.2%；空气幕全关，主斜坡道的进风量为 38.5m^3/s，小于设计的进风量 50m^3/s。

当地表大气温度为 0℃左右时，空气幕全开的阻风率达 84.7%，主斜坡道的进风量为 8.45m^3/s，与设计的阻风率相比，富余了约 25%；开一侧空气幕的阻风率达 54%，进风量为 24.5m^3/s；空气幕全关时，主斜坡道的进风量为 54.3m^3/s，与设计进风量基本相当。

当地表大气温度为-10℃时，开一侧空气幕的阻风率达 44.5%，主斜坡道的进风量为 51.5m^3/s，满足设计进风量要求；空气幕全开，主斜坡道的进风量为 24.5m^3/s，比空气幕全关时的 94.5m^3/s 减少 70m^3/s，阻风率达 74%，与设计的阻风率相比，富余了约 14%；与 0℃气温条件相比，阻风率降低了 11%。

可见，空气幕的阻风率随气温的降低而降低，当地表大气温度低于-10℃时，主斜坡道的空气幕应全开；当地表大气温度为 0～-10℃时，开一侧空气幕；当地表大气温度大于 0℃时，可不开空气幕。因此，在实际应用过程中只需根据气温的变化，及时调整同时运行的空气幕风机数量就可满足实际需要，防止新 1 号主井和新 2 号副井排污风，有效保护井筒内的设施，同时也确保矿井风流的有序流动。

（2）防止主斜坡道结冰。在矿井通风正常的情况下，进入矿井的风流均与井筒或巷道周围的冷却圈之间发生冷热交换，其交换量与风量的大小有关。在寒冷的冬季，进入矿井的地面冷空气因吸收冷却圈的热量而风温升高，风量越大，风流温度升高得越慢。龙首矿主斜坡道在安装空气幕之前，冬季主斜坡道的进风量显著增加，当进风流到达主斜坡道的淋水段时，其温度仍低于 0℃，导致淋水段斜坡道路面结冰。当空气幕正常运行后，主斜坡道的进风量得到了有效控制，进风流在到达斜坡道的淋水段之前，其风流温度已升高到 0℃以上，有效防止了斜坡道路面结冰。这不仅减少了人工挖冰的工程费用，而且有利于安全行车。

3.4.4.2　冬季减少主井进风量的工程实例

内蒙古某大型铁矿井下采用无轨运输方式，且中段主井石门的运矿非常频繁。由于冬季自然风压的作用，主井的进风量达 43.78m^3/s，主井井筒内结冰量大，不仅影响主井提升设备运行，而且融化脱落的冰块易砸坏井筒设施，严重影响安全生产。为此，矿山需要采取措施减少主井进风量，防止主井结冰，保障矿井安全运行。

A 现场应用条件及工程方案

某大型铁矿主井960m中段主井石门风流参数等测定结果如表3-16所示。从测定结果可以看出，冬季主井石门未设置风门时，主井的进风量比设置风门时的进风量多36.22m³/s。由于主井石门内无轨设备运行频繁，难以通过设置风门控制主井进风量。因此，依据矿用空气幕的理论及其风流调节的功能，在主井石门硐室内安装矿用空气幕对风流增阻。根据现场实际情况，按照阻风率要求，计算出矿用空气幕所需提供的静压，并考虑引射风量与风机数量之间的非线性关系，确定矿用空气幕的风机型号、数量、布置形式和供风器出口断面面积等，设计选型结果如表3-17所示。矿用空气幕采用串并联布置形式（见图3-29），安装在距主井约200m的硐室内，硐室分布在巷道的两侧，每侧各两个硐室，前后两组硐室平行布置且保持约20m的距离。

表3-16 不同状态下主井石门风流参数

应用点	风门状态	断面面积/m²	温度/℃	风流速度/m·s⁻¹	空气密度/kg·m⁻³	主井风向
960m中段主井石门	开	12.80	0.1	3.42	1.16	进风
	关	12.80	3.7	0.59	1.14	进风

表3-17 矿用空气幕的主要技术参数

空气幕安装地点	风机型号	电机功率/kW	供风器出口尺寸/m	数量/台	叶片安装角/(°)
960m中段主井石门	K45-6-No.12	18.5	2.0×0.54	4	35

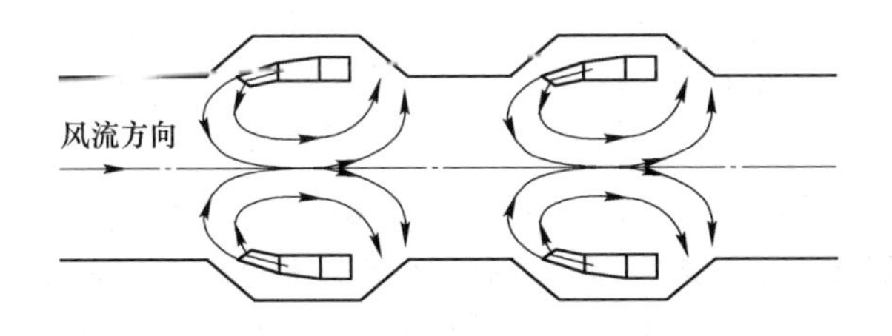

图3-29 矿用空气幕布置形式

B 现场试验

现场采用对比试验研究的方法，在空气幕全关（运行状态1）、开一侧空气幕（运行状态2）、空气幕全开（运行状态3）三种状态下，测试主井石门的风流状态及各主要井筒进回风量，结果如表3-18和表3-19所示。

表 3-18　主井石门风流状态测试结果

空气幕运行状态	风流速度/$m \cdot s^{-1}$	测点风量/$m^3 \cdot s^{-1}$	阻风率/%	主井风向	结冰情况
1	3.42	43.8	—	进风	结冰严重
2	1.56	19.7	55.0	进风	结冰
3	1.33	−17.2	100	出风	不结冰

表 3-19　各主要井筒进、回风量测试结果

序号	名　称	风量/$m^3 \cdot s^{-1}$		备　注
		空气幕全关	空气幕全开	
1	主井	43.80	−17.20	冬季Ⅲ号回风井井口封堵，"−"代表主井出风
2	斜井	3.34	21.59	
3	副井	50.13	61.30	
4	老回风井	13.76	15.11	
5	Ⅳ号回风井	112.85	82.41	
6	总进风量	111.03	98.00	
7	总回风量	112.85	99.61	

可见，当空气幕未开时，斜井风量较小；当空气幕全开时，主井出风，与设计的风流方向一致，虽然斜井进风量增加，但矿井总进风量减少。

C　结果分析

分析表 3-18 现场测试结果可知：（1）在主井石门巷内未采取任何措施前，冬季主井的进风量高达 43.8m^3/s，主井井筒结冰严重。（2）当运行主井石门巷单侧的空气幕后，主井的进风量减少为 19.7m^3/s，空气幕的阻风率达到了 55.0%，说明矿用空气幕对风流增阻的效果明显。（3）当主井石门巷两侧的空气幕全部运行时，主井的风流方向改变，其出风量为 17.2m^3/s。可见，矿用空气幕能有效地控制主井的进风，减少了地表冷空气与井壁淋水的热交换，有效防止主井的结冰。

从表 3-19 可以看出：（1）主井石门巷的空气幕运行后，主井从进风 43.8m^3/s 到出风 17.2m^3/s，且各井筒的风量分配也发生一些变化，其中斜井风量增加约 19.0m^3/s，副井风量增加约 11.0m^3/s，老回风井风量增加约 1.5m^3/s，总进风量减少约 13.0m^3/s，说明空气幕改变了各井筒的风量分配，对矿井总进风量有一定影响。（2）主井石门巷的空气幕运行后，矿井总进风量虽然减少 10%左右，但实现了控制主井进风量、防止主井结冻的目标，保障了主井的正常、持续、安全生产。

研究表明，矿用空气幕具有调节风窗的功能，可用于对井下风流增阻，减少井巷的风量，且可通过改变运行风机的数量来适应自然风压的变化，灵活性较好。

3.4.5 替代风机机站的工程实例

经过30多年的研究与应用，我国矿山应用的多级机站通风技术已经比较成熟。与主扇集中通风方式相比，多级机站通风技术具有风量分配容易、通风能耗降低、实现单元通风、便于计算机集中控制等优点。但由于矿山机械化水平不断提高，无轨设备运输、行人、爆破冲击波、巷道变形等原因，风机机站的设置成为难题，很多矿山因此放弃安装风机机站，导致多级机站不完善，严重影响了矿井通风效果。

针对部分矿山风机机站难以设置的问题，作者在非煤矿山开展了矿用空气幕替代风机机站的应用研究，不仅成功解决了问题，而且使得多级机站通风方法的应用条件更加宽泛。

3.4.5.1 替代风机机站的工程实例

A 现场背景及技术方案

福建某大型铁矿设计采用两翼对角式多级机站通风系统，100m中段为无轨运输中段，受此影响，该中段回风井石门巷的风机机站未能设置，导致200m中段28.12m³/s的污风经由回风井反风至100m中段，形成污风循环，使得巷道内空气质量变差，行车能见度降低，不仅影响了矿井生产效率，而且对井下作业职工的身体健康造成危害。

为解决上述风机机站设置的难题，提出巷道型风机机站和硐室型风机机站（矿用空气幕）两个方案，如图3-30和图3-31所示。由于巷道型风机机站方案需要在运输巷道上设置两道风门，相对而言比较难以达到设计效果，而硐室型风机机站的实施和运行均比较容易，因此最终采用硐室型风机机站方案。

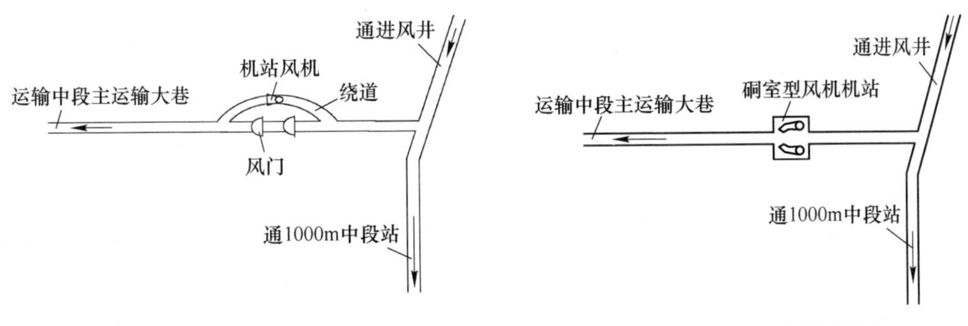

图3-30 巷道型风机机站　　图3-31 硐室型风机机站

B　机站风机选型

根据机站风机的安装位置及功率、通风构筑物、风流方向、风量等基本情况，应用矿井通风三维仿真系统对矿井通风网络进行模拟解算，并进行风机优选，所选风机型号及技术参数如表 3-20。由此看出，应用矿用空气幕建立的硐室型风机机站不需要掘绕道和设置风门，工程量相对减少。另外，硐室型风机机站的装机功率比巷道型风机机站的少 16kW，管理方便，因此，采用硐室型风机机站方案。

表 3-20　机站风机选型结果及技术参数

<table>
<tr><th>机站形式</th><th>风机型号</th><th>数量/台</th><th>叶片安装角/(°)</th><th>装机功率/kW</th><th>工程</th><th colspan="2">供风器出口尺寸/m</th></tr>
<tr><td rowspan="2">硐室型</td><td rowspan="2">K45-6-No. 12</td><td rowspan="2">4</td><td rowspan="2">35</td><td rowspan="2">74</td><td rowspan="2">掘 2 个硐室</td><td>高</td><td>2. 00</td></tr>
<tr><td>宽</td><td>0. 52</td></tr>
<tr><td>巷道型</td><td>K40-6-No. 18</td><td>1</td><td>26</td><td>90</td><td>掘绕道，设置 2 扇风门</td><td>—</td><td>—</td></tr>
</table>

C　应用结果及分析

现场实验时，在空气幕风机全关（状态 1）、运行 1 台风机（状态 2）、单侧运行 2 台风机（状态 3）、两侧各运行 1 台风机（状态 4）、空气幕风机全开（状态 5）5 种状态下，分别对硐室型风机机站的引射风流的效果进行测定，结果如表 3-21 所示。

表 3-21　空气幕运行测试结果

空气幕运行状态	反风至 100m 中段的污风/$m^3 \cdot s^{-1}$	空气幕引射风量/$m^3 \cdot s^{-1}$	100～200m 回风井风流方向
状态 1	28. 12	0	向下
状态 2	14. 40	13. 72	向下
状态 3	4. 19	23. 93	向下
状态 4	2. 99	25. 13	向下
状态 5	−8. 42	36. 54	向上

注：状态 1 为空气幕风机全关，状态 2 为运行 1 台风机，状态 3 为单侧运行 2 台风机，状态 4 为两侧各运行 1 台风机，状态 5 为空气幕风机全开。

现场测试结果表明：

(1) 硐室型风机机站引射的风量随风机数量的增加而增加，但空气幕 n 台风机运行的引射风量并非简单的相加，只有在同风网的理想状态下才有可能遵循“并联风量相加”的原则。从表 3-21 可以看出：空气幕单台风机运行的引射风量为 13. 72m^3/s，空气幕 2 台风机并联运行的引射风量为 23. 93～25. 13m^3/s，空气幕风机全开时的引射风量为 36.54m^3/s。可见，单机空气幕与多机并联空气幕之间存在一个小于 1 的风量比系数 a，且 a 值与 n 值成反比，这也与多机并联空气幕引射风流理论分析结果一致。

（2）单侧运行 2 台风机与两侧各运行 1 台风机的引射风量相差不大，但两侧各运行 1 台风机比单侧运行 2 台风机的引射风流效果好。因此，在巷道断面面积较大时，最好在同一断面的两侧布置多机并联运行，使两侧空气幕在巷道的中心线交汇，减少能量损失。

（3）硐室型风机机站风机全关时，100~200m 回风井的风流方向向下，形成污风循环，28.12m^3/s 污风进入 100m 作业中段；硐室型风机机站风机全开时，100~200m 回风井的风流方向向上，向上风量达到 8.42m^3/s。可见，硐室型风机机站能够替代巷道型风机机站，且具有较好的引射风流效果。

3.4.5.2 机械化盘区通风的工程实例

安徽某大型铜矿采用多中段多盘区同时作业，且机械化程度高。矿井设计采用多级机站通风方式，进风段和回风段分别设置有风墙风机机站，各生产盘区采用无风墙辅扇构成二级分风机站。由于生产盘区内大型铲运机设备作业，其二级分风机站难以设置。因此，生产盘区的通风比较困难，其风流分配不够合理、风量不足或无风、风流短路等易导致盘区作业产生的粉尘、无轨设备尾气、热量等不能及时排除，使得生产盘区的环境质量差，行车可见度低，环境温度升高，不仅严重危害作业人员的身体健康，影响无轨设备的生产效率，而且危及矿山的安全生产。

在大断面、大压差运输巷道上应用矿用空气幕替代风门、风窗、辅扇的研究已经取得了良好应用效果，且在多个大型机械化矿山得到推广应用，其主要解决某一区域或某一点的风流调节问题，多为单点应用。对于多生产盘区而言，作业点多，分风的二级机站多，要解决其通风问题，需要在多点建立硐室型风机机站。为此，本研究充分考虑硐室型风机机站间的相互影响、机站风机的合理选型、风机机站位置的合理选择等问题，合理建立生产盘区二级风机机站。

A 现场应用条件及工程方案

某大型铜矿生产盘区的作业布置如图 3-32 所示。从图 3-32 可以看出，本中段有 2 个盘区同时作业，由于盘区采用无轨设备作业，其二级风机机站未能设置，且穿脉巷道 8 也不能设置风门或风窗，因此，进入该中段的新鲜风流大部分经穿脉巷道 8 直接进入回风系统，导致生产盘区无风或风量不足。为此，要解决生产盘区的供风问题，需在多条穿脉巷道设置分风风机机站。依据硐室型风机机站的特性和现场实际情况，本研究在该中段的机械化生产盘区采用硐室型风机机站替代传统形式的风机机站，合理分配风流，改善生产盘区的作业环境。

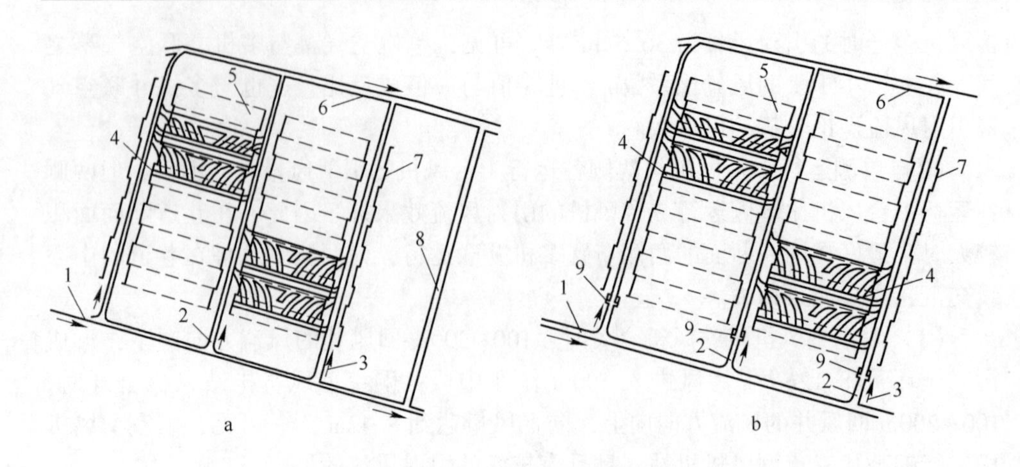

图 3-32　中段作业盘区布置图

a—未设置分风机站的作业盘区；b—设置硐室型风机机站的盘区

1—中段进风道；2—进风穿脉巷道；3—风流方向；4—采矿作业面；5—未采矿块；6—回风巷道；7—采矿边界线；8—穿脉巷道；9—硐室型风机站

B　通风方法

本生产中段共有 4 条穿脉巷道，一般情况下，新鲜风流由中段进风道 1 进入生产盘区，分别经过进风穿脉巷道 2 和 8 进入盘区回风巷道 6，再进入回风系统。实际上，新鲜风流是自然分配，穿脉巷道 8 因通风阻力小而过风量大，成为风流短路分支，为此，需在各穿脉巷道 2 上设置硐室型风机机站 9，将由 1 进入的新鲜风流有效分配到各穿脉巷道，再进入盘区的采矿作业面，清洗作业过程中产生的废气，污风则经回风巷道 6 进入回风系统。硐室型风机机站引射风量的大小由机站风机型号和异形引射器的结构决定。机站风机的型号和异形引射器的结构可依据盘区设计需风量而定，硐室型风机机站的设置方法如图 3-32b 所示。

C　机站风机选型

由于各穿脉巷道的通风阻力不同，因而其机站的风机型号不同。本研究应用矿井通风三维仿真系统软件对中段通风网络进行了详细的计算与分析，按照设计需风量（引射风量）的要求，计算机站风机所需要提供的风压和风量，优选机站风机的型号，再根据巷道断面面积和风机风量等计算引射器（供风器）出口的断面面积，结果如表 3-22 所示。

表 3-22　硐室型风机机站风机及引射器型号

风机机站位置	风机型号	风机数量/台	引射器型号	引射器尺寸(长×宽)/mm
左侧穿脉巷道	K45-6-No. 12	2	KQM-No. 4	2400×390
中间穿脉巷道	K45-6-No. 11	2	KQM-No. 3	2300×340
右侧穿脉巷道	K45-6-No. 11	2	KQM-No. 3	2300×340

D　应用结果与分析

机械化生产盘区采用硐室型风机机站后的通风效果的测试结果如表 3-23 所示。从表 3-23 可以看出，当盘区硐室型风机机站未运行时，穿脉巷道 2 的风量分配不均，进风量小于 10m³/s，且越靠近进风侧，穿脉巷道的风量越小，不能满足设计 20m³/s 需风量的要求，排烟排尘慢；而靠近回风侧穿脉巷道 8 的风量达到了 25.8m³/s，导致新鲜风流的浪费。当盘区硐室型风机机站全部运行后，穿脉巷道 2 的风量基本均衡，且新鲜风量达到 20m³/s 左右，能够满足生产的需要。同时，生产盘区的总进风量由 47.7m³/s 增加到 75.0m³/s，穿脉巷道 8 中的短路风流减少 50%左右，生产盘区的有效风量率明显增加，作业区域的粉尘、柴油机尾气、炮烟等被及时排出。

表 3-23　机械化盘区通风测试结果

序号	测点	风量/$m^3 \cdot s^{-1}$	
		硐风机机站开	风机机站关
1	盘区进风穿脉巷道 2（左）	19.2	5.2
2	盘区进风穿脉巷道 2（中）	21.3	7.4
3	盘区进风穿脉巷道 2（右）	21.9	9.3
4	穿脉巷道 8	12.6	25.8
5	中段进风巷道 1	75.0	47.7
6	中段回风巷道 6	75.0	47.7

综上可见：（1）在巷道易变形、有轨电机车或无轨柴油设备运行频繁、爆破冲击波破坏等复杂条件下，应用矿用空气幕构建的硐室型风机机站可替代巷道型风机机站，不仅不影响运输和行人，还能有效解决进风量不足、污风循环、风流短路等问题，改善井下作业环境，保障工人的身体健康，降低通风能耗。（2）在大断面、大压差的运输巷道内成功构建的硐室型风机机站，为多级机站通风技术的推广应用提供了经验与技术支持。（3）硐室型风机机站在同时作业的多盘区应用成功，为机械化盘区生产找到了有效的通风方法。

3.5　小结

非煤矿井的风流调控是矿井通风系统运行管理的重要内容。随着矿山机械化水平的不断提升，矿井风流调控的难度随之增大，传统的风流调节方法虽在矿山沿用，但在无轨设备运输、易变形和爆破冲击波破坏的巷道中难以发挥作用。作者在分析总结国内外风流调控方法的基础上，采用理论与实际应用相结合的方法，依据有效压力理论、射流理论等，成功扩展了矿用空气幕的理论及方法，并在国内多座非煤矿山中应用，具体研究成果如下：

（1）建立了矿用空气幕风流流动模型，推导出单机和多机并联矿用空气幕隔断风流、引射风流和增阻减少风流的理论模型，并详细分析了风流动力学特性及影响因素，为矿用空气幕的应用提供了理论基础。

（2）总结了矿用空气幕替代风门隔断风流、替代辅扇引射风流、替代风窗对风流增阻、替代风机机站等多种功能，并通过在多矿山的实际应用，为矿用空气幕的推广应用积累了丰富经验和应用方法。

（3）矿用空气幕可以替代传统的风流调节方法，有效解决风量不足、风流分配不均、风流停滞、风流循环、风流反向、冬季进风井巷结冰等问题，具有广阔的应用前景。

4 矿井通风三维仿真系统

过去，矿井通风系统分析主要靠经验类比，以及图纸分析与标注、表格计算和网络解算等传统方法，繁琐且工作量大，工作效率低下、涵盖面不全、效果也不够理想。如果涉及规模较大且复杂的通风网络时，用传统的方法进行矿井通风网络分析会费时费力也容易出错。当井下通风巷道增减、通风构筑物变化、风机数量或者位置调整时，不能可视化整体观察，也难以准确评估其对周围巷道和整个通风系统的影响，同时也不能科学、准确、快速地分析持续变化和影响因素较多的矿井通风现状并找出存在的问题以及分析问题原因。

因此，开发一套功能全、可视性、可靠性、实用性、准确性好的矿井通风三维仿真系统，准确、快速地模拟风流分布，分析矿井通风现状和自然风压对矿井的作用规律，确定不同时期井下保持良好通风效果的最优通风系统方案，使矿井通风系统与产量匹配，保障矿井通风系统的可视和可靠，改善矿井通风、增强通风系统管理能力非常必要。现在，基于目前非煤矿山通风系统的实际需求以及现有通风网络解算和优化软件的不足，研究开发矿井通风三维仿真系统。

4.1 矿井通风三维仿真系统建模

4.1.1 仿真模型

选用面向对象的图形辅助方法来建立矿井通风三维仿真系统模型，利用面向对象分析的方法从系统的模型层次、仿真流程、内部数据流向进行研究，并在这一过程中得出实现系统功能的三大模型，从而完成整个仿真系统的模型建造。

以系统仿真技术为基础，考虑实际矿井通风系统的特征，建立矿井通风三维仿真系统的仿真层次结构（见图 4-1）。其参数库中的分支巷道空间位置参数主要为：空间三维坐标、截面形状参数、长度等；通风回路特性参数主要为：并联分支数、风机位置、自然风压、初始风量、包含的分支巷道等；风机曲线特性参数主要为：风量、风压、功率、效率、点数等；其他参数包括通风网络通风回路数、节点数等。

4.1.2 仿真流程

参照系统仿真中的流程图建模思想，结合矿井通风三维仿真系统的实际需要，设置具体的矿井通风仿真流程，如图 4-2 所示。

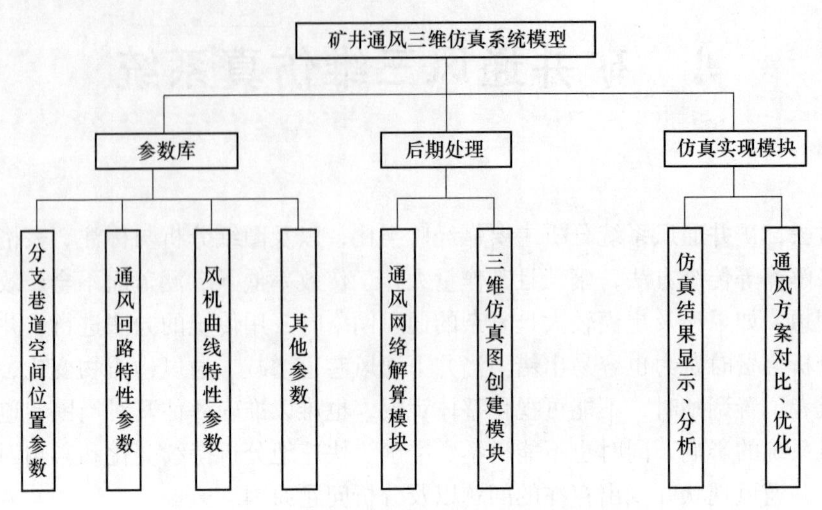

图 4-1　矿井通风三维仿真系统的仿真层次结构

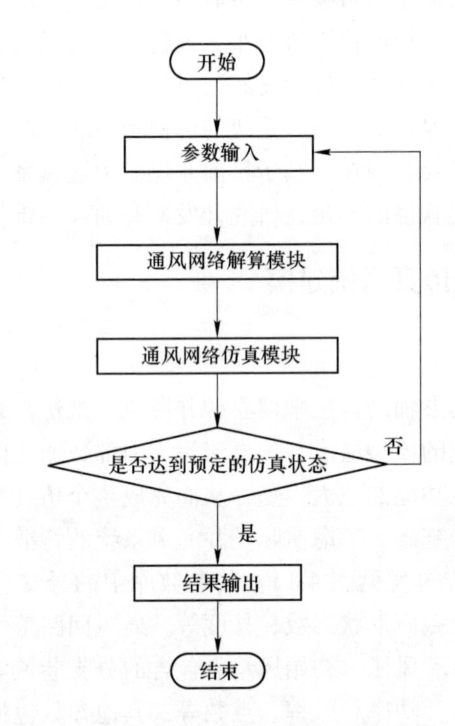

图 4-2　矿井通风三维仿真系统的仿真流程

4.1.3　仿真模型数据流向

系统仿真的实现模块是依据参数库提供的通风参数，经过模型变换，由通风网络解算模块调用相应的仿真计算体，从而获得描述矿井通风系统的状态量，再通过三维仿真图的创建模块模拟出矿井通风网络的实际状况。后期处理模块对矿井通风系统的基本情况进行统计、分析，然后以三维图形和数据报表的形式输出。其内部数据流向如图 4-3 所示。

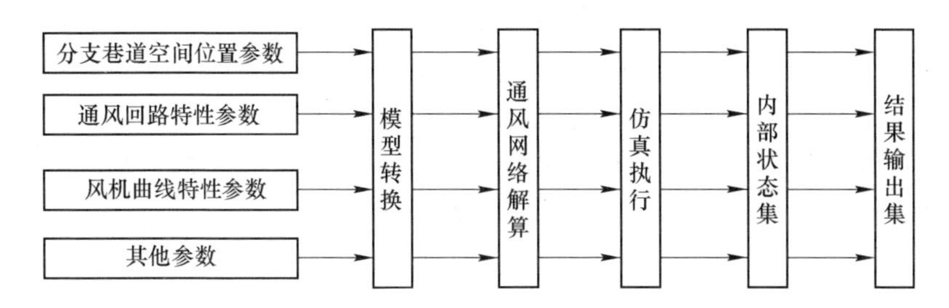

图 4-3 矿井通风三维仿真系统的仿真模型内部数据流向

4.1.4 系统的仿真功能实现

矿井通风三维仿真系统模型显示，要实现矿井通风系统的仿真功能，需建立数据结构模型、通风网络解算模型、三维仿真图形模型等三大模型，即通过建立这三大模型实现矿井通风系统的仿真功能。

4.2 矿井通风三维仿真系统数据库设计

SQL Server 是一种面向高端的数据库管理系统，具有强大的数据管理功能，且能提供丰富的管理工具，支持数据的完整性管理、安全性管理和作业管理。SQL Server 具有分布式数据库和数据仓库功能，能进行分布式事物处理和联机分析处理，支持客户机/服务器结构和标准的 ANSISQL，能将标准 SQL 扩展成为更为实用的 Transact-SQL。另外，其还具有强大的网络功能，支持发布 Web 页面以及接收电子邮件，被称为新一代大型电子商务、数据仓库和数据库解决方案。据此，应用 SQL Server 开发矿井通风三维仿真系统数据库。

4.2.1 系统的数据字典

数据字典是数据收集和数据分析的结果，主要用来对系统中的各类数据进行详细的描述，其中的内容是数据库设计过程中不断修改、充实、完善的最终结果。在建立矿井通风三维仿真系统所需的数据字典前，先利用面向对象的分析方法对矿井通风网络解算所需的数据进行分析，再建立本系统的数据对象架构，如图 4-4 所示。

建立本系统数据字典的主要内容如下：

(1) 节点参数表。节点参数表主要存储通风网络系统最底层的空间位置参数，包括节点编号、X 坐标值、Y 坐标值、Z 坐标值、通风方案标识符。其中节点编号和通风方案标识符为整型数据，而 X、Y、Z 坐标值均为单精度浮点型数据，且在同一通风网络中不允许两个节点有相同的节点编号，也不允许有 X、Y、Z 坐标值均相同的节点存在。所有字段不允许为空。

（2）分支巷道参数表。分支巷道参数表储存的数据包括分支巷道名称、分支巷道编号、始节点编号、末节点编号、通风方案标识符。除分支巷道名称外所有字段均为整型数据，且均不允许为空。分支巷道名称为字符串型数据，可以为空。在同一通风网络中，不允许有相同编号的分支巷道存在，也不允许有相同节点的分支巷道存在，但允许有相同名称的分支巷道存在。

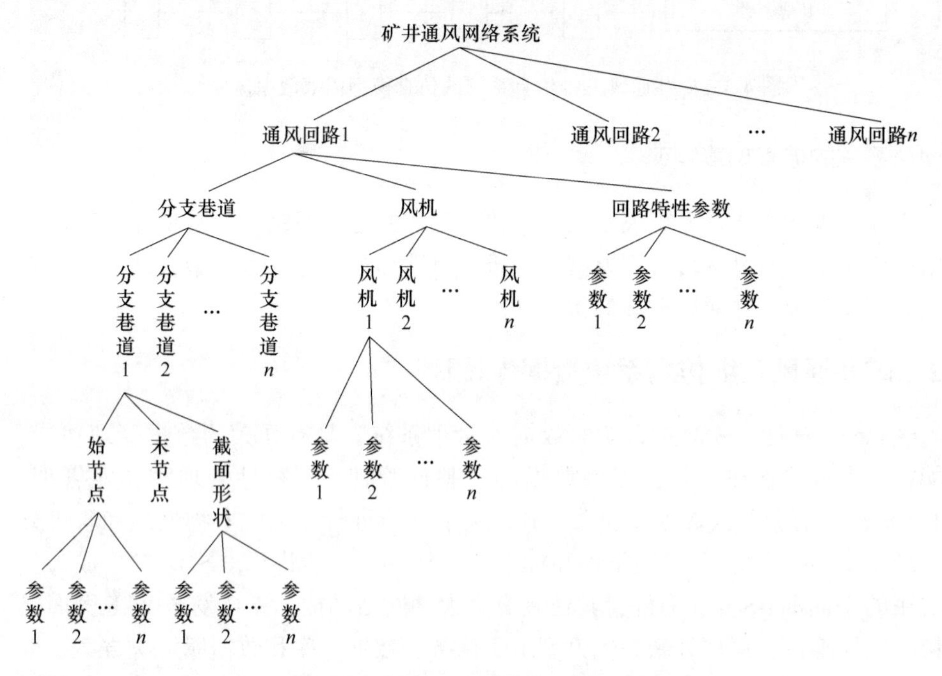

图 4-4　矿井通风三维仿真系统的对象架构

（3）通风回路特性参数表。通风回路特征参数表储存的数据包括风路编号、始节点编号、末节点编号、并联分支数、风机位置、风机编号、风阻、进风井入口局部风阻、风机入口局部风阻、自然风压、初始风量、是否固定风量、通风方案标识符。这些数据有的为整型数据、有的为单精度浮点型数据。

（4）风机曲线特性参数表。风机曲线特性参数表储存的数据包括风机编号、工况点数、风机型号代码、风机风量、风机风压、通风方案标识符。

（5）通风网络解算参数表。通风网络解算设置参数表储存的数据包括风网网孔数、节点数、风机数、风阻、一个节点风量平衡计算的最大迭代数、一个网孔压力平衡计算的最大迭代数、希望的风量计算精度、通风方案标识符。

(6) 解算结果参数表。解算结果有两个参数表，参数表 1 中的数据包括风路编号、入口编号、出口编号、风路摩擦风阻、入口局部风阻、出口局部风阻、风路风量、入口风量、出口风量、风路摩擦阻力、入口局部摩擦阻力、出口局部摩擦阻力、风路总阻力、是否有风机、风机曲线编号、通风方案标识符等。

参数表 2 中的数据包括风网网孔数、节点数、风机数、风阻、一个节点风量平衡计算的最大迭代数、一个网孔压力平衡计算的最大迭代数、希望的风量计算精度、通风方案标识符。

(7) 通风方案参数表。通风方案参数表设计有三个字段：方案标识符、方案名称、方案状态。其中，方案标识符中整型数据是系统自动以 1，2，…顺序编码，每增加一个方案在现有的基础上增加 1。方案名称、方案状态为字符串型数据。

此外，系统数据库中还有图库设置参数表、系统用户管理参数表和一些过渡表，仅用于系统数据库和系统的安全管理。

4.2.2 数据库访问技术

目前，数据库服务器的主流标准接口有 ODBC、OLEDB 和 ADO，分述如下。

(1) 开放数据库连接 (ODBC)。开放数据库连接 (Open Database Connectivity，ODBC) 是由微软公司定义的一种数据库访问标准。使用 ODBC 应用程序不仅可以访问储存在本地计算机的桌面型数据库中的数据，而且可以访问异构平台上的数据库，如可以访问 SQL Server、Oracle、Informix 或 DB2 等。

ODBC 是一种重要的访问数据库的应用程序编程接口 (Application Programming Interface，API)，基于标准的 SQL 语句，它的核心就是 SQL 语句，因此，为了通过 ODBC 访问数据库服务器，数据库服务器必须支持 SQL 语句。本仿真系统中应用了 ODBC 接口方式，设置了名为“jcexp”的系统 ODBC 数据源。

(2) 数据库接口 (OLEDB)。数据库接口 (OLEDB) 是微软公司提供的关于数据库系统级程序的接口 (System-Level Programming Interface)，是微软数据库访问的基础。OLEDB 对象本身是 COM (组件对象模型) 对象并支持这种对象的所有必需的接口。一般说来，OLEDB 提供了两种访问数据库的方法，一种是通过 ODBC 驱动器访问支持 SQL 语言的数据库服务器，另一种是直接通过原始的 OLEDB 提供程序。因为 ODBC 只适用于支持 SQL 语言的数据库，ODBC 的使用范围过于狭窄，目前微软正在逐步用 OLEDB 来取代 ODBC。

(3) 动态数据对象 (ADO)。动态数据对象 (Active Data Object，ADO) 是一种简单的对象模型，可以被数据消费者用来处理任何 OLEDB 数据。可以由脚本语言或高级脚本语言调用。ADO 对数据库提供了应用程序水平级的接口 (Application-Level Programming Interface)，几乎所有语言的程序员都能够通过使用

ADO 来使用 OLEDB 的功能。

ADO 中包含了 7 种独立的对象，有链接对象（Connection）、记录集对象（Recordset）、命令对象（Command）、域对象（Field）、参数对象（Parameter）、属性对象（Property）和错误对象（Error）等。这 7 种对象既有联系又有各自的独特性能。

本仿真系统采用的数据访问技术可以用如图 4-5 所示的数据访问流向来表示。

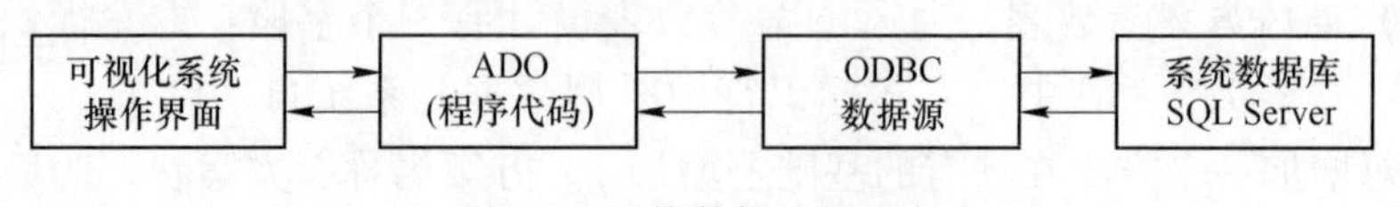

图 4-5　系统数据访问流向

4.2.3　系统数据库的安全管理

本仿真系统的后台数据库采用了 SQL Server 2000，其对用户的权限验证采用双重验证机制：登录身份验证、数据库用户账号（user account）及用户角色（role）所具有的权限（permission）验证。身份验证用来确认登录用户，仅检查该用户是否可以和 SQL Server 进行连接。如果身份认证成功，就被允许连接到 SQL Server 上。然后，用户对数据的操作又必须符合其被赋予的数据访问权限。这需要通过为用户账号和角色分配其对特定数据的具体权限来实现，即用户在 SQL Server 上可以执行何种操作。登录身份认证、身份认证模式、数据库使用账号和角色分述如下。

（1）登录身份认证。用户必须使用一个有效的登录账号才能连接到 SQL Server 上。SQL Server 提供了基于 SQL Server 数据库本身和基于 Windows 的身份认证两种登录认证机制。

当采用 SQL Server 身份认证时，由 SQL Server 系统管理员来设置并给出有效的登录账号和密码。用户在试图与 SQL Server 连接时，须提供有效的 SQL Server 登录账号和密码。

当采用 Windows 身份认证时，通过 Windows 用户或用户组（group）来控制对 SQL Server 的访问。在连接时，Windows 用户不需要提供 SQL Server 登录账号，但 SQL Server 系统管理员必须把正确的 Windows 用户或用户组定义为合法的 SQL Server 登录用户。

（2）身份认证模式。当 SQL Server 在 Windows 2000 上运行时，可以指定以下两种身份认证模式：一是 Windows 身份认证模式。仅允许 Windows 身份认证，用户不需提供 SQL Server 登录账号。二是混合模式。当使用这种身份认证模式时，用户可以使用 Windows 身份认证或 SQL Server 身份认证与 SQL Server 连接。

本系统数据库采用了混合模式的认证模式。

(3) 数据库用户账号和角色。在用户通过了身份验证，被允许登录到 SQL Server 后，对具体数据库中数据进行操作时，必须具有数据库用户账号。用户账号和角色能够标记数据库用户、控制对象的所有权和执行语句的权限。

4.3 矿井通风三维仿真模型

4.3.1 三维建模软件

4.3.1.1 SolidWorks 三维建模软件

现在商用的三维软件有 3D Studio、Freehand、CorelDraw、Maya 以及 CAD 方面的 Pro/Engineer、UG、SolidWorks、AutoCAD 等。综合考虑到软件的功能和稳定性，本系统采用 SolidWorks 建造矿井通风网络的三维仿真模型，其基本步骤如图 4-6 所示，建模的基本方法有拉伸、旋转、扫描、放样。

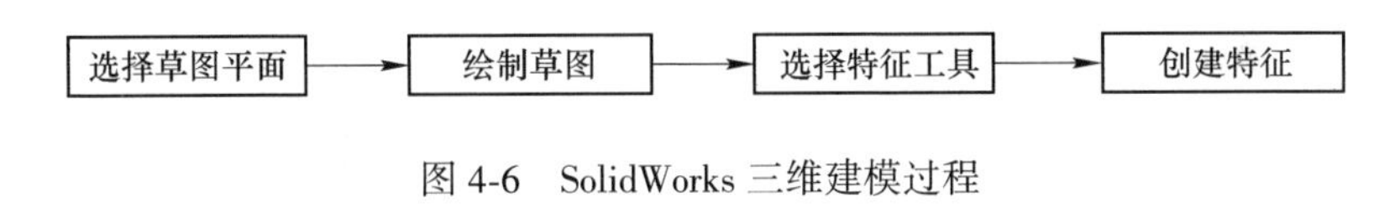

图 4-6 SolidWorks 三维建模过程

4.3.1.2 SolidWorks 二次开发

SolidWorks 提供了强大的 API（Application Programming Interface）函数，允许对其进行本地化和专业化的二次开发。二次开发的模式有两种，一是在 SolidWorks 平台下进行二次开发，即开发一个 SolidWorks 的插件，并在 SolidWorks 的平台下增加一组菜单或工具条，用以实现所需的操作；二是在 SolidWorks 平台外开发一个应用程序（＊.EXE）对 SolidWorks 调用，以实现预定的功能。在本仿真系统中，采用了第一种模式。

SolidWorks 二次开发工具很多，任何支持 OLE（Object Linking and Embedding，对象的链接与嵌入）和 COM（Component Object Model，组件对象模型）的编程语言都可以作为其开发工具。根据这一原则，满足条件的编程开发语言有 Visual Basic 6.0、C、C++、Visual C++ 6.0、C#、Visual Basic.net 等。本系统所采用的编程开发语言是 Visual Basic 6.0。

4.3.1.3 矿井通风网络三维图形模型建立的基本思想

由图 4-4 可以知道，矿井通风系统是由多条分支巷道和它们的通风特征参数（包括风机特征参数）所组成。因此，矿井通风网络三维图形模型由多条分支巷道的立体模型和通风参数模型所组成，通过创建所有分支巷道立体模型和标注相对应的通风参数就可再现矿井通风状况，达到其三维仿真的目的。需要注意的是，矿井通风系统中分支巷道比较固定，而通风参数可能时刻都在变动。

本研究把矿井通风三维仿真模块分成分支巷道三维图形模型自动创建模块和通风参数自动标注模块两个模块。通过多次调用分支巷道三维自动创建模块来构造矿井通风系统的立体模型，再通过多次调用通风参数自动标注模块把实时的通风状况反应在矿井通风系统的立体模型上，调用次数取决于整个矿井通风系统的分支巷道条数。

在 SolidWorks 三维软件中，有零件图、装配体、工程图三种文件储存，其中前两种储存是三维图形。考虑到建模的速度和建模后生成文件占用空间的大小，本仿真系统在 SolidWorks 零件图的环境下进行矿井中段通风网络的三维建模，在 SolidWorks 装配图的环境下进行矿井通风系统整体的三维建模。

4.3.2　分支巷道三维建模方法

矿井通风网络的分支巷道可分为：竖井、斜井、水平巷道，图 4-7 中的巷道三维图形是通过其三维坐标和截面形状来构造，其中点 S、E 为起始点。

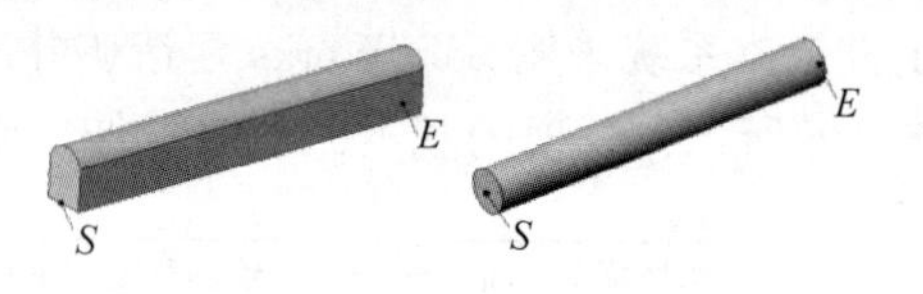

图 4-7　分支巷道三维图形

巷道的截面形状有圆形、方形、三心拱形及其他不规则形状。为简化建模的需要，竖井和斜井均采用圆形截面，水平巷道采用三心拱形截面，如图 4-8 和图 4-9 所示。

根据建模的需要，视水平巷道在空间位置的不同，把其分为 3 类：与 x 轴平行巷道、与 y 轴平行巷道、任意位置巷道。为了更好地用数学模型来表示各种分支巷道的三维建模过程，定义以下参数：始节点 $S(x_s, y_s, z_s)$，末节点 $E(x_e, y_e, z_e)$，$P_1(x_1, y_1, z_1)$，$P_2(x_2, y_2, z_2)$，$P_3(x_3, y_3, z_3)$，$P_4(x_4, y_4, z_4)$，$P_5(x_5, y_5, z_5)$，如图 4-9 所示。

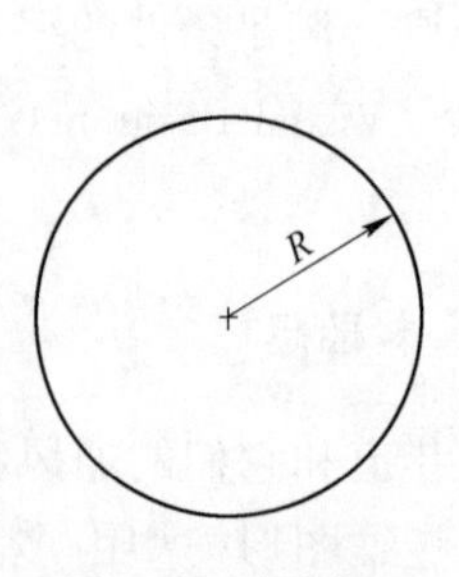

图 4-8　圆形截面

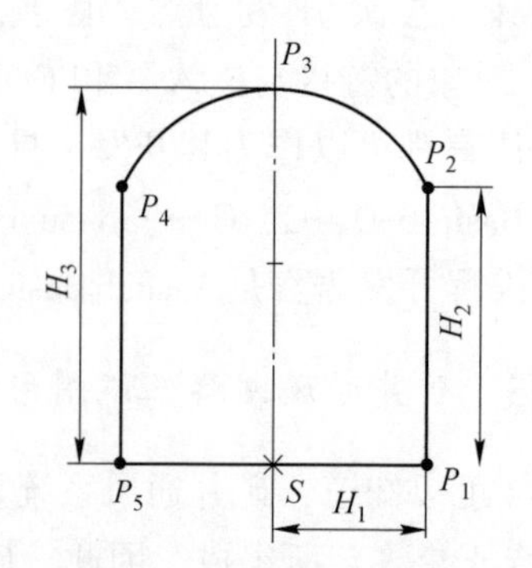

图 4-9　三心拱形截面

经过坐标变换后的各点坐标（即在二维草图绘制平面上各点对应的坐标值）可表示为始节点 $S'(x'_s, y'_s, z'_s)$，末节点 $E'(x'_e, y'_e, z'_e)$，$P'_1(x'_1, y'_1, z'_1)$，$P'_2(x'_2, y'_2, z'_2)$，$P'_3(x'_3, y'_3, z'_3)$，$P'_4(x'_4, y'_4, z'_4)$，$P'_5(x'_5, y'_5, z'_5)$。

在分支巷道三维图形创建过程中，其始、末节点的坐标以及截面形状参数是已知的，即 x_s、y_s、z_s、x_e、y_e、z_e、R、H_1、H_2、H_3 为已知。本研究主要根据实际需要选取适当的 SolidWorks 三维建模方法并确定其建模流程，然后结合三维图形变换的原理找出在绘制 SolidWorks 二维草图时点 S、P_1、P_2、P_3、P_4、P_5 的坐标值变化规律。由于 SolidWorks 二维草图是在指定的参考平面上绘制的，其坐标值不再是原来空间内实际的坐标值，需要通过坐标变换来求得其在建模中的坐标值。

（1）竖井三维建模。竖井是与水平面 H 垂直的分支巷道，其截面与 H 平行。采用拉伸的方法生成其三维图形，具体实现方法如图 4-10 所示。其中 $D = |z_e - z_s|(x_s = x_e,\ y_s = y_e)$ 是一个投影变换，投影面为 H，变换数学模型为

$$[x'_s \quad y'_s \quad z'_s \quad 1] = [x_s \quad y_s \quad z_s \quad 1]\begin{bmatrix}1 & 0 & 0 & 0\\0 & 1 & 0 & 0\\0 & 0 & 0 & 0\\0 & 0 & 0 & 1\end{bmatrix} = [x_s \quad y_s \quad 0 \quad 1]$$

（2）斜井三维建模。采用扫描的方法生成斜井的三维图形，具体实现方法如图 4-11 所示。

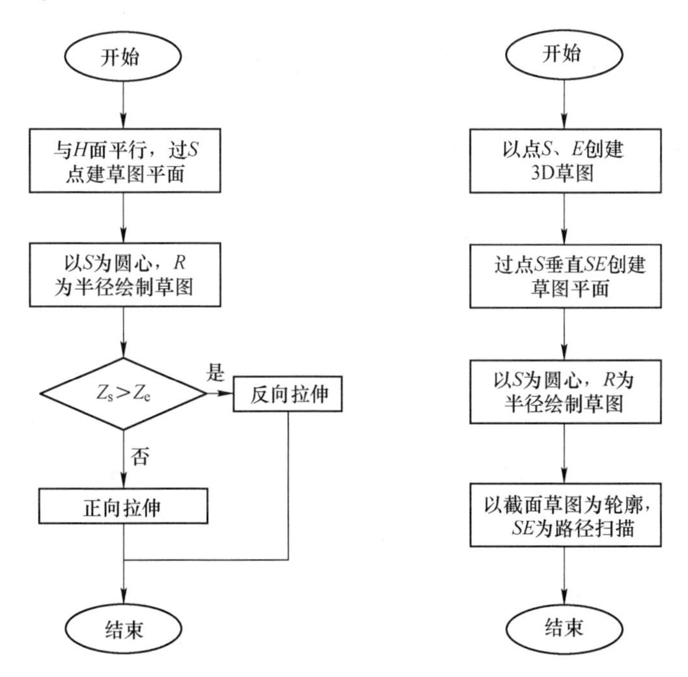

图 4-10　竖井三维图形建模流程　　图 4-11　斜井三维图形建模流程

垂直于空间直线 SE、过点 S 创建草图绘制平面来绘制斜井的轮廓，此为视

向变换，而点 S 正是观察点。由视向变换原理可知：$(x'_s,\ y'_s,\ z'_s)=(0,\ 0,\ 0)$。

（3）与 x 轴平行的水平巷道三维建模。水平巷道的截面与 yoz 面平行，其轮廓相当于与 W 面（侧面）平行、过点 S 的平面与该巷道的相交线。采用拉伸的方法生成水平巷道三维图形，其操作流程如图 4-12 所示。其中：$D=\sqrt{(x_s-x_e)^2+(z_s-z_e)^2}\,(y_s=y_e)$ 为侧面投影，投影过程为：先令 $x=0$，再绕 y 轴逆时针旋转 90°，其数学模型如下：

$$[x'_s\quad y'_s\quad z'_s\quad 1]=[x_s\quad y_s\quad z_s\quad 1]\begin{bmatrix}0&0&0&0\\0&1&0&0\\0&0&1&0\\0&0&0&1\end{bmatrix}\begin{bmatrix}0&0&1&0\\0&1&0&0\\-1&0&0&0\\0&0&0&0\end{bmatrix}$$

$$=[-z_s\quad y_s\quad 0\quad 1]$$

由此在绘制草图的平面内点 P_1、P_2、P_3、P_4、P_5 的坐标可表示为

$$(x'_1,\ y'_1,\ z'_1)=(-z_s,\ y_s-H_1,\ 0)$$
$$(x'_2,\ y'_2,\ z'_2)=(-(z_s+H_2),\ y_s-H_1,\ 0)$$
$$(x'_3,\ y'_3,\ z'_3)=(-(z_s+H_3),\ y_s,\ 0)$$
$$(x'_4,\ y'_4,\ z'_4)=(-(z_s+H_2),\ y_s+H_1,\ 0)$$

（4）与 y 轴平行的水平巷道三维建模。水平巷道的截面与 yoz 面（W 面）垂直，其轮廓相当于与 V 面（正面）平行、过点 S 的平面与该巷道的相交线。采用拉伸的方法生成其三维图形，其操作流程如图 4-13 所示。其中：$D=\sqrt{(y_s-y_e)^2+(z_s-z_e)^2}\,(x_s=x_e)$ 为正面投影，投影过程为：先令 $y=0$，再绕 x 轴逆时针旋转 90°，其数学模型如下：

$$[x'_s\quad y'_s\quad z'_s\quad 1]=[x_s\quad y_s\quad z_s\quad 1]\begin{bmatrix}1&0&0&0\\0&0&0&0\\0&0&1&0\\0&0&0&1\end{bmatrix}\begin{bmatrix}1&0&0&0\\0&0&1&0\\0&-1&0&0\\0&0&0&1\end{bmatrix}$$

$$=[x_s\quad -z_s\quad 0\quad 1]$$

由此在绘制草图的平面内点 P_1、P_2、P_3、P_4、P_5 的坐标可表示为

$$(x'_1,\ y'_1,\ z'_1)=(x_s+H_1,\ -z_s,\ 0)$$
$$(x'_2,\ y'_2,\ z'_2)=(x_s+H_1,\ -(z_s+H_2),\ 0)$$
$$(x'_3,\ y'_3,\ z'_3)=(x_s,\ -(z_s+H_3),\ 0)$$
$$(x'_4,\ y'_4,\ z'_4)=(x_s-H_1,\ -(z_s+H_2),\ 0)$$
$$(x'_5,\ y'_5,\ z'_5)=(x_s-H_1,\ -z_s,\ 0)$$

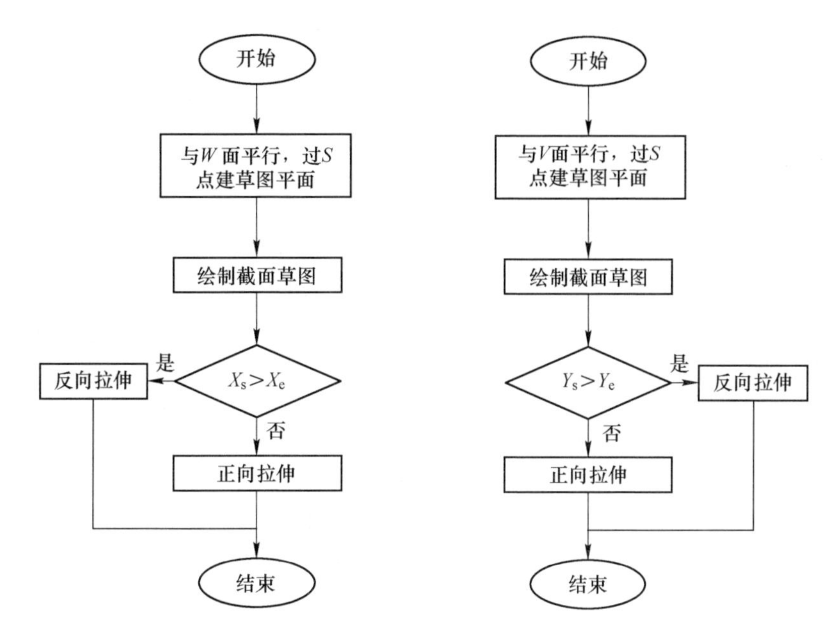

图 4-12 与 x 轴平行水平巷道三维建模流程 图 4-13 与 y 轴平行水平巷道三维建模流程

（5）任意方向水平巷道三维建模。采用扫描的方法生成任意方向水平巷道的三维图形，其操作流程如图 4-14 所示。

在斜井的三维建模中发现垂直空间直线垂直 SE，过点 S 创建的二维草图绘制平面类似于视向变换，通过进一步求点 P_1、P_2、P_3、P_4、P_5 在这种变换中的坐标发现，在 SolidWorks 三维软件包中其观察坐标系的定义规则为：以点 S 为坐标原点，向量 $\overrightarrow{SE}$ 为 z 轴，面向 z 轴方向，y 轴竖直向上，x 轴水平向右，为符合左手规则的笛卡尔坐标系。在二维草图绘制平面上，各点的关系如图 4-15 所示。从图 4-15 可以看出，变换后的点 P_1、P_2、P_3、P_4、P_5 坐标不需经过复杂的变换运算，可由相对点 S 的坐标计算，如下：

$$(x'_1,\ y'_1,\ z'_1) = (H_1,\ 0,\ 0);\ (x'_2,\ y'_2,\ z'_2) = (H_1,\ H_2,\ 0)$$

$$(x'_3,\ y'_3,\ z'_3) = (0,\ H,\ 0);\ (x'_4,\ y'_4,\ z'_4) = (-H_1,\ H_2,\ 0)$$

$$(x'_5,\ y'_5,\ z'_5) = (-H_1,\ 0,\ 0)$$

（6）分支巷道三维图形自动生成模块。

1）两水平巷道的接口问题。采用上述方法进行分支巷道的三维图形建模时，两水平巷道连接处会留有一个缺口，其大小由这两条巷道的夹角决定，如图 4-16 所示。为了做出更好的仿真效果，需填补该缺口。为此，采用 SolidWorks 旋转建模方法，以巷道端面为绘制二维草图平面，以其轮廓为草图，绕中心线旋转一周，具体建模流程和草图的绘制与其相应的巷道建模类似。

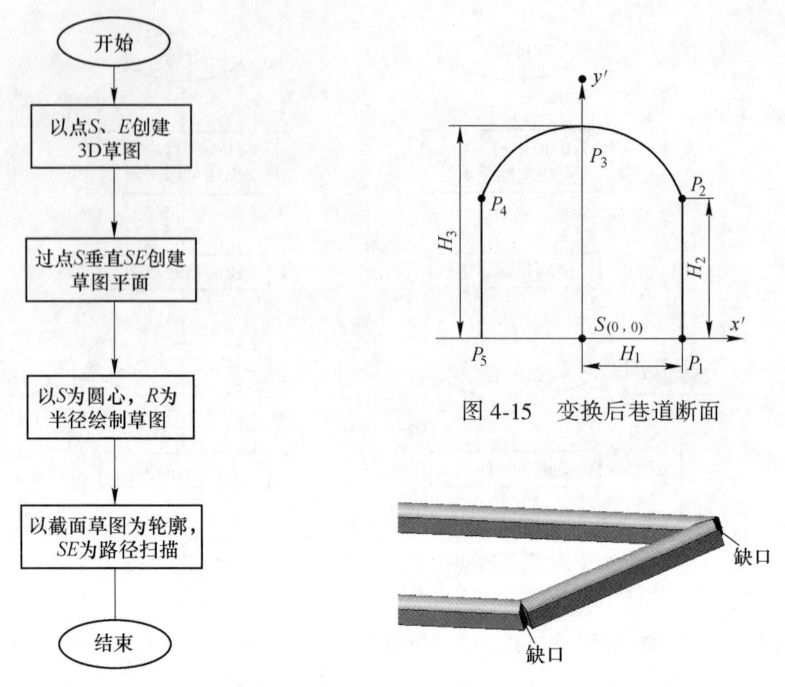

图 4-14　任意方向上的水平巷道三维建模流程

图 4-15　变换后巷道断面

图 4-16　巷道间缺口

2）分支巷道三维图形自动生成模块。分支巷道三维图形自动生成模块可按照图 4-17 所示的框图来实现。

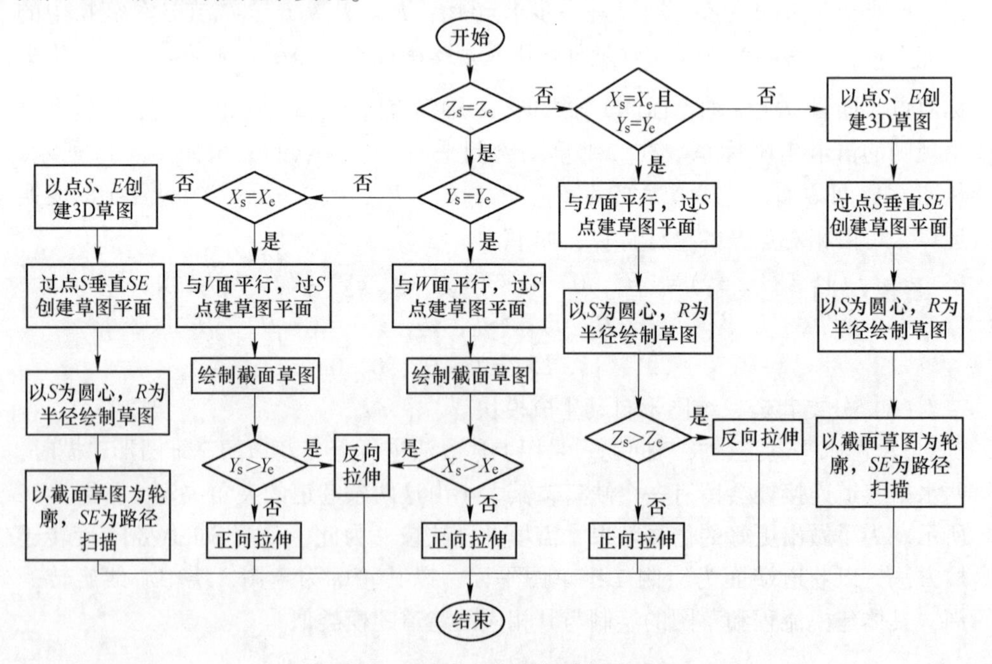

图 4-17　矿井通风网络建模流程

3）矿井通风三维仿真图形实例。根据以上的研究，用程序代码反复调用“分支巷道三维图形自动生成模块”，即可以实现矿井通风三维仿真图形的自动创建，如图 4-18 所示。

4.3.3 通风参数自动标注方法

通风参数包括风路编号、风路摩擦风阻、入口局部风阻、出口局部风阻、风路风量、入口风量、出口风量、风路摩擦阻力、入口局部摩擦阻力、出口局部摩擦阻力、风路总阻力、是否有风机、风机曲线编号等。本研究中，通风参数以文本的形式标注在巷道的附近，风向以三维的箭头标识，风量为正时，箭头由入口指向出口；反之，则由出口指向入口，如图 4-19 所示。在 SolidWorks 中用代码实现文本标注比较简单，但绘制三维箭头则较复杂。

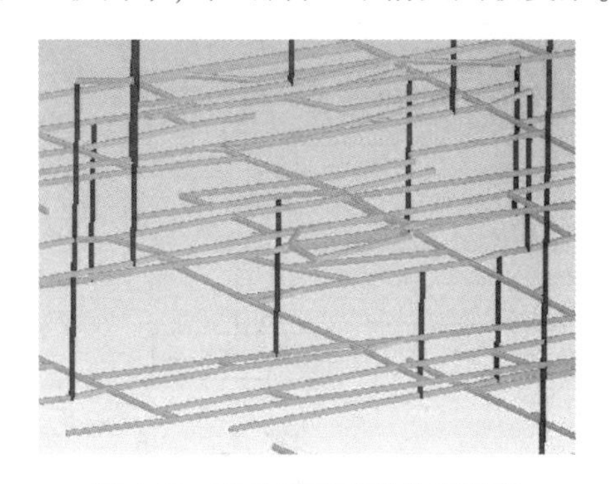

图 4-18 矿井通风三维仿真图形

图 4-19 风向箭头

创建图 4-19 所示的箭头有两种方法：一是绘制图 4-20 的二维草图，然后通过旋转建模获得；二是以拉伸建模的方法先拉伸细圆柱部分，再以拉伸拔模的方法拔模出尖头部位。方法一的好处是少生成一个特征，速度快，但需计算点 T_0、T_1、T_2、T_3、T_4、T_5在草图平面上的坐标值；方法二正好相反，只需计算 T_0的坐标，但需生成两个特征，比较慢。

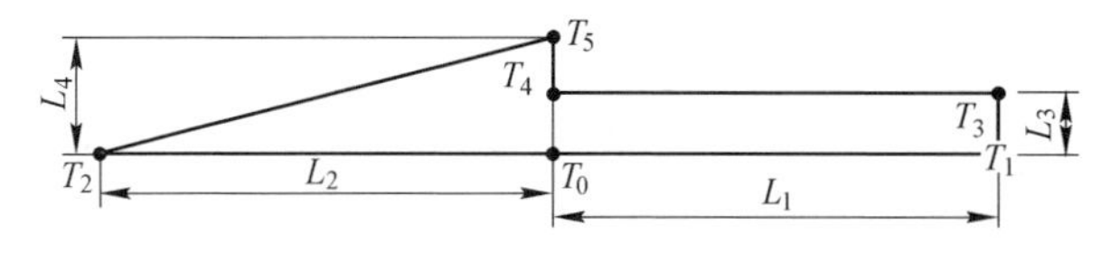

图 4-20 风向箭头二维草图

为方便建模研究，定义各点空间坐标为：$T_0(X_0, Y_0, Z_0)$、$T_1(X_1, Y_1, Z_1)$、$T_2(X_2, Y_2, Z_2)$、$T_3(X_3, Y_3, Z_3)$、$T_4(X_4, Y_4, Z_4)$、$T_5(X_5, Y_5, Z_5)$，绘制草图的坐标为：$T_0(X_0', Y_0', Z_0')$、$T_1(X_1', Y_1', Z_1')$、$T_2(X_2', Y_2', Z_2')$、$T_3(X_3', Y_3', Z_3')$、$T_4(X_4', Y_4', Z_4')$、$T_5(X_5', Y_5', Z_5')$，其中(X_0, Y_0, Z_0) 可由点 S、E

的坐标预先确定。

箭头的空间位置取决于其相应巷道的空间位置，分为三类：竖井的风向箭头、斜井的风向前头、水平巷道的风向箭头。为了简化示意，草图绘制时点 T_1、T_2、T_3、T_4、T_5的坐标均以点 $T_0(X_0, Y_0, Z_0)$ 来表示。三维建模的流程和各点坐标的计算方法如下。

4.3.3.1　竖井风向箭头的三维建模

采用方法一进行竖井方向箭头的建模。竖井风向箭头位于竖井中部，竖直向上或向下，且向 x 轴正向偏移距离为 D $(D>R)$，为了使箭头不与竖井图形重合，点 T_0的坐标可表示为

$$(X_0, Y_0, Z_0)=\left(\frac{x_s+x_e}{2}+D, \frac{y_s+y_e}{2}, \frac{z_s+z_e}{2}\right)$$

建模流程如图 4-21 所示。根据风向不同和点 S、E 的位置不同，点 T_1、T_2、T_3、T_4、T_5的坐标如表 4-1 所示。

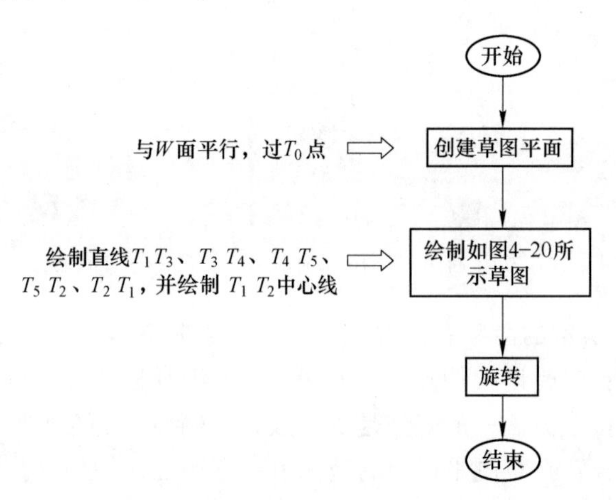

图 4-21　竖井风向箭头三维建模流程

表 4-1　点 T_1、T_2、T_3、T_4、T_5的坐标

项目	$z_e>z_s$		$z_e<z_s$	
	风向为正	风向为负	风向为正	风向为负
$T_1(X_1',Y_1',Z_1')$	$(-(Z_0-L_1),Y_0,0)$	$(-(Z_0+L_2),Y_0,0)$	$(-(Z_0+L_2),Y_0,0)$	$(-(Z_0-L_1),Y_0,0)$
$T_2(X_2',Y_2',Z_2')$	$(-(Z_0+L_2),Y_0,0)$	$(-(Z_0-L_1),Y_0,0)$	$(-(Z_0-L_1),Y_0,0)$	$(-(Z_0+L_2),Y_0,0)$
$T_3'(X_3',Y_3',Z_3')$	$(-(Z_0-L_1),Y_0+L_3,0)$	$(-(Z_0+L_2),Y_0,0)$	$(-(Z_0+L_2),Y_0,0)$	$(-(Z_0-L_1),Y_0+L_3,0)$
$T_4'(X_4',Y_4',Z_4')$	$(-Z_0,Y_0+L_3,0)$	$(-Z_0,Y_0+L_3,0)$	$(-Z_0,Y_0+L_3,0)$	$(-Z_0,Y_0+L_3,0)$
$T_5(X_5',Y_5',Z_5')$	$(-Z_0,Y_0+L_4,0)$	$(-Z_0,Y_0+L_4,0)$	$(-Z_0,Y_0+L_4,0)$	$(-Z_0,Y_0+L_4,0)$

4.3.3.2　斜井风向箭头的三维建模

采用方法二进行斜井方向箭头的建模。斜井风向箭头放置斜井中部，且向 x、y、z 正向均偏移距离为 D（$D>R$），点 T_0的坐标可表示为

$$(X_0,\ Y_0,\ Z_0) = \left(\frac{x_s + x_e}{2} + D,\ \frac{y_s + y_e}{2} + D,\ \frac{z_s + z_e}{2} + D\right)$$

设点 O 为 SE 的中点，建模流程如图 4-22 所示。拔模角度 $\theta = \arctan\left(\frac{L_4}{L_2}\right)$，拉伸方向如表 4-2 所示。

表 4-2　斜井风向箭头在各种状态下的拉伸方向

条件	$z_e>z_s$				$z_e<z_s$			
	风向为正		风向为负		风向为正		风向为负	
	拉伸	拔模拉伸	拉伸	拔模拉伸	拉伸	拔模拉伸	拉伸	拔模拉伸
拉伸方向	反向	正向	正向	反向	正向	反向	反向	正向

4.3.3.3　水平巷道风向箭头的三维建模

采用方法一进行水平巷道风向箭头建模。水平巷道的风向箭头放置于该巷道中部且向弧顶方向，即 z 轴正向，偏移距离为 $D(D>H_3)$，点 T_0 的坐标可表示为

$$(X_0,\ Y_0,\ Z_0) = \left(\frac{x_s + x_e}{2},\ \frac{y_s + y_e}{2},\ \frac{z_s + z_e}{2} + D\right)$$

其草图平面平行于 xoy 面，二维草图如图 4-23 所示，角 $\alpha = \arctan\left(\frac{y_e - y_s}{x_e - x_s}\right)$，建模流程如图 4-24 所示。根据风向不同和点 S、E 的位置不同，点 T_1、T_2、T_3、T_4、T_5的坐标如表 4-3 所示。

4.3.3.4　通风参数自动标注模块的实现

除风向外，风路风量、风路总阻等通风参数也以文本的方式显示在通风网络三维仿

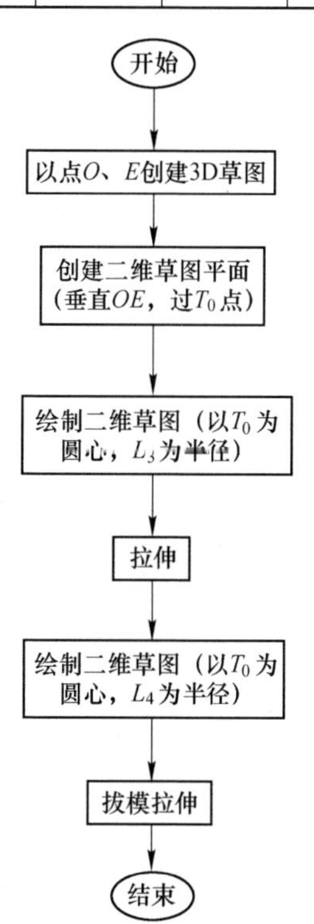

图 4-22　斜井风向箭头三维建模流程

真图上，可利用 SolidWorks 中添加注释的方法来实现。为了便于观察，该文本在空间上跟随风向箭头。通风参数自动标注模块的实现如图 4-25 所示。

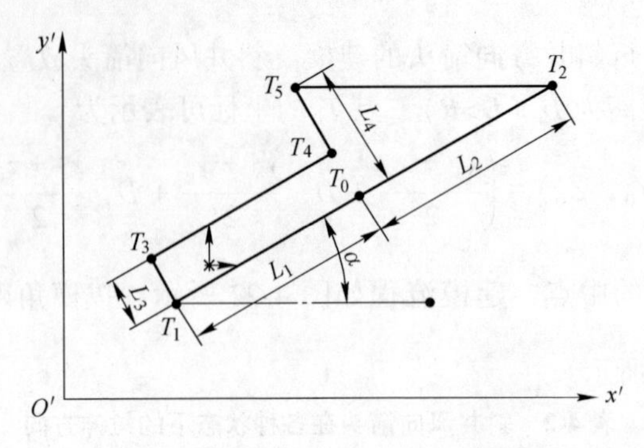

图 4-23　水平巷道风向箭头二维草图

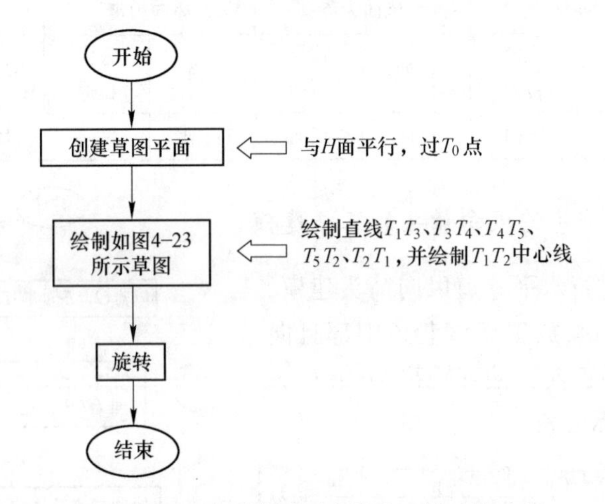

图 4-24　水平巷道风向箭头三维建模流程

表 4-3　点 T_1、T_2、T_3、T_4、T_5 的坐标

项　目	$x_e > x_s$	$x_e < x_s$	$x_e > x_s$	$x_e < x_s$
	风向为正	风向为负	风向为负	风向为正
$T_1(X'_1, Y'_1, Z'_1)$	$(X_0 - L_1 \times \cos\alpha, Y_0 - L_1 \times \sin\alpha, 0)$		$(X_0 + L_1 \times \cos\alpha, Y_0 + L_1 \times \sin\alpha, 0)$	
$T_2(X'_2, Y'_2, Z'_2)$	$(X_0 + L_2 \times \cos\alpha, Y_0 + L_2 \times \sin\alpha, 0)$		$(X_0 - L_2 \times \cos\alpha, Y_0 - L_2 \times \sin\alpha, 0)$	
$T_3(X'_3, Y'_3, Z'_3)$	$(X_0 - L_1 \times \cos\alpha - L_3 \times \sin\alpha, Y_0 - L_1 \times \sin\alpha + L_3 \times \cos\alpha, 0)$			
$T_4(X'_4, Y'_4, Z'_4)$	$(X_0 - L_3 \times \sin\alpha, Y_0 + L_3 \times \cos\alpha, 0)$			
$T_5(X'_5, Y'_5, Z'_5)$	$(X_0 - L_4 \times \sin\alpha, Y_0 + L_4 \times \cos\alpha, 0)$			

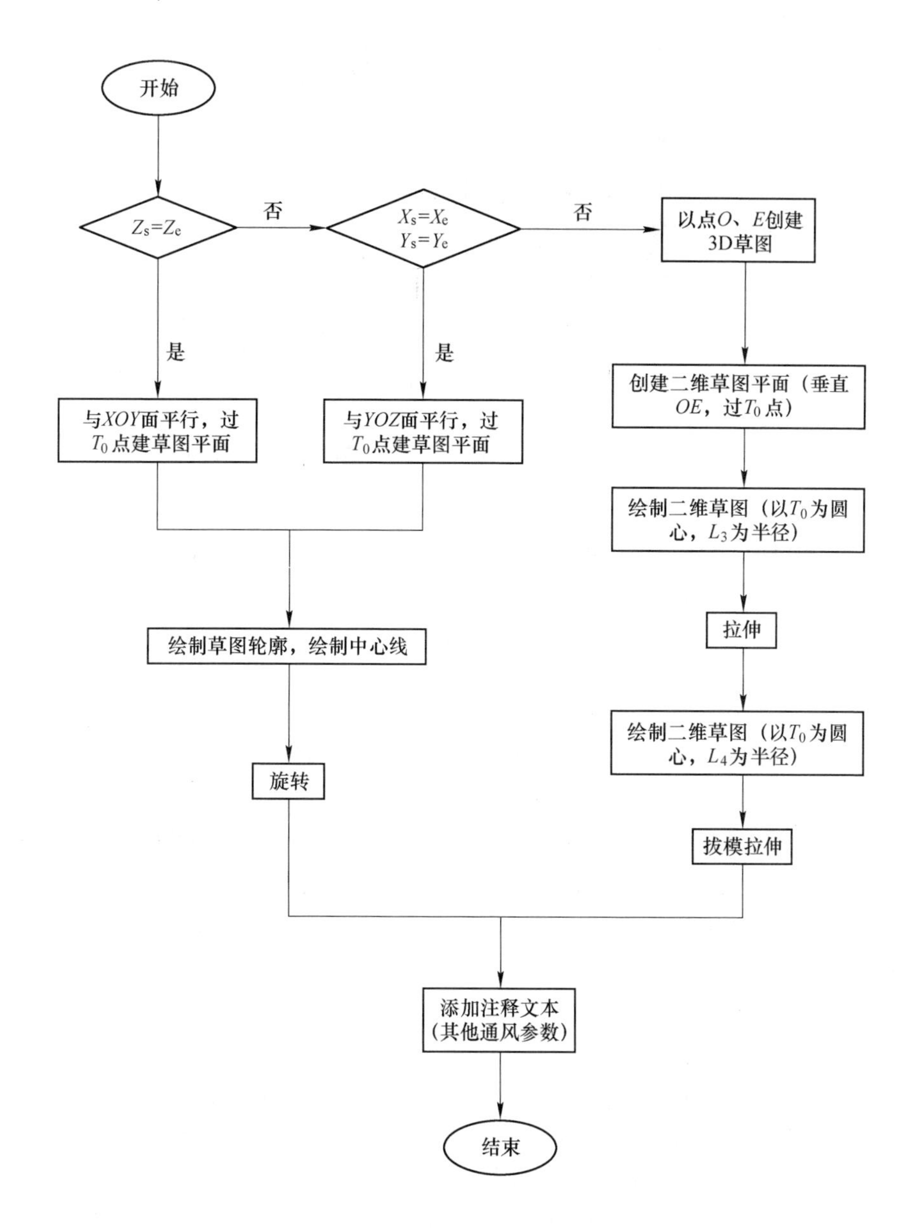

图 4-25 通风参数自动标注流程

用程序代码反复调用“通风参数自动标注模块”即可实现矿井通风系统的各通风回路上通风参数的自动标注，标注通风参数后的矿井通风三维仿真图如图4-26 所示。

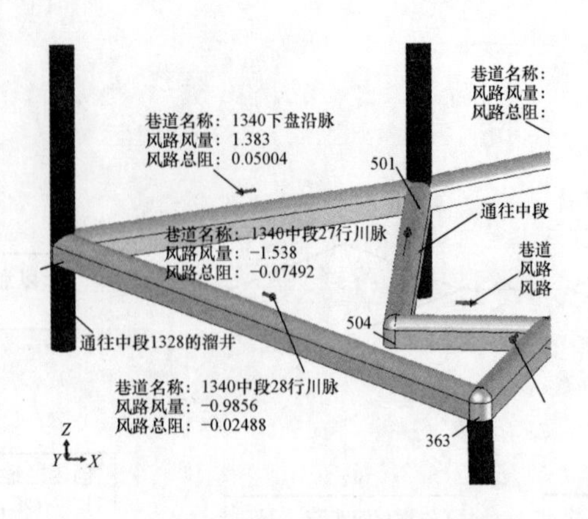

图 4-26 标注通风参数后的矿井通风三维仿真图（局部）

4.4 矿井通风三维仿真系统开发设计

4.4.1 目标和性能

4.4.1.1 目标

基本目标是建立矿井通风三维仿真系统，科学、准确、快速地分析矿井通风现状，为科学评价矿井通风效果提供依据，是矿井通风系统总体方案优化的工具。具有通风网络实时解算、自然风压实时计算、需风点风量判断、绘制矿井通风系统仿真图、模拟井下增减井巷对通风系统的影响、模拟增减通风构筑物或移动通风构筑物对井下风流影响、模拟因井下巷道断面及支护形式的改变对通风系统的影响等功能。

4.4.1.2 性能

矿井通风三维仿真系统服务于矿井通风系统的完善与管理，其性能如下：

（1）系统界面友好、操作简单。本仿真系统基于 Windows 操作系统开发，实现完全可视化的操作界面，方便人机交互。

（2）系统运行效率高。充分考虑用户的需求，设计了多种不同的查询功能，方便矿山通风管理人员准确、快速查询矿井通风系统数据。

（3）系统的开放性好。仿真系统能够根据特定的用户需求进行扩充，提高系统的适应性和灵活性。

（4）对硬件的依赖性小。软件开发与硬件相关性小，仿真系统可以适应各种硬件配置的要求。

4.4.2 仿真系统整体设计

4.4.2.1 数据结构设计

依据矿井通风三维仿真系统数据库设计的基本思想，采用叙述的数据字典，对仿真系统的数据模型和数据操作流进行设计。

（1）数据模型设计。通过分析矿井通风巷道及其参数等数据，依照矿井通风网络仿真数据流向的研究结果和矿井通风三维仿真系统数据库设计的基本思想，确定采用关系数据模型建立数据库，其数据模型如图 4-27 所示。

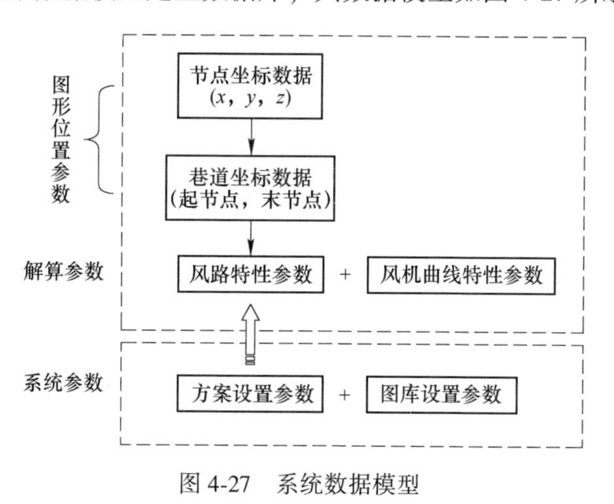

图 4-27 系统数据模型

（2）数据操作流设计。数据操作流即仿真系统所需数据的输入、输出、走向，是仿真系统功能架构的基础。根据系统的需求，本仿真系统软件的数据操作流向如图 4-28 所示。

4.4.2.2 功能结构设计

仿真系统的数据结构确定后，可根据矿山的实际需求确定其功能结构模型。功能结构设计的任务是定义系统的主要结构元素（功能模块）之间的组成关系，一般是从仿真系统的数据操作流向出发，通过对数据操作流向进行分析，得出其层次化的模块结构图。结合仿真系统的实际要求和图 4-28 数据操作流向，矿井通风三维仿真系统功能结构设计如图 4-29 所示。

4.4.2.3 开发工具和环境

系统开发工具和环境对整个软件开发过程及其所采用的软件工程方法和技术提供自动或半自动支持，对提高开发效率和质量有重要作用。本系统开发需要操

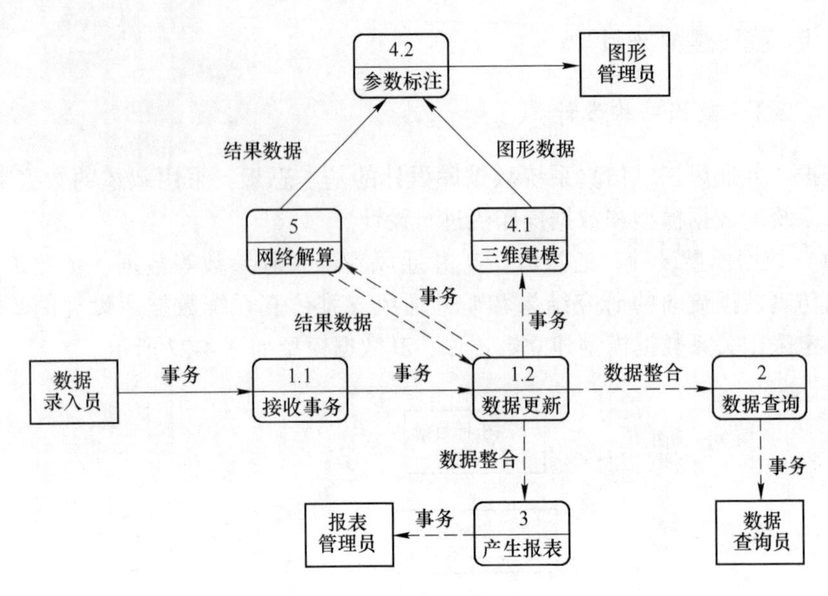

图 4-28　系统数据操作流向

作系统、软件开发工具和环境、数据库工具、生成报表的工具等。

(1) 仿真系统运行的操作系统。Windows 操作系统功能、安全性和稳定性已不断地完善，为适合矿内计算机操作系统不同的需要，开发了在 Windows 7 和 Windows XP 系统下运行的两个版本。

(2) 系统开发工具。Visual Basic 是运行在 Windows 环境下的一个可视化、面向对象和采用事件驱动方式的编程语言，提供了开发 Windows 应用程序的编程环境。具有实现可视化编程、采用面向对象的程序设计、采用结构化程序设计语言、采用事件驱动编程机制、强大的数据库连接和管理功能、实现动态数据交换(DDE)、强大的对象链接与嵌入（OLE）功能、利用动态链接库（DLL）实现与其他应用程序的完美接口、高效编译并快速产生本机代码等特点。本仿真系统采用 Visual Basic 6.0 进行软件开发。

(3) 数据库工具。分析图 4-28 可知，本软件的实际使用中涉及接收、储存、删除、备份、恢复、整合等大量的数据处理，选择一个好的数据库后台工具也是系统设计的一个重要内容，且数据库管理系统软件的开发也是中小型软件开发的一个主要趋势，从某种程度上来讲，本系统也属于这一类型。系统首先要实现矿井通风系统信息管理功能，然后才由相关数据技术实现通风网络解算、三维仿真等。而在数据结构设计中已确定了软件使用关系的数据库系统（RDBMS，Relational Database Management System）模型。考虑系统开发的兼容性，本软件的开发采用微软的 SQL Server。

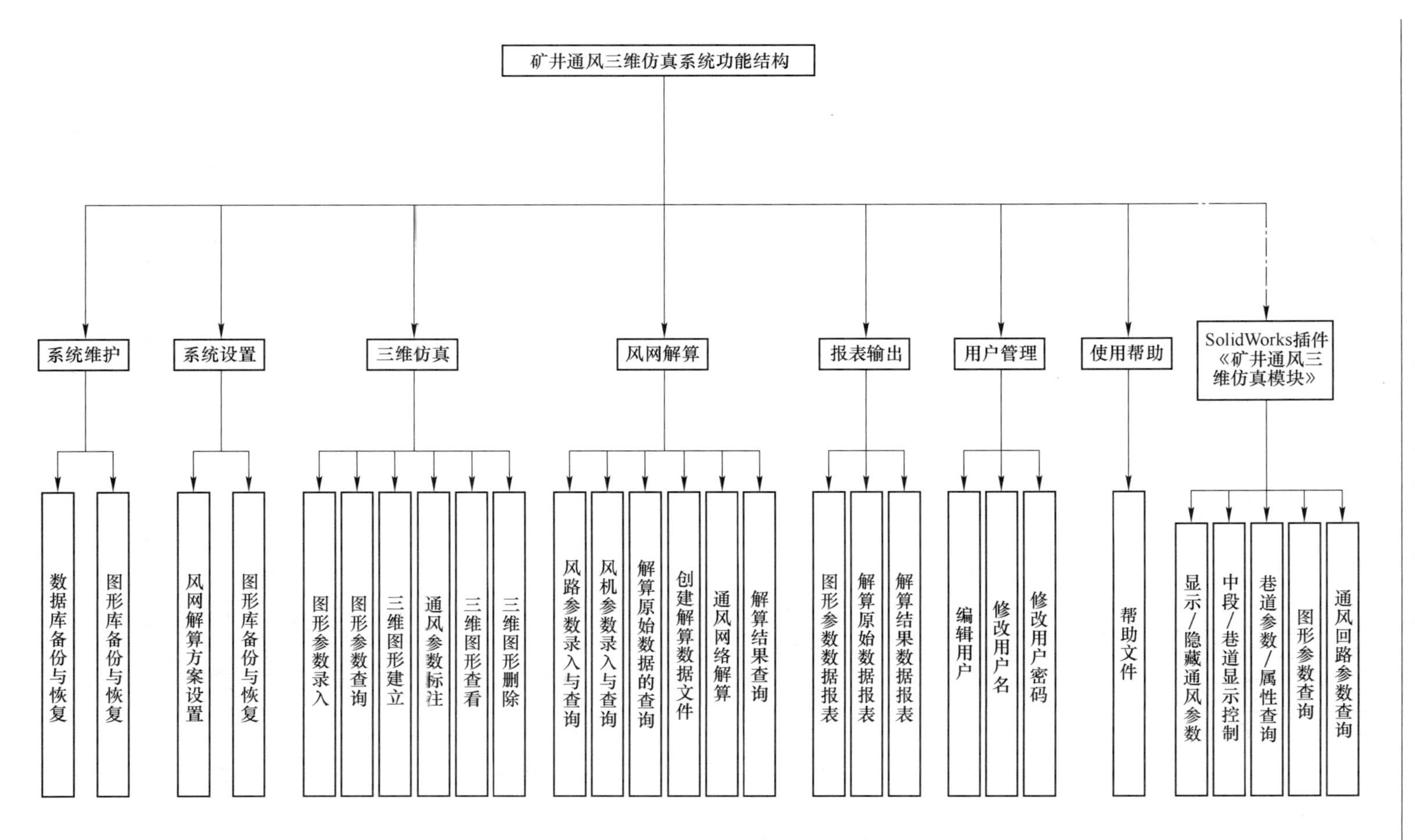

图 4-29 矿井通风三维仿真系统功能结构

根据仿真系统的需求分析，本系统需实现多用户同时操作，要求实现网络数据库功能。为实现这一功能，本仿真系统的数据库工具及访问技术是以微软的 SQL Server 作为后台数据库制作的开发平台，采用 ODBC 和 ADO 数据库访问技术实现网络关系数据库的开发和访问。

（4）数据报表的实现。微软 Visual Basic 6.0 本身带有数据报表开发环境，即 Data Report 对象。但比较而言，其功能并不够理想，开发出来的报表也比较呆板，为此，本研究采用功能更为强大的 Crystal Report 9（水晶报表）开发数据报表。为增加报表的可移植性，本软件开发报表的导出功能，将选定的报表（或数据）导出为独立的 Excel 表格、PDF 文档或文本文件，并可在本软件环境下或在没安装本软件的计算机上显示和打印数据报表。

（5）技术框架模型。实现本系统软件开发的技术框架模型如图 4-30 所示。

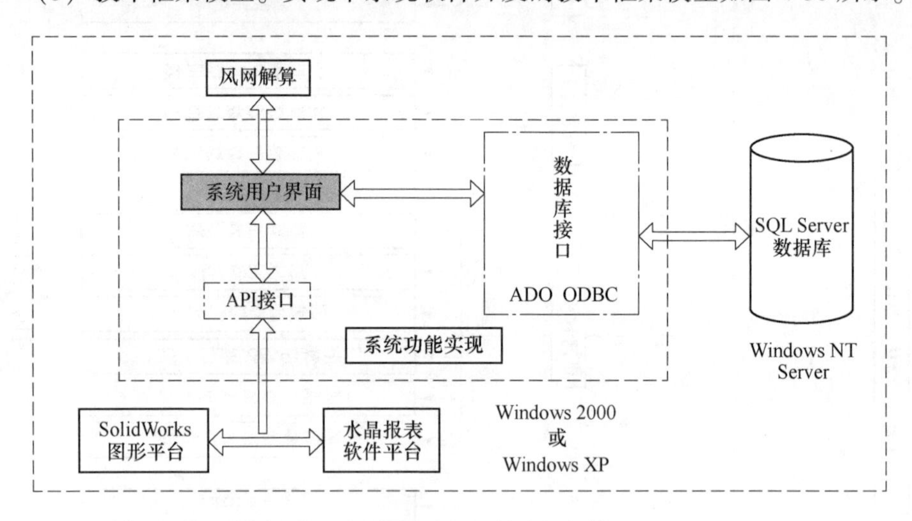

图 4-30　系统开发的技术框架模型

4.4.2.4　软件结构设计

通用的软件结构类型有基于主机的软件结构、基于客户/服务器模式的软件结构、三层软件结构、多层软件结构等。

基于主机的软件结构，即一层或单层结构，是指运行在单一主机上的软件。

基于客户/服务器模式的软件结构，即双层结构，俗称 C/S 软件结构，如图 4-31 所示。

三层软件结构，即双层结构的演化，其上的应用被分解成 3 块，一般在 3 台不同的计算机上运行。

多层软件结构，即在三层软件结构上演化出的一种更为复杂的软件结构。

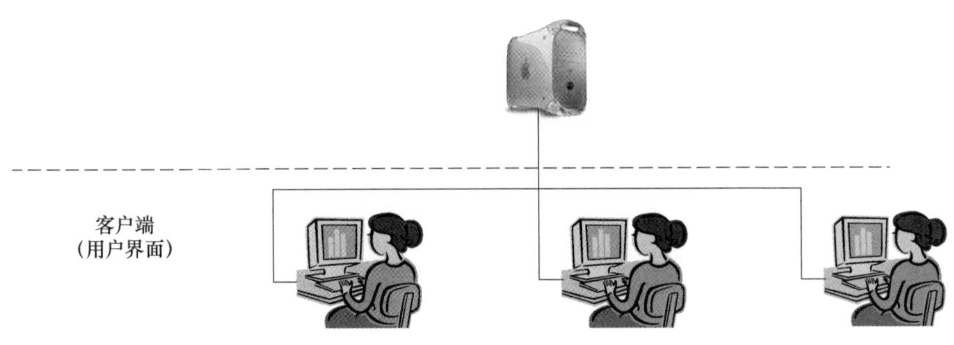

图 4-31 C/S 软件结构

根据各种软件结构的特点，结合功能实现的实际需要，本仿真系统开发采用 C/S 软件结构。

4.4.3 系统功能分析

仿真系统的主菜单按功能划分为系统维护、系统设置、解算原始数据、通风网络解算、通风网络 3D 图、报表输出、用户管理、帮助等 8 个部分。其所有功能模块分散在各个菜单的操作中，主窗口如图 4-32 所示。此外，为了让用户在查看三维仿真图时能对图形进行各种操作和获取相应的信息，还开发了在 Solid-Works 平台下进行操作的相应模块。

图 4-32 系统主界面

4.4.3.1 系统维护

系统正常运行需基于大量的数据和图形文件，为防止因本系统、Windows 操作系统或计算硬件系统出现故障而使得数据和图形文件丢失，系统设计了管理级人员使用的相应功能。

(1) 数据库管理。为了方便数据库管理，系统中设置了数据库备份窗口，管理员在系统中可备份、恢复数据库，不需要到服务器上操作，如图 4-33 所示。

（2）图库管理。管理员在系统中可备份、恢复图形库，如图 4-34 所示。

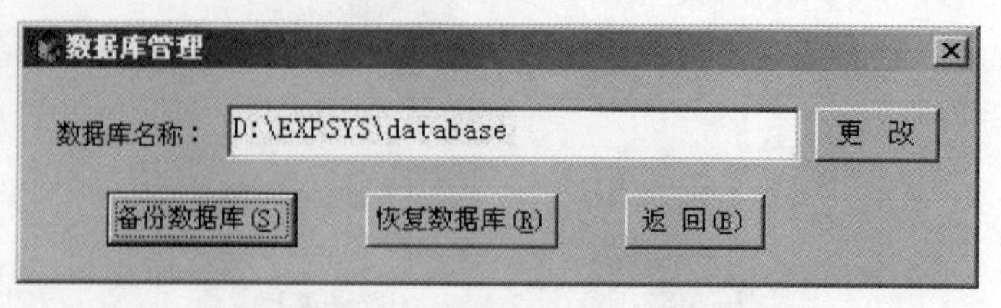

图 4-33　【数据库管理】对话框

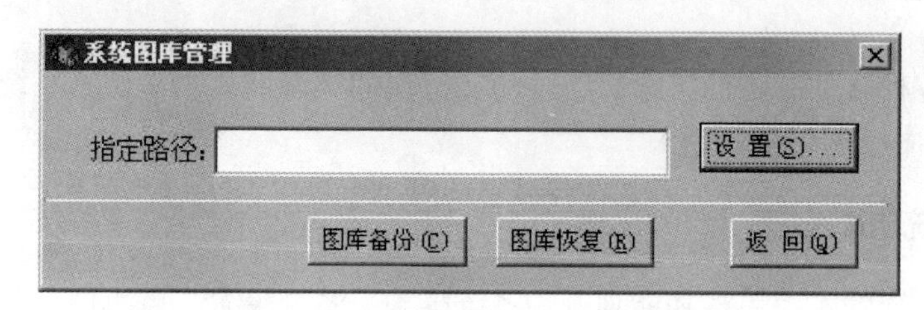

图 4-34　【系统图库管理】对话框

4.4.3.2　系统设置

仿真系统可以对多个矿井通风系统方案进行通风网络解算和三维仿真。用户可根据已拟定的矿井通风系统方案内容，在现通风系统方案基础上进行相应的修改，如增加/删除一个巷道、更改风机的位置/数量等，便可建立新的矿井通风系统方案；应用仿真系统模拟矿井通风系统的运行状况，并对比各方案的通风效果，实现通风系统方案的优化。由于大多矿山的通风网络非常复杂，井下同时作业的中段多，为此，系统设计了分中段建立三维仿真图的功能，但在实际应用时，需进行方案和图库的设置。

（1）方案设置。操作窗口如图 4-35 所示，用户可以进行新建方案、导入数据、删除方案等操作。导入数据就是将选定的已存在方案的数据导入新建的方案中，并可以选择性导入数据，如图 4-36 所示。

（2）图库设置。用户可以对相应方案的巷道 3D 图、各中段巷道 3D 图等图形文件进行添加、删除等操作，如图 4-37 所示。

4.4.3.3　原始数据模块

原始数据模块主要为实现通风网络解算而进行数据准备，包括风路参数录入、风机参数录入、创建原始数据文件、原始数据查询四个部分。

（1）风路参数录入。用户可以新增、删除一条通风回路，也可修改已有的通风回路的参数，还可以进行简单的查询，如图 4-38 所示。

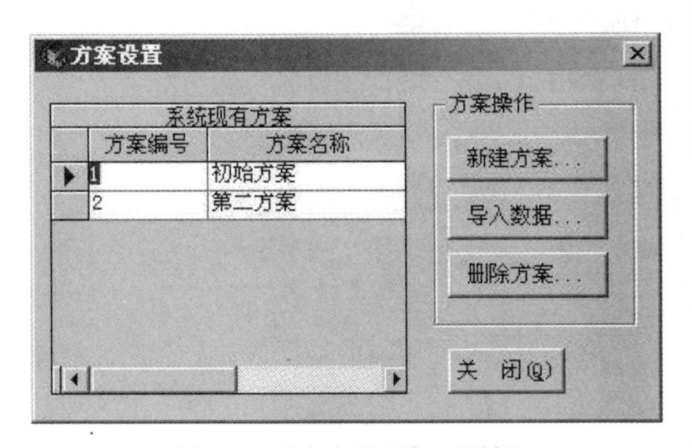

图 4-35 【方案设置】对话框

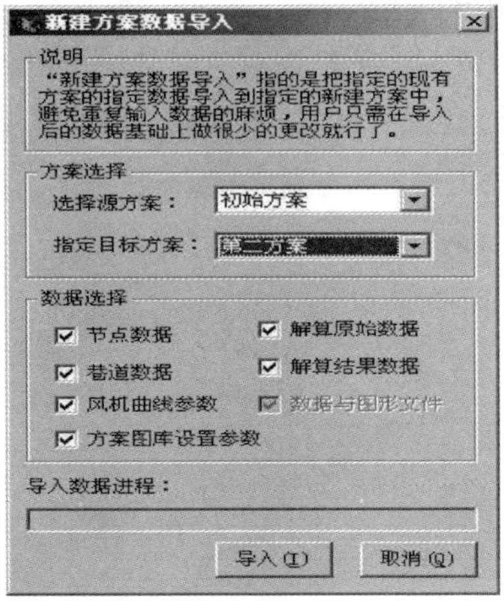

新建方案数据导入

说明

"新建方案数据导入"指的是把指定的现有方案的指定数据导入到指定的新建方案中，避免重复输入数据的麻烦，用户只需在导入后的数据基础上做很少的更改就行了。

方案选择

选择源方案： 初始方案

指定目标方案： 第二方案

数据选择

☑ 节点数据 ☑ 解算原始数据

☑ 巷道数据 ☑ 解算结果数据

☑ 风机曲线参数 ☑ 数据与图形文件

☑ 方案图库设置参数

导入数据进程：

导入(I) 取消(Q)

图 4-36 【新建方案数据导入】对话框

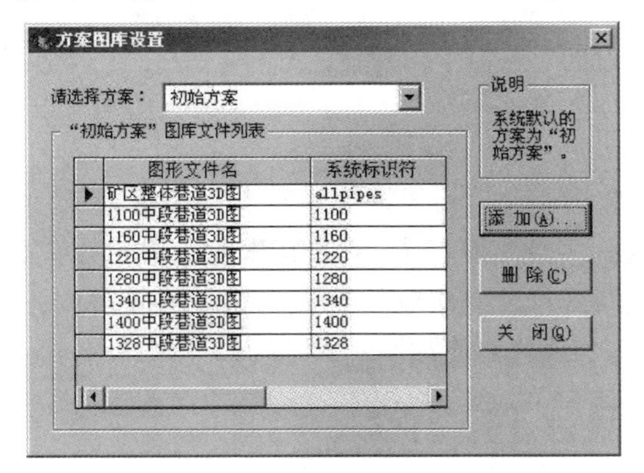

图 4-37 【方案图库设置】对话框

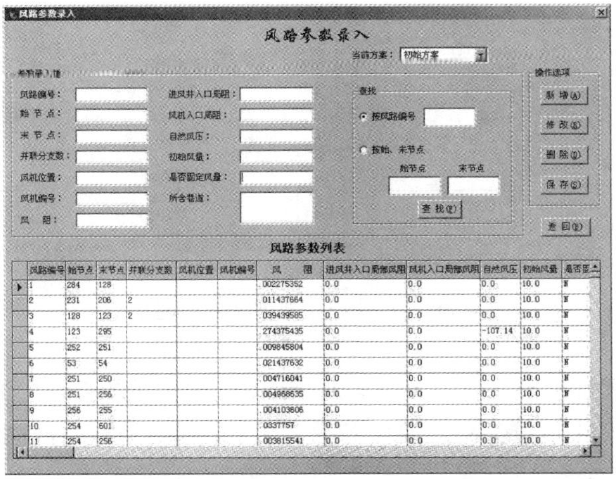

风路参数录入

当前方案： 初始方案

风路编号： 始节点： 末节点： 并联分支数： 风机位置： 风机编号： 风 阻：

进风井入口局阻： 风机入口局阻： 自然风压： 初始风量： 是否固定风量： 所含巷道：

查找 按风路编号 按始、末节点 始节点 末节点 查 找(F)

操作选项 新 增(A) 修 改(E) 删 除(D) 保 存(S) 退 回(Q)

风路参数列表

风路编号	始节点	末节点	并联分支数	风机位置	风机编号	风 阻	进风井入口局部风阻	风机入口局部风阻	自然风压	初始风量	是否固
1	284	128				.002275352	0.0	0.0	0.0	10.0	N
2	231	206	2			.011437664	0.0	0.0	0.0	10.0	N
3	128	123	2			.039439585	0.0	0.0	0.0	10.0	N
4	123	295				.274375435	0.0	0.0	-107.14	10.0	N
5	252	251				.009845804	0.0	0.0	0.0	10.0	N
6	53	54				.021437632	0.0	0.0	0.0	10.0	N
7	251	250				.004716041	0.0	0.0	0.0	10.0	N
8	251	256				.004968635	0.0	0.0	0.0	10.0	N
9	256	255				.004103806	0.0	0.0	0.0	10.0	N
10	254	601				.0337757	0.0	0.0	0.0	10.0	N
11	254	256				.003815541	0.0	0.0	0.0	10.0	N

图 4-38 【风路参数录入】对话框

（2）风机参数录入。用户可以新增、删除一个风机，也可修改已有风机的特性曲线参数，风机特性曲线取工况点 7 个，QX（0～6）为对应点的风量值，HY（0～6）为对应点的风压值，如图 4-39 所示。

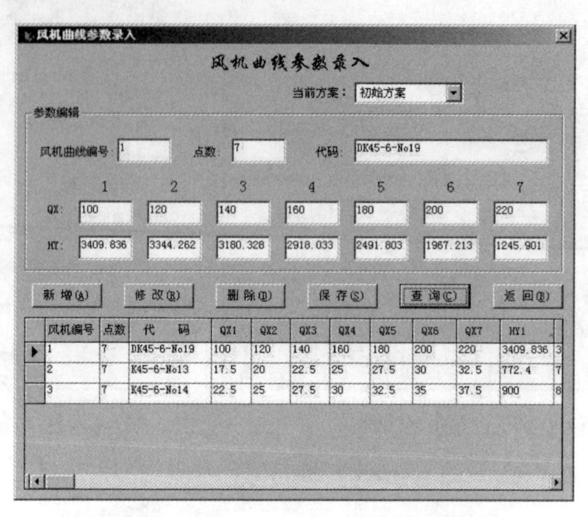

图 4-39　【风机曲线参数录入】对话框

（3）创建原始数据文件。通风网络解算功能需通过调用一个专业的通风网络解算模块来实现，因此，在进行网络解算前，用户需先建立一个文件名为 DIN. DAT 的数据文件，并设定相应的参数，如风网风路数、节点数、风机曲线特性数、计算精度等，操作界面如图 4-40 所示。

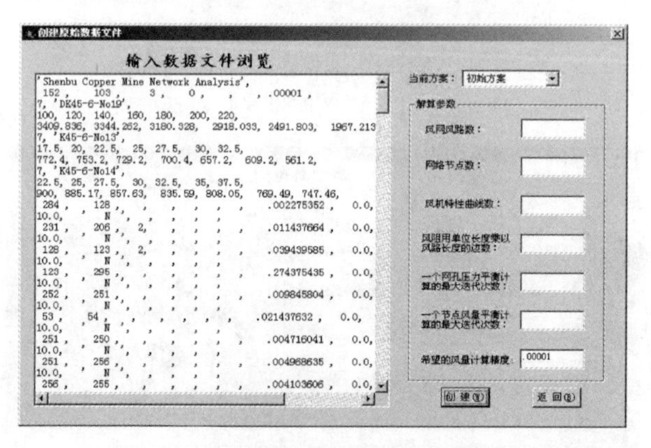

图 4-40　【创建原始数据文件】对话框

（4）解算原始数据查询。如图 4-41 所示，用户可以按风机编号查到所要的风机参数，按始/末节点编号、风路编号、巷道名称、并联分支数、有无风机等查询相应的通风回路参数。

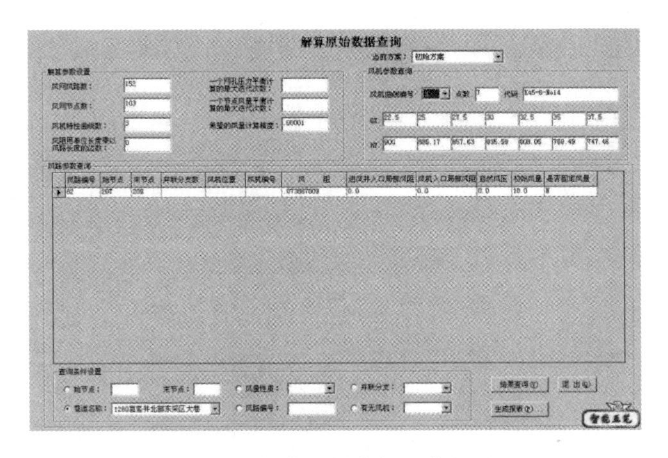

图 4-41 【解算原始数据查询】界面

4.4.3.4 通风网络解算模块

通风网络解算模块包括风网解算、解算结果数据查询两个部分。

(1) 风网解算。在仿真系统平台上，用户可以直接进行通风网络解算，解算是否通过及解算的进度均会显示，如图 4-42 所示。

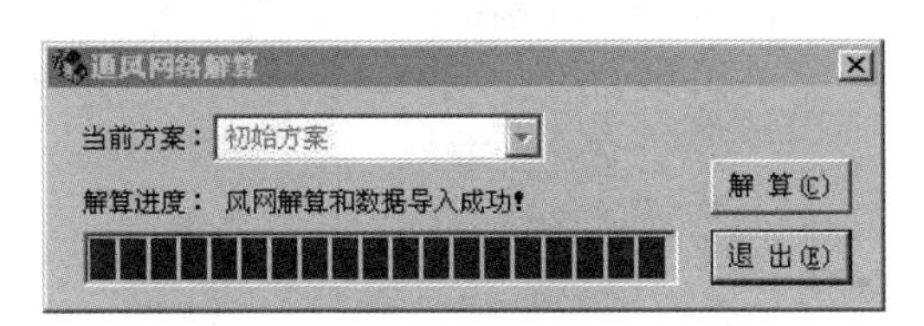

图 4-42 【通风网络解算】对话框

(2) 解算结果数据查询。在图 4-43 所示的操作界面上，输入风路编号或巷道的始末节点号就能查询风路参数。

4.4.3.5 通风网络三维仿真模块

本模块包括图形参数录入、图形参数查询、创建风网 3D 图、标注通风参数、删除风网 3D 图、浏览风网 3D 图等 6 个部分。

(1) 图形参数录入。图形参数包括节点参数和巷道参数两种，操作对话框如图 4-44 和图 4-45 所示。在此对话框，用户可以进行添加、删除、修改以及查询等操作。其中图形参数输入设置了一定的规则，如在输入编号、坐标值等时，系统会将键盘字母键锁住，用户只能输入数字；另外，用户不能输入相同编号的节点或巷道等，否则系统会提示输入错误，不接受数据输入。

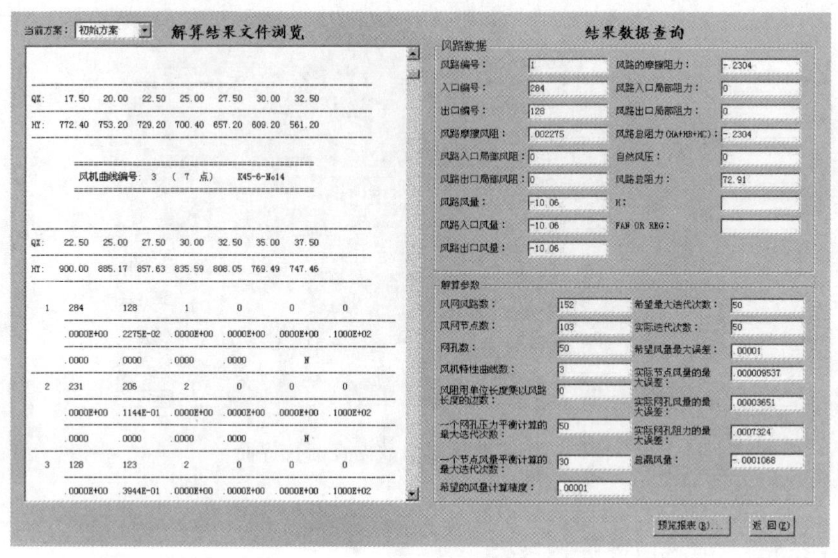

图 4-43 【解算结果数据查询】界面

图 4-44 【节点参数编辑】对话框

（2）图形参数查询。图形参数的查询分一般查询和高级查询，操作界面如图 4-46、图 4-47 所示，用户可以选择所需的查询方式查找自己想要的信息。

（3）创建风网 3D 图。创建一个风网 3D 图要通过 4 个步骤，流程如图 4-48 所示，其相应操作对话框如图 4-49～图 4-53 所示。

图 4-45 【巷道参数编辑】对话框

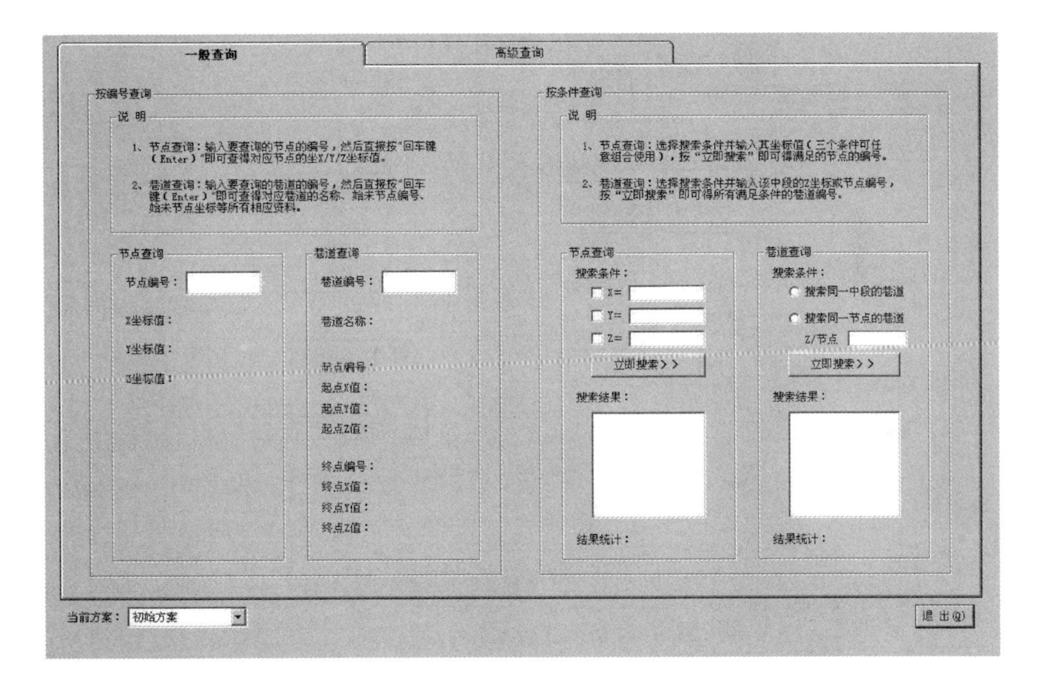

图 4-46 【图形参数查询——一般查询】界面

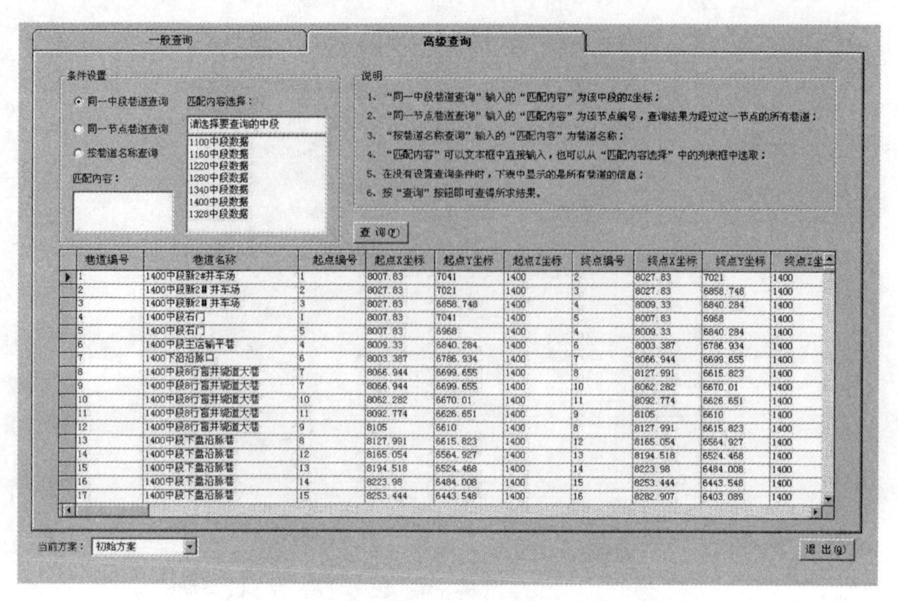

巷道编号	巷道名称	起点编号	起点X坐标	起点Y坐标	起点Z坐标	终点编号	终点X坐标	终点Y坐标	终点Z坐
1	1400中段新2#井车场	1	8007.83	7041	1400	2	8027.83	7021	1400
2	1400中段新2#井车场	2	8027.83	7021	1400	3	8027.83	6858.748	1400
3	1400中段新2#井车场	3	8027.83	6858.748	1400	4	8009.33	6840.284	1400
4	1400中段石门	1	8007.83	7041	1400	5	8007.83	6968	1400
5	1400中段石门	5	8007.83	6968	1400	4	8009.33	6840.284	1400
6	1400中段主运输平巷	4	8009.33	6840.284	1400	6	8003.387	6786.934	1400
7	1400下沿沿脉口	6	8003.387	6786.934	1400	7	8066.944	6699.655	1400
8	1400中段8行盲井绕道大巷	7	8066.944	6699.655	1400	8	8127.991	6615.823	1400
9	1400中段8行盲井绕道大巷	7	8066.944	6699.655	1400	10	8062.282	6670.01	1400
10	1400中段8行盲井绕道大巷	10	8062.282	6670.01	1400	11	8092.774	6626.651	1400
11	1400中段8行盲井绕道大巷	11	8092.774	6626.651	1400	9	8105	6610	1400
12	1400中段8行盲井绕道大巷	9	8105	6610	1400	8	8127.991	6615.823	1400
13	1400中段下盘沿脉巷	8	8127.991	6615.823	1400	12	8165.054	6564.927	1400
14	1400中段下盘沿脉巷	12	8165.054	6564.927	1400	13	8194.518	6524.468	1400
15	1400中段下盘沿脉巷	13	8194.518	6524.468	1400	14	8223.98	6484.008	1400
16	1400中段下盘沿脉巷	14	8223.98	6484.008	1400	15	8253.444	6443.548	1400
17	1400中段下盘沿脉巷	15	8253.444	6443.548	1400	16	8282.907	6403.089	1400

图 4-47　【图形参数查询——高级查询】界面

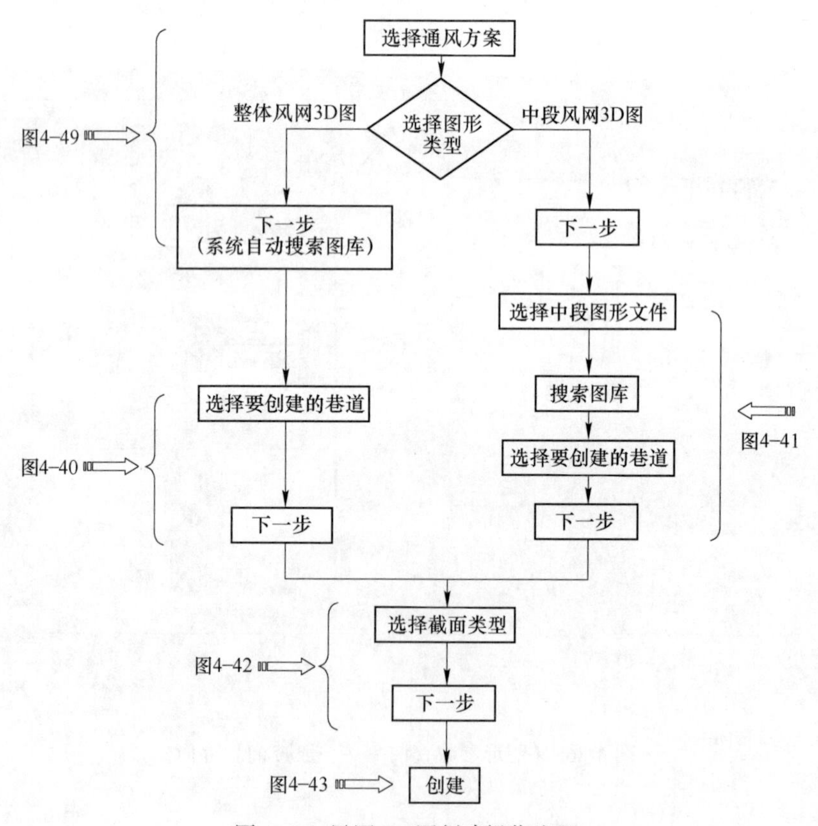

图 4-48　风网 3D 图创建操作流程

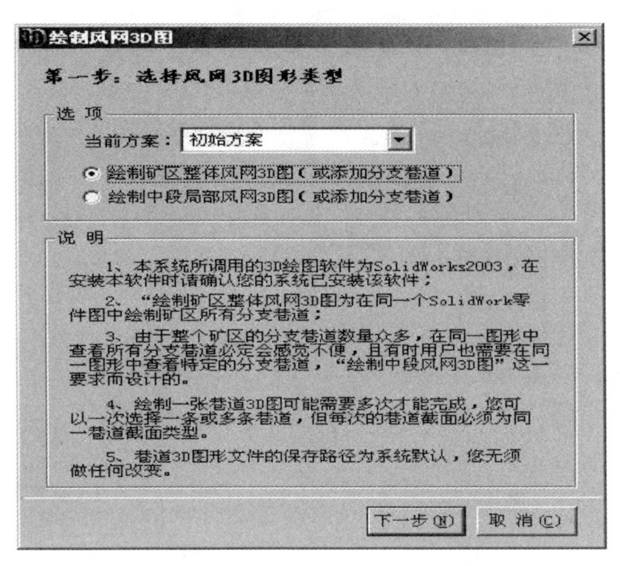

图 4-49　【绘制风网 3D 图（1）】对话框

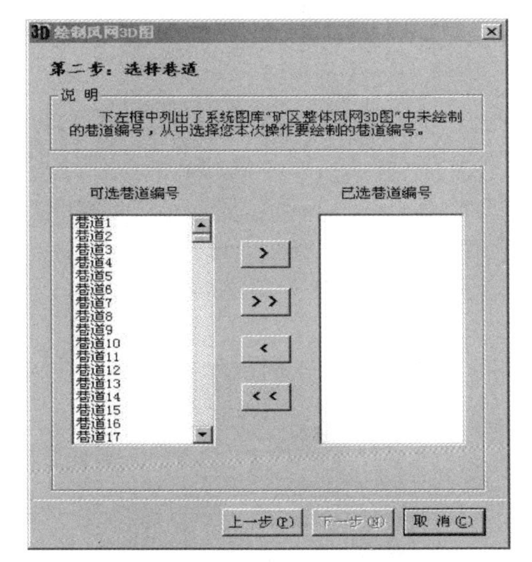

图 4-50　【绘制风网 3D 图（2.1）】对话框

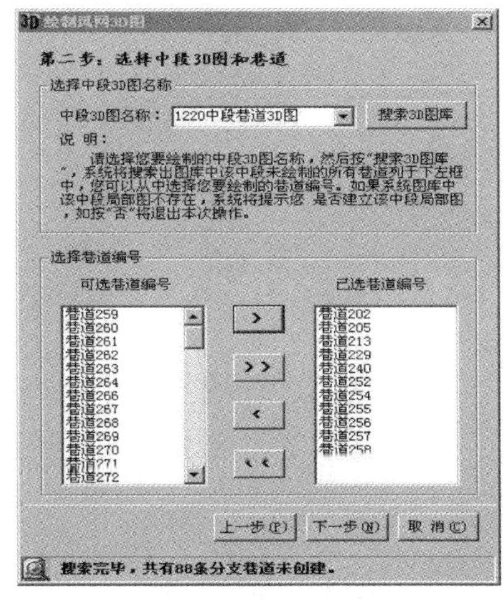

图 4-51　【绘制风网 3D 图（2.2）】对话框

（4）通风参数标注。用户可将风网解算数据标注在风网 3D 图上，实时反应通风状况，操作对话框如图 4-54 所示。

（5）风网 3D 图删除。分为删除图形文件和删除指定巷道两种操作。删除图形文件为从图库中删除选定的图形文件，如图 4-55 所示；删除指定巷道为从选定的图形文件中删除指定的巷道，如图 4-56 所示。

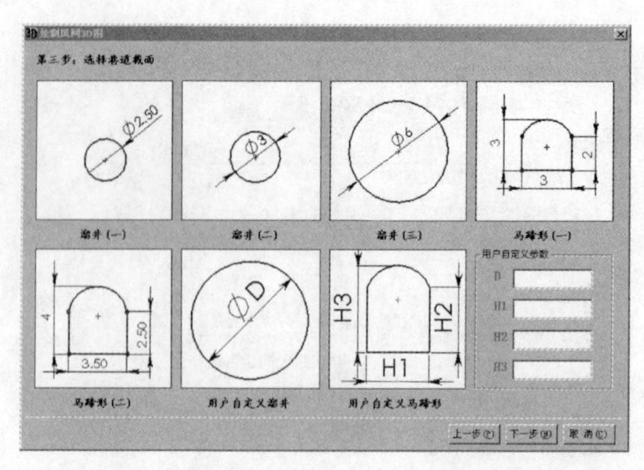

图 4-52　【绘制风网 3D 图（3）】对话框

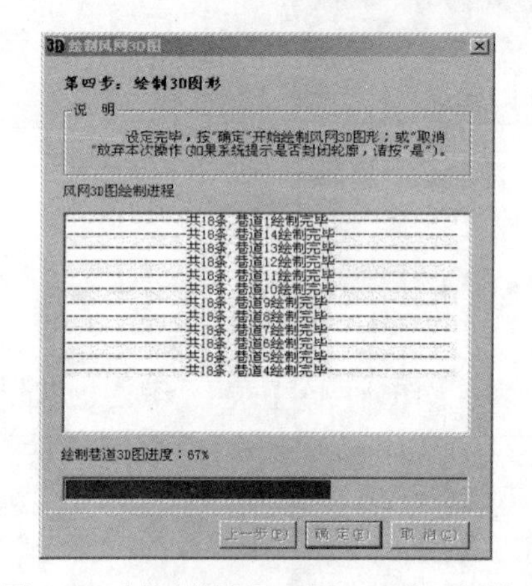

图 4-53　【绘制风网 3D 图（4）】对话框

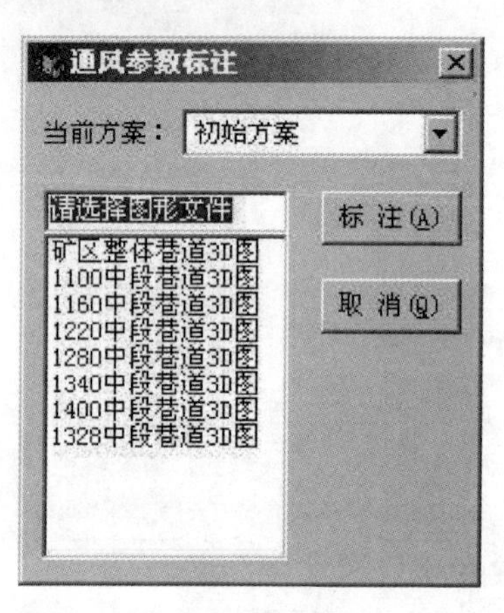

图 4-54　【通风参数标注】对话框

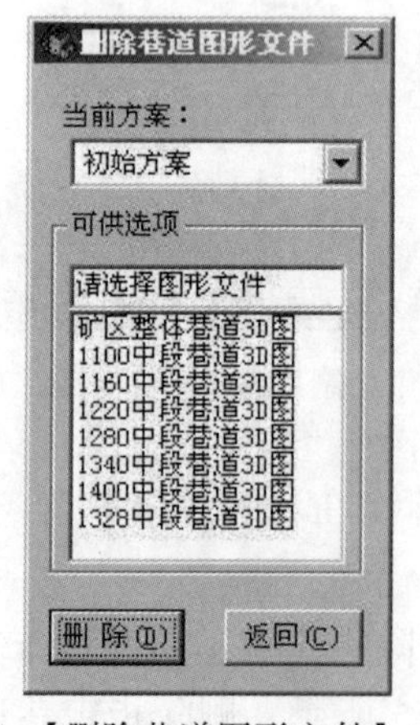

图 4-55　【删除巷道图形文件】对话框

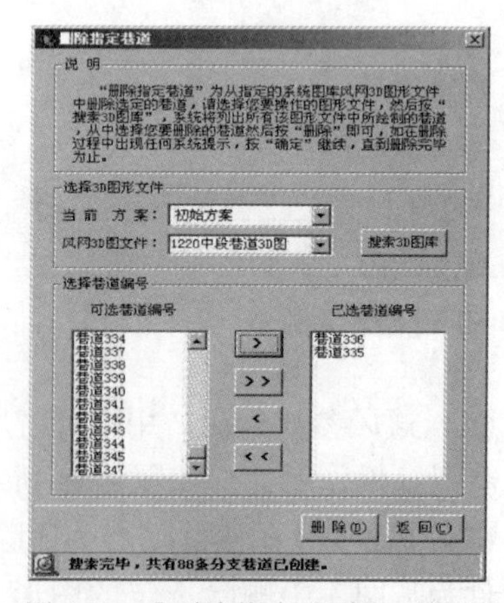

图 4-56　【删除指定巷道】对话框

(6) 风网3D图浏览。用户可以在系统环境下直接打开风网3D图，对仿真结果进行分析，如图4-57所示。

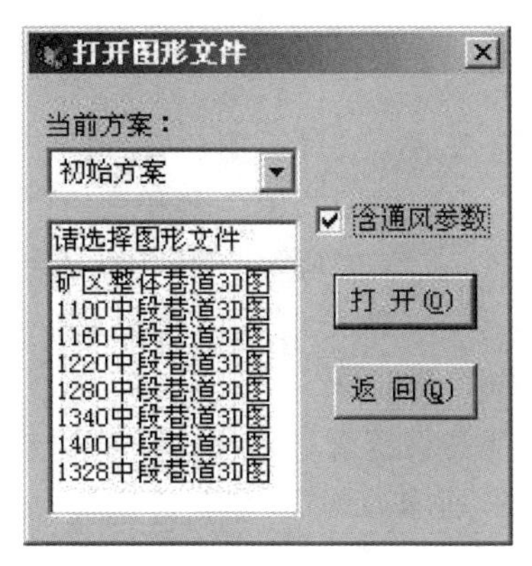

图4-57 【打开图形文件】对话框

4.4.3.6 报表输出

按报表类型可分为：节点数据报表、巷道数据报表、解算原始数据报表、解算结果数据报表，如图4-58所示。用户可以选择不同的方案和不同的中段显示报表。在此界面中还包括报表打印、数据导出、数据刷新、显示缩放、页码导航等，在最后一页还会显示所选中段的巷道总长度。

巷道数据报表

方案名称： 初始方案　　　　所有数据

巷道编号	巷道名称	起点编号	起点X	起点Y	起点Z	终点编号	终点X	终点Y	终点Z	巷道长度
1	500米中段进风大巷	101	35566.400	2818982.750	500	102	35,555.30	2818955.250	500	29.650
2	500米中段进风大巷	102	35555.300	2818955.250	500	107	35,551.70	2818943.250	500	12.530
3	500米中段探矿巷	107	35551.700	2818943.250	500	109	35,562.10	2818876.250	500	67.800
4	500米中段沿脉巷	102	35555.300	2818955.250	500	104	35,588.80	2818973.500	500	38.150
5	500米中段沿脉巷	107	35551.700	2818943.250	500	106	35,588.80	2818961.750	500	41.460
6	500米中段穿脉巷	104	35588.800	2818973.500	500	106	35,588.80	2818961.750	500	11.750
7	500米中段探矿巷	106	35588.800	2818961.750	500	110	35,596.60	2818902.000	500	60.260
8	500米中段沿脉巷	104	35588.800	2818973.500	500	105	35,653.70	2819017.000	500	78.130
9	500米中段运输巷	102	35555.300	2818955.250	500	103	35,534.10	2818940.000	500	26.110
10	500米中段运输巷	103	35534.100	2818940.000	500	108	35,527.30	2818929.250	500	12.720
11	500米中段405采场沿脉巷	107	35551.700	2818943.250	500	108	[illegible]	2818929.250	500	28.130
12	500米中段运输巷	108	35527.300	2818929.250	500	112	35,459.50	2818901.500	500	73.260
13	500米中段运输巷	112	35459.500	2818901.500	500	111	35,457.40	2818906.250	500	5.190
14	500米中段运输巷	112	35459.500	2818901.500	500	113	35,464.80	2818859.500	500	42.330
15	500米中段401采场沿脉巷	112	35459.500	2818901.500	500	115	35,382.70	2818883.250	500	78.940
16	500米中段304采场沿脉巷	120	35247.400	2818881.500	500	118	35,300.10	2818893.750	500	54.110
17	500米中段302采场沿脉巷	118	35300.100	2818893.750	500	114	35,373.90	2818913.750	500	76.460
18	500米中段运输巷	114	35373.900	2818913.750	500	115	35,382.70	2818883.250	500	31.740
19	500米中段穿脉巷	118	35300.100	2818893.750	500	119	35,307.30	2818860.750	500	33.780
20	500米中段404采场沿脉巷	121	35266.400	2818850.000	500	119	35,307.30	2818860.750	500	42.290
21	500米中段402采场沿脉巷	119	35307.300	2818860.750	500	115	35,382.70	2818883.250	500	78.680
22	500米中段穿脉巷	119	35307.300	2818860.750	500	117	35,313.20	2818785.500	500	75.480
23	500米中段运输巷	115	35382.700	2818883.250	500	116	35,393.10	2818804.000	500	79.930
24	500米中段运输巷	116	35393.100	2818804.000	500	117	35,313.20	2818785.500	500	82.020
25	500米中段运输巷	117	35313.200	2818785.500	500	122	35,240.10	2818771.000	500	74.520
26	500米中段908采场沿脉巷	122	35240.100	2818771.000	500	125	35,099.60	2818740.250	500	143.830
27	500米中段运输巷	122	35240.100	2818771.000	500	123	35,237.40	2818765.250	500	6.350
28	500米中段运输巷	123	35237.400	2818765.250	500	124	35,177.30	2818749.750	500	62.060
29	500米中段运输巷	123	35237.400	2818765.250	500	126	35,252.20	2818665.500	500	100.840
30	500米中段运输巷	126	35252.200	2818665.500	500	127	35,314.20	2818673.000	500	62.450

2010-12-12　　　　第1页，共24页

图4-58 【巷道数据报表】界面示意图

数据导出对话框如图 4-59 所示，用户可以根据需要选择不同的导出文件格式，如 Acrobat 格式（PDF）、Excel、Word、Rich Text、文本文件等。

4.4.3.7　用户管理模块

基于数据和系统的安全考虑，设计了用户管理模块。用户使用仿真系统时需要通过身份确认，系统根据用户使用的用户名和用户口令确认用户是否为合法用户以及用户进入系统后所拥有的相应权限，用户的权限由系统管理员决定。本仿真系统的使用权限分为管理级、执行级、查询级三个等级。该模块分为编辑用户、修改用户名、修改密码三个部分。

（1）编辑用户。该功能为系统管理员所有，其可进行新增用户、删除用户、修改用户等操作，如图 4-60 所示。

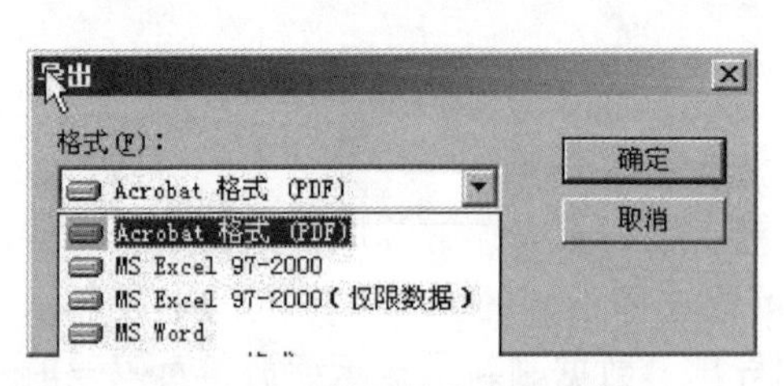

图 4-59　【数据导出】对话框

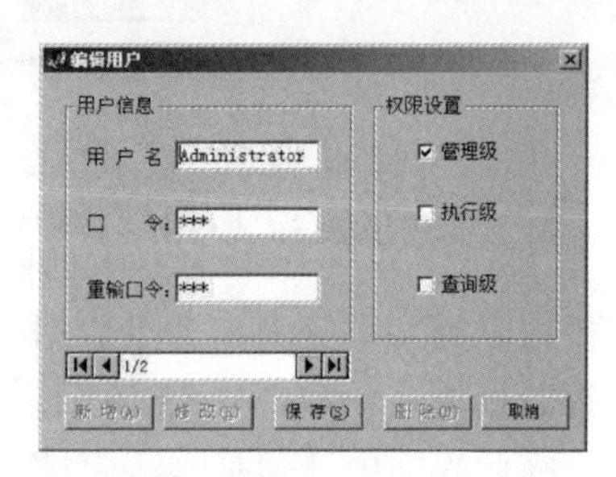

图 4-60　【编辑用户】对话框

（2）修改用户名。系统允许用户更改自己的用户名，如图 4-61 所示。

（3）修改密码。修改密码的操作对话框如图 4-62 所示。

图 4-61　【修改用户名】对话框

图 4-62　【修改密码】对话框

5 矿井通风动力

矿井通风动力作为矿井通风系统的重要组成部分，是新鲜风流进入井下、把风流分配至各个生产作业面、将污风排出至地表的动力，主要有自然风压和通风设备（风机）两种。

5.1 自然风压

5.1.1 矿井自然风压基本理论

矿井自然风压是客观存在的一种自然现象，对矿井通风有利也有弊。对于山区平硐开拓的矿井，冬季自然风压的作用有时基本上可以代替主扇动力，这表明自然风压在矿井通风中是一种不可忽视的重要动力源。自然风压是地面、井下多种自然因素所造成的促使空气沿井巷流动的一种能量差，它存在于包括平巷在内的所有井巷中，可概括为自然热位差、水平热压差或称水平气压差、大气自然风压等三种形式。

5.1.1.1 自然热位差

如图 5-1 所示，由于地面气温、井下热力因素、含湿量、气体成分等变化，所引起的进、回风井筒内空气平均密度不等，密度大的空气柱压力大于密度小的空气柱压力，两井筒内空气柱压差称为自然热位差（自然风压）。

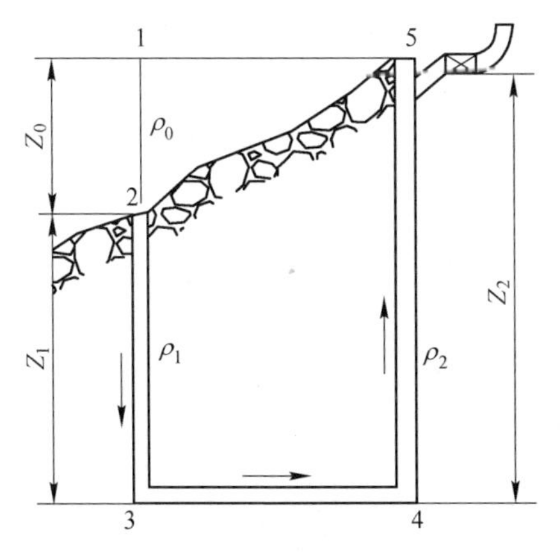

图 5-1 自然热位差示意图

在图 5-1 所示情况下，主扇停止运行时，因自然风压的作用，冬季风流从进风井进入，经井底平巷由回风井流出；夏季炎热时，其风流方向则相反。在有主扇运行时，冬季自然风压与主扇风压方向相同，帮助扇风机克服矿井通风阻力，夏天则可能相反，自然风压成为矿井通风的阻力。在垂直坐标向上为正的情况下，图 5-1 所示通风回路的自然风压可用式（5-1）表示。

$$P_{\mathrm{n}} = -g\oint\rho \mathrm{d}z = g\left[\left(-\int_1^2\rho_0\mathrm{d}z - \int_2^3\rho_1\mathrm{d}z\right) - \int_5^4\rho_2\mathrm{d}z\right] = gz(p_{\mathrm{m1}} - p_{\mathrm{m2}}) \tag{5-1}$$

5.1.1.2　水平热压差

地球大气一直处在不停地运动状态中，由于多种因素造成空气温度、湿度、成分等差异，导致了各种天气现象和天气变化。大气之所以会运动，是因为有大气作用力的存在。气压梯度力是大气运动的一种基本作用力。在大气中任一微小的气块，各个表面都会受到来自大气的压力作用。当大气压分布不均匀时，气块就会受到一种静压力，这种作用于单位质量气块上的静压力即为气压梯度力。

如图 5-2 所示，取空气中任一微小的立方体气块，其体积为 $V = xyz$，质量为 $m = \rho xyz$。设大气作用于 A 面上的压力为 $P_{\mathrm{A}} = pxyz$，则作用于 B 面上的压力应为 $P_{\mathrm{B}} = -(px + \delta px)yz$（负号表示方向相反），因此大气作用于气块垂直于 x 轴的两个面上的静压力为

$$P_x = P_{\mathrm{A}} + P_{\mathrm{B}} = P_x yz - (P_x + \delta P_x)yz = -\delta P_x yz$$

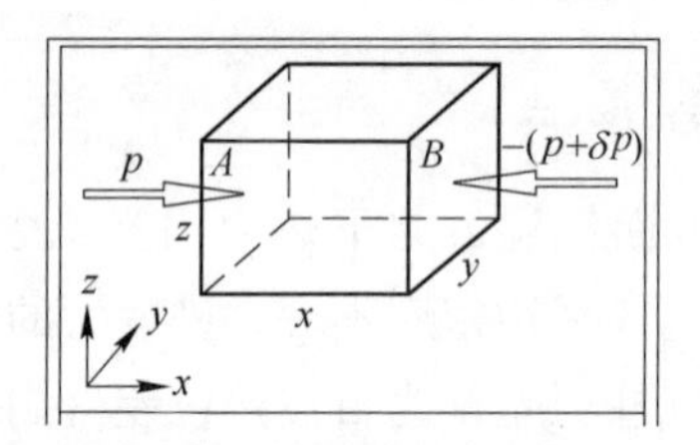

图 5-2　作用于气块 x 轴方向分量的气压梯度力

同理可得大气作用于气块垂直于 y 轴和 z 轴的静压力分别为 $-\delta Pyxz$ 和 $-\delta Pzxy$，三者的向量和为

$$P = P_x i + P_y j + P_z k = -\delta P_x iyz - \delta P_y jxz - \delta P_z kxy = -\left(\frac{\delta P_x}{x} + \frac{\delta P_y}{y} + \frac{\delta P_z}{z}\right)xyz$$

$$= \nabla P_x yz$$

则气压梯度力（N/kg）：

$$G = -\frac{1}{\rho}\nabla P \tag{5-2}$$

式中，∇P 为气压分布不均匀造成的气压梯度。气压梯度力与气压梯度成正比，

与空气密度成反比，方向为由高压指向低压。在水平气压梯度力的作用下，形成大气风。气压梯度力越大，风速也越大。在矿井水平井巷中也能因温度等自然因素变化导致风流密度上的差异，从而造成同一标高水平上的压力不同。井巷中同一水平上主要因温差而形成的压力差称为水平热压差。这种水平热压差也能促使空气沿井巷流动，形成自然风，如图 5-3 所示。一般情况下这种自然风速很小。一个地温较高或正在掘进的平硐，由于硐内空气与硐壁热交换的结果，在冬天造成平硐底部空气密度较硐外小，顶部则较硐外大，形成硐外空气从平硐底部流入、从顶部流出的自然风流。

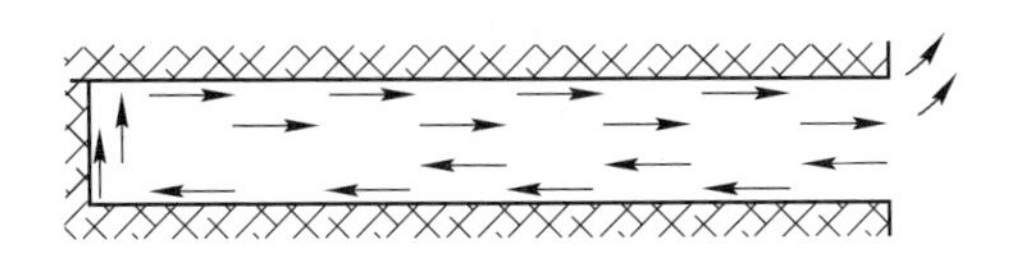

图 5-3 水平自然风示意图

5.1.1.3 大气自然风压

地面吹向平硐口的大气风，其动压可转变成静压，形成矿井自然风，影响矿井通风量的大小。该动压的计算方法为

$$P_{\mathrm{v}} = \frac{\delta \rho v_{\mathrm{a}}^2}{2} \tag{5-3}$$

式中 δ——系数，由风向、山坡表面形状倾斜度、洞口形状和尺寸等决定；

ρ——大气自然风流密度，kg/m^3；

v_{a}——大气风速，m/s。

大气自然风对抽出式通风矿井的进风平硐和压入式通风矿井出风平硐的风量影响较显著，能使前者风速明显增加，后者风流停滞甚至反向。综上所述，以上三种形式的能量差都属于自然风压的范畴。自然风压是由井内外自然因素所造成促进所有井巷风流流动的能量，而单位体积风流所具有的这种能量称做自然风压。

5.1.2 自然风压计算方法

随着开采深度及通风负压的增加，自然风压对矿井通风的影响也越来越大。当自然风压对矿井通风负压的影响达到一定程度时，矿井通风网络计算须考虑自然风压的影响。计算自然风压时，既要尽可能反映实际情况，又要便于计算，并以满足矿井主扇风机的选型为最终目标。矿井自然风压的计算方法主要有流体静力学方法和热力学方法两类。

5.1.2.1　热力学计算方法

（1）当井深在 100m 以内时，按等容过程计算：

$$H_n = z(\gamma_1 - \gamma_2) \tag{5-4}$$

式中　H_n——自然风压，Pa；

γ_1——进风井空气柱的平均重度，N/m^3；

γ_2——回风井空气柱的平均重度，N/m^3；

z——井筒深度，m。

（2）井深超过 100m 时，按等温过程计算：

$$H_n = 0.465kP_0z\left(\frac{1}{T_1} - \frac{1}{T_2}\right) \tag{5-5}$$

式中　k——校正系数，$k=1+z/10000$；

P_0——当地井口大气压，Pa；

T_1——进风井空气柱平均绝对温度，K；

T_2——回风井空气柱平均绝对温度，K。

5.1.2.2　流体静力学计算方法

流体静力学方法的实质是计算两空气柱的重量差。如图 5-4 所示，矿井进风井口以上假想一段空气柱 1—2，1 点与 5 点标高相同，大气压皆为 P_0。

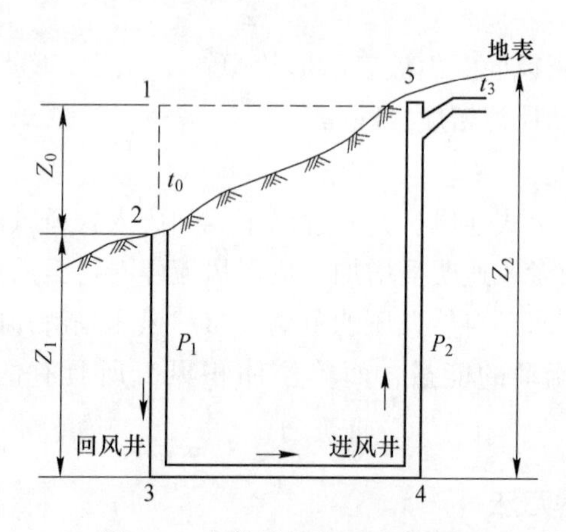

图 5-4　自然风压位置示意图

$$t_{进} = \frac{z_0t_0 + z_1t_1}{z_0 + z_1} = t_0 + \frac{z_1}{2z_2}(t_1 - t_0) \tag{5-6}$$

$$t_3 = t_2 - \frac{0.5}{100}z_2 \tag{5-7}$$

$$t_{回}=\frac{t_2+t_3}{2}=t_2-0.0025z_2 \tag{5-8}$$

$$k=1+\frac{z_2}{10000} \tag{5-9}$$

$$\begin{aligned}H_{n}&=0.465kP_0z\left(\frac{1}{T_1}-\frac{1}{T_2}\right)\\&=0.465\left(1+\frac{z_2}{10000}\right)P_0z_2\left(\frac{1}{273+t_0+\frac{z_1}{2z_2}(t_1-t_0)}-\frac{1}{273+t_2-0.0025z_2}\right)\end{aligned} \tag{5-10}$$

式中 $t_{进}$——入风井空气平均温度,℃;

$t_{回}$——回风井空气平均温度,℃;

t_0——地表温度,℃;

t_1——入风井井底温度,℃;

t_2——回风井井底温度,℃;

t_3——回风井井口温度,℃;

z_1——入风井高度, m;

z_2——回风井高度, m;

z_0——回风井与入风井的高度差, m。

此式中自然风压值与进风井的深度、井底温度、回风井的深度、井底温度、地表大气压和地表温度有关，生产矿井各处的气温可实测获得。设计新矿井时，进风井口气温可取该标高处地表的月平均气温，进风井底的气温应参考附近矿山的实际资料，回风井口的温度可按每上升 100m 气温下降 0.4~0.5℃计算，回风井底的气温可按该深度处岩体温度减去 1~2℃，一定深度的岩石温度可用下式进行计算。

$$t_z=t_0+G_t(z-z_0) \tag{5-11}$$

式中 t_z——z 米深度处岩石温度,℃;

t_0——恒温带的岩石温度，可近似取当地年平均气温,℃;

z_0——恒温带深度, m，一般距地面 20~30m;

G_t——地热增生率, m/℃。

5.1.3 矿井自然通风的影响因素

矿井自然风压随大气环境温度的变化而变化，对矿井有效通风既有积极的一面，也有消极的一面。图 5-5 所示为某铅锌矿自然风压变化规律曲线，2 月份自然风压达到最大为 262.7Pa，8 月份自然风压最小值-118.2Pa，自然风压波动范围为 380.9Pa。自然风压作用方向大多数时间为正，即自然风压方向与主扇风压作用方向一致，有利于矿井通风。在 6~9 月中旬期间，自然风压值为负，与主扇风压作用方向相反，对矿井通风起一个阻力作用。

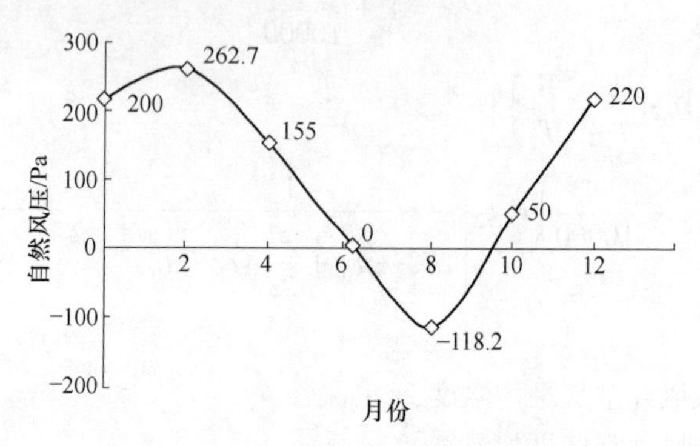

图 5-5　矿井自然风压一年期间的变化

根据矿井自然风压的定义，可以把自然风压看成是空气密度和井巷深度的函数，而空气密度与温度、大气压力、湿度和空气成分等相关。

(1) 温度。矿井通风回路中两侧空气柱温差是影响自然风压的主要因素，而气温差主要与地面入风口气温和风流与围岩的热交换有关，其影响程度随矿井的开拓方式、开采深度、地形和地理位置的不同而有所变化。大陆性气候的山区浅井，自然风压的大小和方向受地面气温的影响较为明显，一年四季，甚至昼夜之间都有明显的变化。由于风流与围岩的热交换作用，机械通风矿井回风井的气温变化不大，而进风井的气温随地面气温的变化，因此，矿井自然风压一年四季发生周期性变化。但对于深井，其自然风压受围岩热交换的影响较大。

(2) 空气成分和湿度。空气成分和湿度影响空气密度，因而对自然风压也有一定影响，但影响较小。

(3) 井深。当两侧空气柱温差一定时，自然风压与井深成正比。

(4) 风机。风机运转对自然风压的大小和方向也有一定的影响，因为矿井主扇运行决定了主风流的方向以及风流与围岩之间的热交换，使冬季回风井气温高于进风井，自然风压方向与主扇风压方向一致。由于热交换作用，冬季进风井周围会形成冷却带，即使主扇停转或通风系统改变，进、回风井之间在一定时期内仍存在一定温差，形成一定的自然风压，这在建井时期表现尤为明显。

5.1.4　矿井自然风压的利用与控制

在矿井生产过程中，自然风压控制与利用的措施主要有如下几方面：

(1) 新设计矿井在选择开拓方案、拟定通风系统时，应充分考虑利用地形和当地气候特点，使在全年大部分时间内自然风压作用的方向与机械通风风压的方向一致，以便利用自然风压。例如，在山区要尽量增大进、回风井井口的高差，进风井井口布置在背阳处等。

(2) 根据自然风压的变化规律，应适时调整主扇的工况点，使其既能满足矿井通风需要，又可节约电能。例如，在冬季自然风压帮助机械通风时，可采用减小风机叶片安装角度或调低转速的方法降低主扇风压。

(3) 通过在进风井巷设置水幕或者淋水的方法，人工调整进、回风井内空气的温差，提高自然风压的作用。

(4) 为了防止风流反向，须做好矿井通风系统调查和测定工作，及时掌握矿井自然风压的变化，以便在适当的时候采取相应的措施。

(5) 在建井时期，可因地制宜和因时制宜利用自然风压通风，如在表土施工阶段可利用自然通风；在主副井与回风井贯通之后，有时也可利用自然通风；有条件时还可利用钻孔构成回路，形成自然风压，解决局部区域的通风问题。

5.2 风机

风机是矿井通风系统最主要的通风动力。风机按其服务范围可分为主要扇风机（用于全矿井或其一翼通风的扇风机，并且昼夜运转，简称主扇）、辅助扇风机（帮助主扇对矿井一翼或一个较大区域克服通风阻力，增加风量和风压的扇风机，简称辅扇）和局部扇风机（借助风筒用于矿井某一局部地点通风用的扇风机，简称局扇）。

5.2.1 矿井扇风机分类

扇风机按其构造原理可分为离心式和轴流式两大类。

5.2.1.1 离心式扇风机

如图 5-6 所示，离心式扇风机主要是由动轮 1、螺旋形机壳 5、吸风管 6 和锥形扩散器 7 组成。有些离心式扇风机还在动轮前面安装有叶片前导器（固定叶轮），前导器的作用是使气流进入动轮入口的速度发生扭曲，以调节扇风机产生的风压。动轮是由固定在主轴 3 上的轮毂 4 和其上的叶片 2 所组成。叶片按其在动轮出口处安装角的不同，分为径向式、前倾式和后倾式三种，如图 5-7 所示。工作轮入风口分为单侧吸风和双侧吸风两种，图 5-6 所示是单侧吸风式。

当电动机带动（或经过传动机构带动）动轮旋转时，叶道内空气的相互作用力太小，不足以维持圆周运动而被甩出，动轮吸风口处的空气随即就补充流入叶道，这样就形成连续的空气流动，空气由吸风管经过动轮、螺壳、扩散器流出。空气受到惯性力作用离开动轮时获得了能量，以压力的形式表达，即动轮工作提高了空气的全压。空气经过动轮以后，全压就不再增加了，但是压力的形式

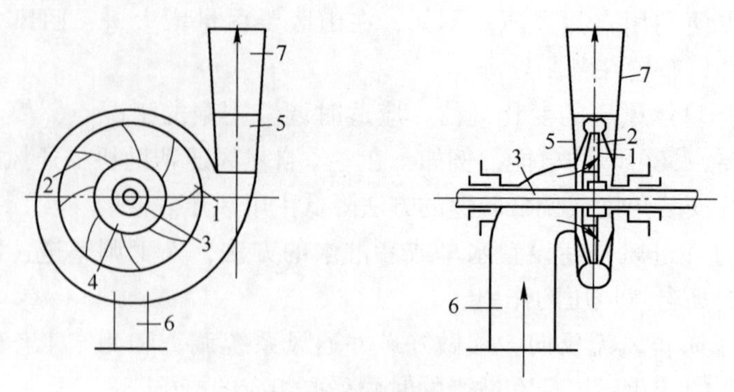

图 5-6　离心式扇风机

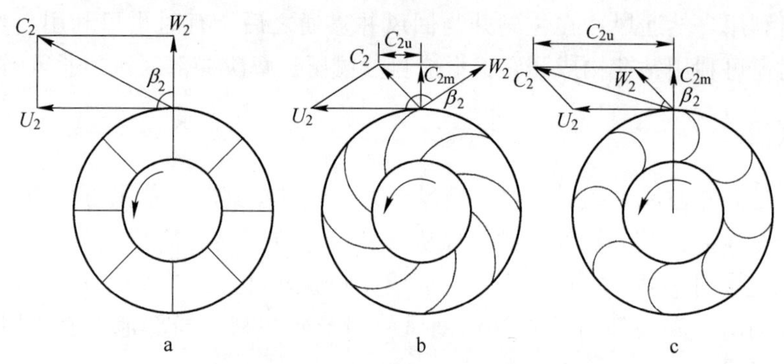

图 5-7　离心式扇风机叶轮

a—径向式；b—前倾式；c—后倾式

却发生转化。空气通过螺壳和扩散器时由于其过风断面不断扩大，空气的动压转化为静压，静压增大，动压减小，直至扩散器出口静压成为大气压，动压则为风流流到大气的速度所体现的动压。

我国生产的离心式扇风机可用于矿井通风的有 4-72 型、T_4-72 型、4-79 型、T_4-73（Y_4-73）型等，均为机翼型后倾叶片。其中 T_4-72 型有单侧吸风和双侧吸风两种，其余都为单侧吸风。各扇风机的性能参数如表 5-1 所示。

表 5-1　常用扇风机性能一览表

项　目	轴流式			离心式				
	K40	DK40	$50A_{11}$-12	4-72-11	G_4-73-11	4-79	T_4-72	K_4-73-01
叶轮直径/m	0. 8~2. 3	1. 5~1. 9	1. 2~2. 0	1. 2~2. 0	1. 2~2. 95	1. 2~2. 0	1. 2~2. 0	3. 2
转速/$r \cdot min^{-1}$	73~1450	980	750~1250	250~1120	375~1450	260~1040	250~1170	600
风量范围/$m^3 \cdot s^{-1}$	3. 8~113	16~101	11~75. 5	5. 4~65	8~225	6~121. 5	6~115	200~389
风压范围/Pa	118~1030	98~2754	270~907	274~3116	833~7213	245~2391	225~2479	3920~4900
功率范围/kW	5. 5~132	2×37~2×110	10~100	3~210	17~1250	7. 5~245	5. 5~310	2500
最高效率/%	92	84	94	91	93	88	92	

5.2.1.2　轴流式扇风机

如图 5-8 所示，轴流式扇风机主要由工作轮 1、圆筒形外壳 3、集风器 4、整流器 5、前流线体 6 和环形扩散器 7 所组成。集风器是一个壳呈曲面形、断面收缩的风筒。前流线体是一个遮盖动轮轮毂部分的曲面圆形锥形罩，它与集风器构成环形入风口，以减小入口对风流的阻力。工作轮是由固定在轮轴上的轮毂和等距安装的叶片 2 组成。叶片的安装角 θ 可以根据需要来调整，如图 5-9 所示。

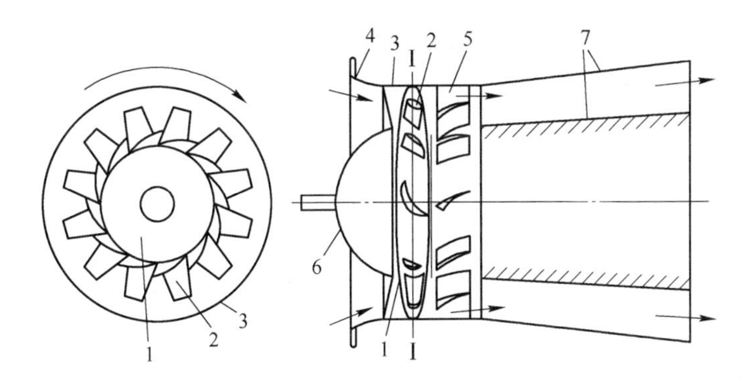

图 5-8　轴流式扇风机

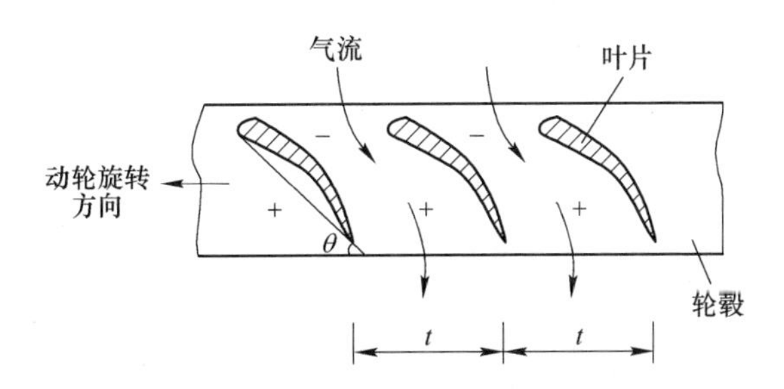

图 5-9　轴流式扇风机的叶片安装角

当动轮叶片（机翼）在空气中快速扫过时，由于翼面（叶片的凹面）与空气冲击，赋予空气能量，产生了正压力，空气则从叶道流出；翼背牵动背面的空气，产生负压力，将空气吸入叶道，如此一吸一推造成空气流动。空气经过动轮时获得了能量，即动轮工作给风流提高了全压。整流器用于整直由动轮流出的旋转气流，减小涡流损失。环形扩散器是轴流风机的特有部件，其作用是使环状气流过渡到柱状（风硐或外扩散器内的）空气流，使动压逐渐变小，同时减小冲击损失。此外，扇风机还应有反风装置、风硐和外扩散器等附属装置。

5.2.1.3　对旋轴流式扇风机

如图5-10所示，对旋轴流式扇风机由入口集流器、前主体筒、Ⅰ级电动机、Ⅰ级中间筒、Ⅰ级叶轮、Ⅱ级中间筒、Ⅱ级叶轮、后主体筒、Ⅱ级电动机、扩散器（消声器）、扩散塔等部件组成。

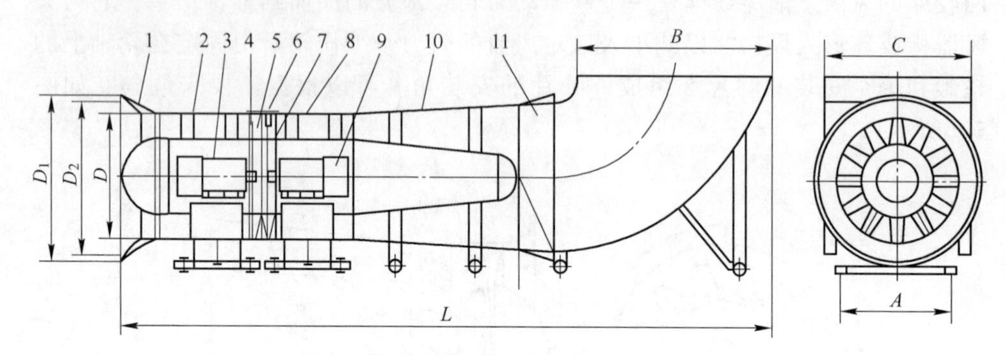

图5-10　对旋轴流式扇风机结构示意图

1—入口集流器；2—前主体筒；3—Ⅰ级电动机；4—Ⅰ级中间筒；5—Ⅰ级叶轮；6—Ⅱ级中间筒；7—Ⅱ级叶轮；8—后主体筒；9—Ⅱ级电动机；10—扩散器；11—扩散塔

对旋轴流式风机的特点是一级叶轮和二级叶轮直接对接，旋转方向相反，机翼形叶片的扭曲方向也相反，取消了中置和后置导叶，结构简单，避免了导叶附加的能量损失。在同等条件下，对旋轴流式风机产生的全风压要高于普通轴流式风机。对旋轴流式风机采用双电机双端驱动的方式，使单部电机容量大幅降低。电动机有内置和外置两种，内置式电动机安装在主风筒中的密闭罩内，与风机流道中的气流隔离，密闭罩中有扁风管与大气相通，以达到散热目的；外置式电动机安装在风机机壳外的两侧，具有良好的散热条件。对旋轴流式风机采用整体化设计，可避免构筑s形风硐、风机基础和主扇机房，可节省配套土建工程费用及运行维护费用。

对旋轴流式风机一般是由两个容量及型号都相同的电动机分别驱动两个相互靠近的叶轮反向旋转。气体进入第一级叶轮获得能量，再经第二级叶轮升压后排出，第二级叶轮兼具整流器的功能。对旋轴流式风机的气动性能在很大程度上取决于两级叶轮流动的匹配，且要求其工况在一定变动范围内也能保持这种协调。

对旋轴流式风机在设计中常见的问题是第二级叶轮的气流相对速度比较大，导致负荷过大；前后两级叶轮对旋存在相互干扰，噪声要比一般轴流风机大。因此，在设计和使用管理中，可适当减小第二级叶片的剖面弦长、安装角和数量，以抵消因其相对速度增大而造成的负载增量，使两级叶轮的负荷输出达到相互平衡。同时，前后两级叶轮应具有合理的轴向距离（一般为第一级叶片的半倍弦长左右)，使相互干扰达到最小。

对旋轴流式风机作为目前我国矿用风机的新生代产品，结构性能在不断改进和提高，如湖南湘潭平安电气、山西运城安瑞节能风机有限公司等厂家和西北工业大学合作研制的三维扭曲正交型叶片风机的静压效率、噪声等性能指标都得到较大提高。

目前我国生产的对旋轴流式风机有山东淄博风机厂、湘潭平安电气、北京燕京风机厂、山西运城安瑞节能风机有限公司、沈阳风机厂、吉林风机厂、上海风机厂等所生产 BDK、DK 系列、FBCDZ 系列和 FCDZ 系列等。

5.2.2 风机特性

5.2.2.1 风机的基本参数

风机工作的特性参数有风量、风压、功率和效率。在抽出式通风时，常常用“有效静压”来表示风机的风压参数；功率 N_f 表示风机有效工作的总功率。扇风机的风量与全压的乘积，即扇风机在单位时间内输出的总能量，称为风机的全压功率 N_t(kW)。

$$N_t = QH_t/1000 \tag{5-12}$$

如果风机的风压用其有效静压 H'_s 表示，则风机的有效静压功率 N_s 可用下式计算：

$$N_s = QH'_s/1000 \tag{5-13}$$

效率 η 表示风机有效功率 N_f 与风机轴功率 N 之比。当采用不同风压参数时，有不同的效率计算方法：

全压效率
$$\eta_t = QH_t/(1000N) \tag{5-14}$$

静压效率
$$\eta_s = QH'_s/(1000N) \tag{5-15}$$

5.2.2.2 风机特征曲线

以风量 Q 为横坐标，风压 H 为纵坐标，将风机在不同网路风阻值条件下测得的 Q、H 值画在坐标图上，所得出的曲线称为风机的风压曲线 H-Q。以风量为横坐标，以功率或效率为纵坐标，按同样的方法可绘出风机的功率曲线 N-Q 和效率曲线 η-Q，如图 5-11 所示。上述诸曲线反映了风机在一定的转数、叶片安装角和空气重率等条件下的性能和特点，称为风机的个体特性曲线。

风机的个体特性曲线与网路风阻特性曲线的交点称为该风机的工况点。工况点的坐标就是该风机的工作风量和风压，由该点再引垂线与风机的功率曲线和效率曲线分别相交，就可找到风机的运行功率和效率。

由于风机的构造和空气动力性能不同，风机个体特性曲线的形状也有所区别。在一般情况下，叶片后倾的离心式风机，其 H-Q 曲线呈单斜状；叶片前倾的呈驼峰状；而轴流风机的 H-Q 曲线呈马鞍形。凡是有驼峰状特性曲线的风机，其工况点不应选在驼峰的左段，因为在这个区段，风机的效率低，且可能出现工况不稳定现象。离心式风机在起动时可采用关闭风道闸门的办法来减少起动电流。

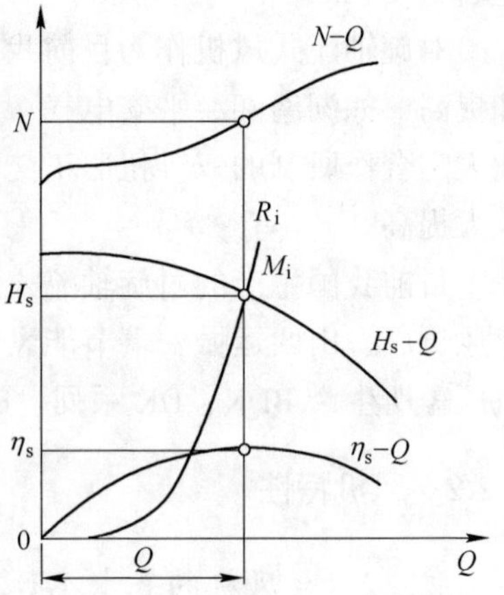

图 5-11　扇风机个体特性曲线

5.2.2.3　比例定律

同一类的风机具有几何相似、运动相似和动力相似的条件，两台同类型风机之间存在如下关系：

$$\frac{Q}{Q'}=\frac{n}{n'}\left(\frac{D}{D'}\right)^3 \tag{5-16}$$

式中　Q，Q'——风机的风量，m^3/s；

n，n'——风机工作轮的转速，r/min；

D，D'——风机工作轮的外径，m。

$$\frac{H}{H'}=\frac{\rho}{\rho'}\left(\frac{n}{n'}\right)^2\left(\frac{D}{D'}\right)^2 \tag{5-17}$$

式中　ρ，ρ'——风机工作环境的空气密度，kg/m^3；

H，H'——风机的风压，Pa。

$$\frac{N}{N'}=\frac{\rho}{\rho'}\left(\frac{n}{n'}\right)^3\left(\frac{D}{D'}\right)^5 \tag{5-18}$$

$$\eta=\eta' \tag{5-19}$$

式中　N，N'——风机的功率，kW；

η，η'——风机的效率。

上列关系式是同类型风机的比例定律，实际应用中应注意：

（1）不同类型的风机或者同类风机的叶片安装角不相等时，不能利用上述关系式进行参数的换算。

（2）上述关系式所表示的参数之间的比例关系，只有当风机所工作的网路风阻不变时才成立。

5.2.2.4　风机的类型特性曲线

风机的类型特性曲线是用一条特性曲线代替同一类型风机的共同工作特性，

并可根据该曲线求得不同转速和不同直径条件下的个体特性曲线或实际工况。由同类型风机的相似条件和比例定律，可引出如下类型系数：

$$\overline{Q} = \frac{Q}{\frac{\pi}{4}D^2 u} \tag{5-20}$$

式中　$\overline{Q}$——类型风量系数；

u——风机动轮的圆周速度，$u = \frac{\pi D n}{60}$，m/s。

$$\overline{H} = \frac{H}{\rho u^2} \tag{5-21}$$

式中　$\overline{H}$——类型风压系数。

风机类型轴功率系数 $\overline{N}$ 为

$$\overline{N} = \frac{\overline{H}\,\overline{Q}}{\eta} = \frac{HQ}{\frac{\pi}{4}\rho D^2 u^3 \eta} = \frac{N \times 1000}{\frac{\pi}{4}\rho D^2 u^3} \tag{5-22}$$

式中　η，N——分别为与各风量 Q 相对应的扇风机的效率和轴功率，kW。

风机类型等积孔系数 $\overline{A}$ 为

$$\overline{A} = \frac{\overline{Q}}{\sqrt{\overline{H}}} \tag{5-23}$$

上列风机类型系数都是无量纲系数。对同一类型风机而言，其值皆为一系列常数，而与风机的尺寸和转速无关。

同一类型风机在同一网路风阻 R 条件下工作的所有相似工况点只有一组 $\overline{H}$-$\overline{Q}$、$\overline{N}$-$\overline{Q}$ 和 η-$\overline{Q}$ 类型特性曲线，如图 5-12 所示，它代表这一类型风机的共性，故可用它来比较不同类型风机的性能。

类型特性曲线是通过风机模型试验测出个体特性曲线后，再由式（5-20）~式（5-22）换算出来。在实际应用时，需要按同一关系式作相反的换算。例如风机的实际直径 $D = 1.6\text{m}$，实际转速 $n = 403\text{r/min}$，则可算得：$u = 33.72\text{m/s}$。那么：

$$H = \rho u^2 \overline{H} = 1.2 \times 33.72^2 \times \overline{H} = 1364.45\overline{H}$$

$$Q = \frac{\pi}{4}D^2 u \overline{Q} = 2.01 \times 33.72 \times \overline{Q} = 67.76\overline{Q}$$

$$N = \frac{1364.45 \times 67.76}{1000}\overline{N} = 92.46\overline{N}$$

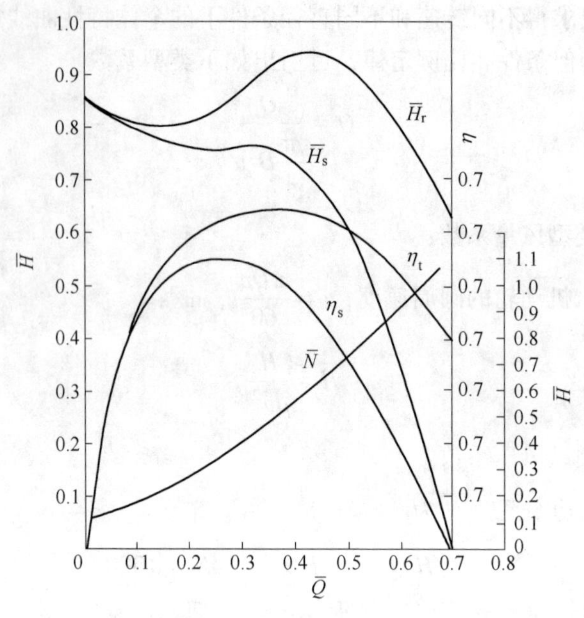

图 5-12　类型特性曲线

根据以上关系式，对应类型曲线图坐标轴上的 $\overline{H}$ 、$\overline{Q}$ 和 $\overline{N}$ 值，将坐标轴换算成为 H 、Q 和 N 轴，则原曲线就成为个体特性曲线。

5.2.3　风机作业方式

当单台风机运行不能满足生产对通风的要求时，可使用多台风机联合运行。多台风机联合运行时，各个风机的选型方法，仍然根据通风系统和风机在网路中的位置，分别算出各风机所应负担的风量和通风阻力，再初选风机型号。有时需进一步分析风机联合运行时的实际工况和效果，包括通风网路中实际的风流状况，各风机的实际工况及稳定性、有效性和经济性等。

风机联合运行工况的分析方法可采用作图求解法或计算机解算方程组法。本节介绍作图求解法。

作图求解法的基本程序是以风机个体特性曲线和网路风阻曲线为基础，运用风机特性曲线变位和合成的方法，将通风网路变化为等值的“单机”网路，求出等值“单机”的联合工况点。再由此联合工况点按网路变简的相反程序进行分解，逐步返回到原来网路，即可获得各风机的实际运转工况。

5.2.3.1　风机串联运行

风机串联作业的特点是扇风机的风量相等，风压之和等于网路总风阻。如图

5-13 所示，风机Ⅰ与Ⅱ串联运行，其 H-Q 曲线分别为Ⅰ与Ⅱ，网路总风阻曲线 R。首先将曲线Ⅰ与Ⅱ按风量相等、风压相加的办法，求得两风机合成特性曲线Ⅰ+Ⅱ。Ⅰ+Ⅱ曲线与总风阻曲线 R 的交点 M 就是联合工况点，其横坐标为联合作业的总风量 $Q_{Ⅰ+Ⅱ}$，纵坐标为总风压 $H_{Ⅰ+Ⅱ}$。

风机串联工作时应注意以下问题：

（1）两台风机均应在有效工作区段内工作，以保证有较高的工作效率。

（2）两台性能相差较大的风机串联工作时，由于网路风阻值小或风机选型不适当，其中一台风机的风压可能为 0 或负值，成为另一台风机的阻力，这种串联是不合理的。

（3）风机串联运行适用于高风阻的通风网路。

5.2.3.2 风机并联运行

两台风机在同一井口并联工作的特点是两风机风压相等，风量之和等于流过网路的总风量，如图 5-14 所示。设并联工作的两台扇风机是同型号的轴流式扇风机，其静压特性曲线为图上Ⅰ、Ⅱ曲线（相同），网路总风阻曲线为 R。首先将曲线Ⅰ与Ⅱ按风压相等风量相加的办法，作出并联合成曲线Ⅰ+Ⅱ。并联合成曲线Ⅰ+Ⅱ与网路风阻曲线 R 的交点 M 为联合工况点。由于 M 点在合成曲线驼峰右侧，风机Ⅰ、Ⅱ的实际工况点 M_1、M_2 也在曲线Ⅰ、Ⅱ的驼峰右侧，因此并联工作是稳定的。如果矿井风阻增大到图上所示的 R'，那么 R' 曲线与Ⅰ+Ⅱ曲线就有两个交点 M'，这就意味着这种并联运转是不稳定的。

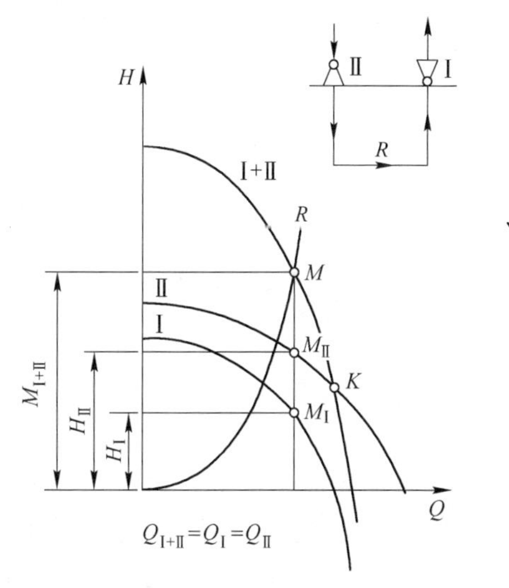

图 5-13　两台风机联合运行

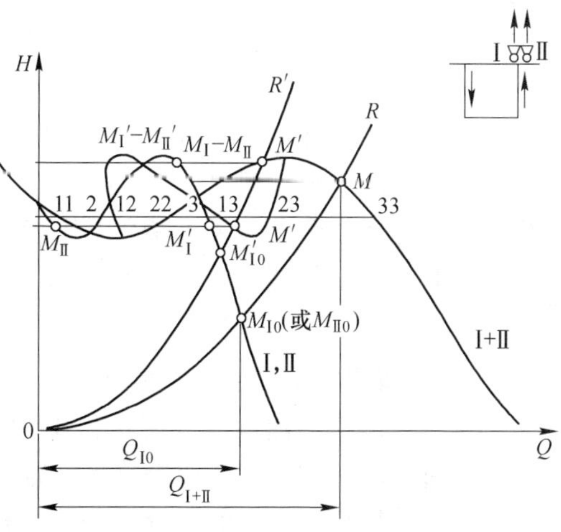

图 5-14　两台风机并联运行

风机在同一井口并联运行时，应注意以下问题：

(1) 并联运行时应保证风机工作的稳定性。网路风阻越小，越有利于保持风机工作的稳定性。叶片后倾的离心式风机较适合并联运转。

(2) 反向自然风压的出现可能引起风机工作的不稳定。

两台风机分别在两个井口并联运转也是一种常见的通风方式，此时，为保证风机工作的稳定和有效，应注意以下几点：

(1) 尽量降低通风系统中公共段井巷的风阻值。

(2) 尽量使两翼的风量和风压接近相等，以便采取相同型号和规格的风机。

(3) 因生产发展要求加大一台风机转速或叶片安装角时，应注意其对另一台风机工作稳定性的影响。

5.2.3.3　多风机联合运行

多风机联合运行主要包括风机串联、并联以及串并联结合等方式，一般用于复杂通风系统。多风机联合运行能够有效解决由于通风网络结构复杂化所面临的用风地点多、通风线路长、通风设施多、角联风路多等通风难题，具有便于调节风流、便于管理、提高矿井有效风量率、节能等优点。常常与计算机辅助全矿通风控制系统相结合，实现井下风机智能化管理，促进井下安全生产。

A　多风机联合运行的应用条件

多风机联合工作要求各风机的工况点必须处于合理的范围内，且风机的型号及能力应尽可能地相同。对于轴流式风机要求其工况点必须位于驼峰点的右下侧单调下降的直线段上，同时风机运转效率不应低于60%，风压不超过总风压的90%。对于无驼峰FS系列风机，风压特性曲线比较平滑，不会在高风阻区出现旋转失速现象，较适合于多台风机联合运转。

多风机在井下联合工作有着广泛的应用，多级机站是典型的多风机联合工作。一些老矿山井下需风量增加，通风阻力变化不大或通风阻力增加而需风量变化不大的情况下，在进行通风系统改造时，为满足井下需风量及风量的合理分配，会优先考虑采用多风机联合工作。当两个或多个矿井合并开采时，也存在着多风机联合工作的情况。

B　多风机联合运行有效性分析

a　风机串联工作的有效性分析

两台风压特性曲线不同的风机串联工作时，按照风量相等、风压相加的原则，通过作图法求得其合成等效风机的特性曲线。在某一风阻下，确定等效工况点，将等效风机所产生的风量 Q 与能力较大的风机单独作业所产生的风量 $Q_{大}$ 进行对比，若 $Q>Q_{大}$，风机串联作业有效；若 $Q \leqslant Q_{大}$，风机串联工作无效。

b　风机并联工作的有效性分析

两台风压特性曲线不同的风机并联工作时，按照风压相等、风量相加的原则，通过作图法求得其合成等效风机的特性曲线。其余同串联。

其他情况的风机联合工作均可以简化成风机集中串并联的模式，通过作图分析来辨别其有效性。此外，多风机分区并联运行出现的相互影响问题，是因为公用风路上的风量大于各台风机风量，并且并联工作的总风量小于各台风机单机运转风量之和。并联运转对每台风机的影响程度大小，取决于公用风路的风阻大小和风机风量与公用风路上风量比值的大小，即公用风路上风阻越大影响越大，风机风量与公用风路上的风量的比值越小影响越大。

5.2.3.4 多台风机联合运行的调节

采用多台风机联合运行时，各风机之间彼此联系，相互影响，且可能影响矿井通风效果，严重时甚至影响安全生产，因此，在必要时要对各风机进行调节，确保不影响矿井正常通风。

A 多台风机联合运行的相互影响

图 5-15 所示为简化后某矿通风系统示意图。实测两翼风机的公风共路 1-2 的风阻 $R_{1\text{-}2}=0.05\text{N}\cdot\text{s}^2/\text{m}^8$，西翼主扇的专用风路 2-3 的风阻 $R_{2\text{-}3}=0.36\text{N}\cdot\text{s}^2/\text{m}^8$，叶片角度是 35°，其静压特性曲线是图 5-16 中的 I 曲线，风机风量 $Q_\text{I}=40\text{m}^3/\text{s}$，静压 $h_\text{I}=1058\text{Pa}$，风机工作风阻 $R_\text{I}=1058/(40)^2=0.66\text{N}\cdot\text{s}^2/\text{m}^8$，工况点为 a 点。

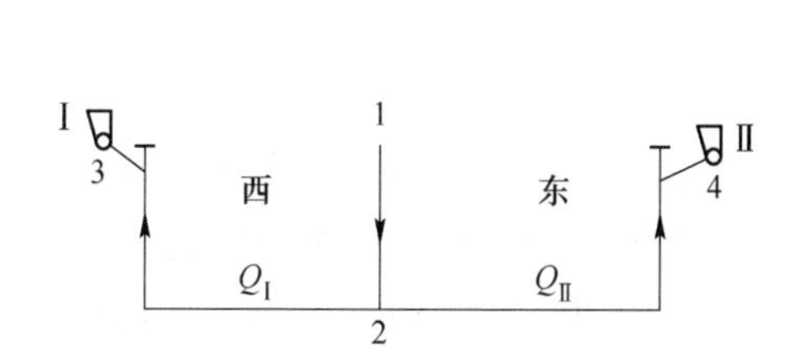

图 5-15 某矿通风系统简化示意图

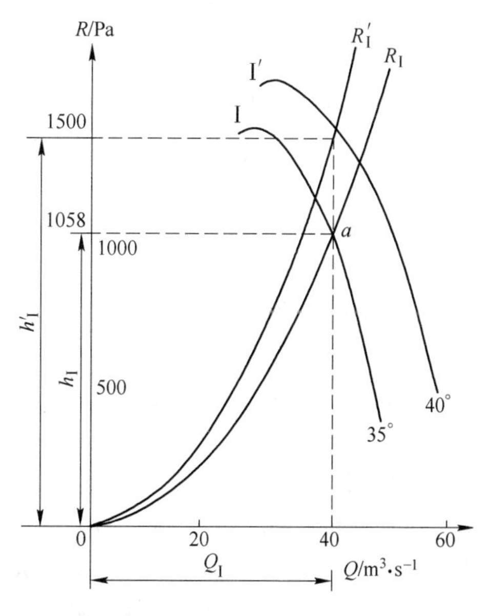

图 5-16 西翼主扇风压特性曲线

东翼主扇的专用风路 2-4 的风阻 $R_{2\text{-}4}=0.33\text{N}\cdot\text{s}^2/\text{m}^8$，叶片角度是 25°，其静

压特性曲线是图 5-17 中的Ⅱ曲线，风机风量 $Q_{Ⅱ}=60\text{m}^3/\text{s}$，静压 $h_{Ⅱ}=1666\text{Pa}$，工作风阻 $R_{Ⅱ}=1666/(60)^2=0.46\text{N}\cdot\text{s}^2/\text{m}^8$，工作风阻曲线 $R_{Ⅱ}$，工作点为 b 点。

在上述已知条件下，按新的生产计划要求，东翼的生产任务加大以后，东翼主扇的风量需增加到 $Q'_{Ⅱ}=90\text{m}^3/\text{s}$。此时，为了保证东翼的需风量（为了简便，不计漏风），矿井的总进风量也要增加，公共风路 1-2 的阻力和东翼主扇专用风路 2-4 的阻力都要变大，即风路 1-2 的阻力变为

$$h'_{1-2}=R_{1-2}(Q_{Ⅰ}+Q'_{Ⅱ})^2=0.05\times(40+90)^2=845\text{Pa}$$

风路 2-4 的阻力变为

$$h'_{2-4}=R_{2-4}(Q'_{Ⅱ})^2=0.33\times(90)^2=2673\text{Pa}$$

因而东翼主扇的静压（为了简便，不考虑自然风压）变为

$$h'_{Ⅱ}=h'_{1-2}+h'_{2-4}=845+2673=3518\text{Pa}$$

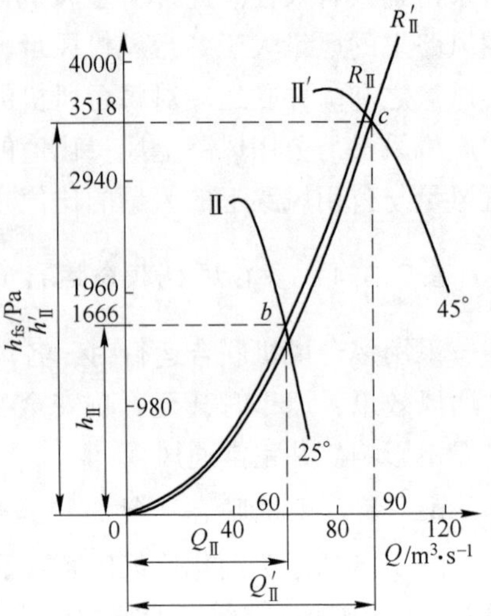

图 5-17　东翼主扇风压特性曲线

为此，需要对东翼主扇进行调整。当东翼主扇的叶片角度调整到 45°时，静压特性曲线为Ⅱ′，当主扇通过 $90\text{m}^3/\text{s}$ 的风量时，产生 3518Pa 的静风压。能够满足需要。这时东翼主扇的工作风阻则变为：

$$R'_{Ⅱ}=3518/90^2=0.43\text{N}\cdot\text{s}^2/\text{m}^8$$

它的工作风阻曲线是 $R'_{Ⅱ}$，新工况点是 c 点。

在东翼主扇调整的情况下，西翼主扇的特性曲线是否可以因风量不改变而不需要调整呢？如果西翼主扇的特性曲线不调整，则用调整叶片安装角的东翼主扇（特性曲线Ⅱ′）和西翼主扇（特性曲线Ⅰ）联合运转对该矿进行通风。下面讨论这种联合运转产生的影响。

先画出两主扇的特性曲线Ⅰ和Ⅱ′，并根据各风路的风阻值画出 $R_{1\text{-}2}$、$R_{2\text{-}3}$ 和 $R_{2\text{-}4}$ 三条风阻曲线，如图 5-18 所示。

专用风路 2-3 的风量，就是西翼主扇的风量，而这条风路的阻力要由西翼主扇总风压中的一部分来克服，即风路 2-3 的风阻曲线 $R_{2\text{-}3}$ 和西翼主扇的特性曲线Ⅰ之间是串联关系。因此，可用Ⅰ和 $R_{2\text{-}3}$ 两曲线按照“在相同的风量下，风压相减”的转化原则，绘出西翼主扇的特性曲线Ⅰ为风路 2-3 服务以后的剩余特性曲线Ⅰ′。

同理，用东翼主扇的特性曲线Ⅱ′和专用风路 2-4 的风阻曲线 $R_{2\text{-}4}$ 按照上述串联转化原则，画出东翼主扇为风路 2-4 服务以后的剩余特性曲线Ⅱ″，经过以上转

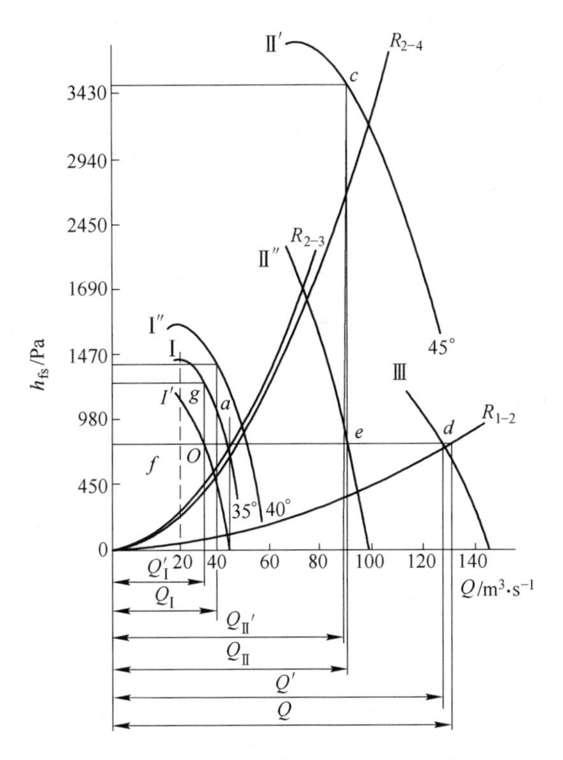

图 5-18　两台风机联合运转产生的影响

化，在概念上好比把两翼风机都搬到两翼分风点上，Ⅰ′和Ⅱ″两条曲线就是这两台主扇为公共风路 1-2 服务的特性曲线。

因为风路 1-2 上的风量是两主扇共同供给的，即两主扇风量之和就是风路1-2上的风量。而风路 1-2 的阻力，两主扇都要承担，即在每台主扇的总风压中都要拿出相等的一部分风压来克服公共风路 1-2 的阻力。这在概念上好比两主扇搬到分风点后，用它们的剩余特性曲线Ⅰ′和Ⅱ″并联特性曲线为风路 1-2 服务。因此，用曲线Ⅰ′和Ⅱ″按照在相同的风压下，风量相加的并联原则，画出它们的并联特性曲线Ⅲ，它与风路 1-2 的风阻曲线 R_{1-2} 相交于 d 点，自 d 点画垂直线与横坐标相交得出矿井总风量 $Q'=127\text{m}^3/\text{s}$，自 d 点画水平线分别交Ⅱ″和Ⅰ′两曲线于 e 和 f 两点，自这两点画垂直线与横坐标相交得出东翼的风量 $Q''_Ⅱ=90.7\text{m}^3/\text{s}$，西翼的风量 $Q'_Ⅰ=36.3\text{m}^3/\text{s}$。

以上说明，在上述图例的具体条件下，当东翼主扇特性曲线调整到Ⅱ′、而西翼主扇特性曲线不作相应调整时，则矿井的总风量下降（Q' 比 Q 小 $3\text{m}^3/\text{s}$），通过西翼的风量供不应求（$Q'_Ⅰ$ 比 $Q_Ⅰ$ 小 $3.7\text{m}^3/\text{s}$），而通过东翼的风量却供大于求（$Q''_Ⅱ$ 比 $Q'_Ⅱ$ 大 $0.7\text{m}^3/\text{s}$）。

此外，由图 5-18 可以看出，公共风路 1-2 的风阻曲线 R_{1-2}越陡，调整后的矿井总风量 Q'越小。此时，不仅西翼所需风量不能保证，而且东翼所需风量也不能满足。为安全运转起见，在每条风机特性曲线上，实际使用的风压不得大于这条特性曲线上最大风压的 90%。由图还可以看出，只要风阻曲线 R_{1-2}再陡一些，西翼主扇的工作点就会进入这台风机特性曲线的不安全工作区段，影响运转的稳定。

其他方面，两台主扇特性曲线相差越大或者西翼主扇的能力越小，矿井所需要的风量就越难保证，西翼主扇也有可能出现不稳定运转的情况。甚至当两台主扇的特性曲线相差较大、且公共风路的风阻较大的情况下，有可能造成公共风路的阻力达到西翼主扇零风量下的风压（即风量等于零时的风压）。此时，整个西翼将没有风流。如果公共风路的阻力继续增大，甚至大于西翼主扇零风量下的风压，这时西翼的风流就会反向或逆转，整个西翼变为东翼进风路线之一。

因此，对于两台或两台以上风机进行分区并联运转的矿井，如果公共风路的风阻越大，各风机的特性曲线相差越大，就越有可能出现上述通风恶化的现象，必须注意预防。

B　多台风机不稳定运转的预防措施

通过以上分析可知，多台风机并联运转时，公共风路的风阻越小，各台风机的能力越接近，则安全稳定运转越有保证。因此在矿井通风系统设计时，要尽可能降低公共风路的风阻，一般来说，要求公共风路的阻力约为小风机风压的 30%。所以在可能条件下，公共风路的断面要尽可能大些，长度要尽可能短些，或者使矿井的进风道数量尽可能多些。同时，还要尽量做到所选用的风机特性曲线基本相同，这就要求各采区或各翼所需要的风压和风量尽可能做到搭配均匀。

在生产管理工作中，要尽量使公共风路保持比较小的风阻值，不要在公共风路上堆积物品，如出现冒顶、塌陷或断面变形，必须及时整修。如果出现小风机不稳定的运转状况，可采用在大风机专用风路上加大风阻的临时措施，使大风机的风量和矿井总风量都适当减少，就能避免这种状况。为了预防大风机调整后的影响，须对其他风机做出相应的调整。例如，当生产情况要求东翼风机的特性曲线调整到 Ⅱ′时，西翼风机的特性曲线也必须及时调整，这是因为东翼风机风量增加，使通过公共风路的总风量增大，公共风路的阻力也增大。而西翼风机的风量虽然不改变，但它的风压却要相应地增加，这样才能承担公共风路上所需要的风压。据此，可用下式算出西翼风机专用风路所需要的风压：

$$h'_{2-3} = R_{2-3}Q_{\mathrm{I}}^2 = 0.36 \times 40^2 = 576\ \mathrm{Pa}$$

前面已算出公共风路 1-2 所需要的风压 $h'_{1-2}=845\text{Pa}$，所以西翼风机的总风压应为：

$$h'_{\text{I}}=h'_{1-2}+h'_{2-3}=845+576=1421\text{Pa}$$

根据 h'_{I} 和 Q_{I} 两个数据所构成的新工作点 j，把西翼风机叶片角度调整到 40°，使它的特性曲线 Ⅰ″接近 j 点（略有富裕）。西翼风机作此相应的调整，就能够保证井下各处所需的风量，以预防不稳定的通风状况出现。

西翼风机调整后，它的工作风阻变为

$$R'_{\text{I}}=h'_{\text{I}}/Q_{\text{I}}^2=1421/40^2=0.89\text{N}\cdot\text{s}^2/\text{m}^8$$

用 R'_{I} 的数据，可在图 5-19 画出这台风机调整后的工作风阻曲线 R'_{I}，此曲线必然与 Ⅰ′曲线相交。同理，前面已算出东翼风机调整后的工作风阻 $R'_{\text{II}}=0.43\text{N}\cdot\text{s}^2/\text{m}^8$，并已在图中画出工作风阻曲线 R'_{II}，此曲线必然与 Ⅱ′曲线相交于新工作点 c。以上计算表明各风机的工作风阻不一定是常数（$R_{\text{I}}<R'_{\text{I}}$、$R_{\text{II}}>R'_{\text{II}}$），当各风机的风量和矿井总风量的比值发生变化时，各风机的工作风阻也就跟着发生变化。

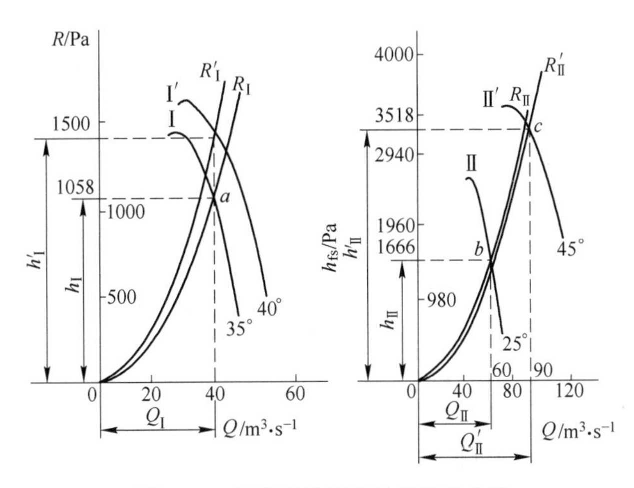

图 5-19 调整后的两台风机特性曲线

在上例中，调整以后的两台风机都使用了叶片角度最大的特性曲线，但考虑到有时会出现反向自然风压或者风路的风阻变大等因素，可能两台风机的工况点都超出合理工作范围，造成运转不稳定，而且噪声大，在此情况下，宜适当降低风路上的风阻，尽可能做到既保证矿井所需风量，又少用或不用风机叶片最大角度的特性曲线。

6 矿井通风节能技术

6.1 矿井通风能耗分析

矿井通风系统是保障矿井安全生产、保护井下作业人员身体健康的基本系统，也是矿山生产中电能消耗最大的工作系统之一。据统计，矿山通风能耗一般占矿山电量消耗的20%～45%。随着矿山开采强度的增大和开采不断向深部发展，通风能耗不断增加。在全球环境恶化和节能减排成为大势所趋的背景下，矿井通风节能技术的发展与应用显得越来越重要。矿井通风能耗分析如下。

6.1.1 风机低效率运行

矿井通风的动力系统是矿井电能消耗的主体，其作用是将电能转换成风能（即风流的静压能和动能）后形成风流。影响通风设备整体效率的主要因素有：(1) 风机的转换效率，即将电能转换成风能的效率，由电动机效率、传递效率和风机效率共同决定。(2) 风机工作状态，因为风机处在不同工况点时，其装置效率也会不同，影响风机工况点的因素主要是风机自身的气动特性和通风网络系统的风阻特性。

导致风机低效率运行的原因：(1) 由于风机结构在设计上存在缺陷，或者是装置本身转换效率低，电动机与风机、风机风量与用风量不匹配也会导致风机整体效率降低。(2) 风机工况点不理想，会导致风机低效运行。因为风机的特性曲线限定了风机的高效工作区，如图6-1所示，典型轴流式风机特性曲线中A、B两点之间是风机具有较高效率的工作区域，A点左边区域为不稳定区域，一般风机工况点不允许进入此区域；A点右边是稳定工作区。在稳定工作区内，如果风机工况点超出右边B点边界，风机效率将显著下降。

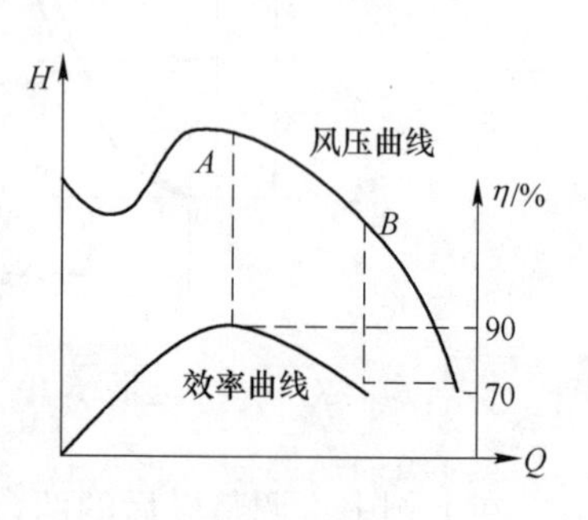

图6-1 风机高效工作区

6.1.2 通风网路不合理

目前，在通风网路方面普遍存在的问题主要有：网路布局不合理或风门、风墙等通风构筑物布设不当而导致的风路不畅或分风不合理，造成部分工作面的需风量达不到要求，此时不得不靠加大主扇风压来增加主风路的供风量；由于通风线路过长、井巷结构参数或断面形状及尺寸设计不合理而导致的风阻过大；采空区、井巷等因密闭措施不当而产生漏风或通风网络内因风流串联导致风压损失；因季节变化导致自然风压的作用方向与主扇风压的方向相反时，自然风压成为矿井通风的阻力，增加主扇的能耗。

6.1.3 主扇高功率运行

主扇集中通风是我国地采矿山应用非常普遍的通风模式。在设计矿井通风系统时，一般情况下，主扇选型遵循的原则是以矿山满负荷生产时的用风量为标准，并预留一定余量，因此，设计风量通常是矿井生产供风量的最高水平。然而，矿井实际需风量随作业地点、生产工艺和作业时间的变动而变化，与作业班次（白班或夜班）、采场布置（作业采场或备用采场）、爆破工艺、季节等因素有关。白班的作业强度高于夜班，白班的需风量大于夜班；作业采场的需风量大于备用采场；爆破作业时虽需风量大，但爆破作业间隔时间较长；矿井自然风压的作用方向与主扇风压相反时，自然风压成为主扇的通风阻力。因此，矿井实际需风量并非一个恒量，常常低于矿井设计的总风量。而实际上，主扇是按照设计的要求，长期处在高功率状况下运行，这无疑会导致大量能源的虚耗。

6.1.4 矿井通风阻力增加

随着矿山采掘深度的不断增加和生产规模的扩大，采场等用风地点的距离越来越远，通风线路增长，通风阻力随之不断增加，通风的能耗越来越大。影响通风阻力的因素分析如下。

（1）生产布局的影响。由于地质条件和开采规模的变化，生产布局也随之发生变化，矿井通风网络自然随之变化，这影响到矿井的通风阻力。对于一些井深、巷道长的老矿山，问题尤其突出。

（2）通风巷道断面面积的影响。由于设计的巷道断面偏小，或巷道失修、堵塞（冒顶、片帮、通风设施撤除不彻底等）、积水、堆积杂物等，均会导致通风阻力增加，风机的风压上升，风量下降，矿井通风能耗增加。

（3）漏风的影响。由于存在地表通达井下的裂隙、采空区未及时充填等，使得矿井产生内部或外部漏风。为提高矿井的有效风量，采用传统通风构筑物等调节措施，在不同程度上增加了矿井的通风阻力。因此，尽量少用调节风窗等设施，可利用导风板引风和利用矿用空气幕调节风流。

（4）局部阻力的影响。在主要通风巷道拐弯处、断面面积突变点、巷道内有堆积物处，风流会形成极为紊乱的涡流现象，局部阻力增加，造成风流的能量损失。

(5) 通风构筑物的影响。通风构筑物是矿井通风系统中调控风流的设施，主要是用以引导风流、隔断风流和调节风量。由于施工、管理等原因，有的通风构筑物难以有效发挥作用，造成风流调节效率低、漏风、串风等，不同程度上增加了矿井通风阻力，影响了通风系统的稳定性。

(6) 扇风机安装方式的影响。扇风机的安装方式决定了风硐、反风装置、闸门、扩散器等的合理性，如果不够合理，均有可能导致矿井通风阻力增大，尤其是扩散器的结构形式对主扇能量损失的影响比较大。

(7) 矿井自然风压的影响。不同季节的矿井自然风压对矿井通风能耗产生的影响不同，一般夏季矿井自然风压与主扇风压作用方向相反，成为主扇通风的阻力，加大了主扇的负荷量，甚至会导致主扇电机被烧毁等事故。

6.2 矿井通风节能

矿井通风系统改造应达到两个目标，一是提高通风技术效果，改善井下的作业环境；二是节省通风能耗，提高经济效益。两者相辅相成，必须同时兼顾。矿山生产过程中，改善作业环境、节省通风能耗的技术措施主要有：(1) 采用多井进风、多井回风的多路通风系统。(2) 按最优分风条件合理分配风流。(3) 优化风流调控方法，采用多级机站通风。(4) 均衡风压减少漏风，提高有效风量率。(5) 优化井巷断面、采用低阻构筑物，降低井巷通风阻力。(6) 采用高效节能扇风机。

6.2.1 漏风控制与节能效益

矿井漏风的控制途径主要有：(1) 提高风门和密闭墙的气密性，在行车频繁的运输巷道安设自动风门，并加强维护管理。(2) 在抽出式通风系统中，为了提高回风系统的严密性，采取留保护矿柱、封闭天井口、充填采空区等措施，在主回风道与上部采空区之间建立隔离层，防止地表漏风直接短路进入回风系统。(3) 在压入式通风系统中，除加强井底车场风门管理外，可采取均衡风压的方法减少漏风，如利用导风板引风和利用矿用空气幕隔风。(4) 把单一抽出式或压入式通风系统改为压抽混合式通风系统，对整个通风网路实行均压控制，使全系统的通风压力趋于平衡。

采取漏风控制措施后的矿井总风量 Q_k' 与前矿井总风量 Q_k 之比称为漏风控制功耗比例系数 K_1，则

$$K_1 = \frac{Q_k'}{Q_k} = \frac{Q_e'/\eta_e'}{Q_e/\eta_e} \tag{6-1}$$

式中 Q_e，Q_e'——采取防漏措施前、后矿井的有效风量，m^3/s；

η_e，η'_e——采取防漏措施前、后矿井的有效风量率,%。

若保持有效风量不变，即 $Q_e = Q'_e$，则

$$K_1 = \frac{\eta_e}{\eta'_e} \tag{6-2}$$

控制漏风的节能效益 φ_1 可用下式进行计算：

$$\varphi_1 = (1 - K_1) \times 100\% = \left(1 - \frac{\eta_e}{\eta'_e}\right) \times 100\% \tag{6-3}$$

6.2.2 降低井巷风阻与节能效益

矿井通风能耗与扇风机全压成正比，而扇风机全压主要取决于矿井通风总阻力的大小。因此，可以通过降低扇风机负担风路上的通风总阻力来降低扇风机全压。通风阻力可分为摩擦阻力、局部阻力和正面阻力，矿井通风总阻力则等于风流沿任一路线流动时各井巷的摩擦阻力、局部阻力和正面阻力之和。

（1）降低摩擦阻力。摩擦阻力是风流沿通风井巷全程流动时，由于井巷的摩擦作用所产生的阻力，当风量一定时，其大小与井巷的摩擦风阻 R_f 成正比，由摩擦风阻计算公式 $R_f = \frac{\alpha PL}{S^3}$ 可知，采取下列措施可降低矿井的摩擦风阻或阻力：1）增大井巷过风断面面积 S（如扩大井巷断面或采用并联通风网路）。2）降低井巷摩擦阻力系数 α（如保持井巷壁面光滑或支架排列整齐）。3）缩小断面周长 P（如采用圆形或拱形断面）。4）减少通风井巷长度 L（如合理规划风流路线）。由于摩擦风阻与井巷断面面积的立方成反比，因此，加大井巷断面可大大降低井巷的通风阻力，如某矿对矿井通风系统进行降阻改造时，采取的主要技术措施就是扩大回风井巷断面，改造后矿井通风阻力由原来的 1764Pa 下降到 882Pa，降幅达到 50%，年节电 25.7×10^4kW · h。

（2）降低局部阻力。局部阻力是风流流过某些局部区段时，由于风速的大小、方向发生急剧变化，而引起空气质点间相互激烈的冲击与附加摩擦所产生的阻力。降低局部阻力可采取的措施：1）将断面变化和拐弯处分别做成逐渐变化或弧形拐弯，尽量避免断面的突然变化或直角拐弯。2）采用导风板引导风流，可降低直角拐弯井巷的局部阻力系数，降幅可达到 75%。3）优化设计节能型通风构筑物，如双曲线型风硐可使局部阻力降低 2/3，绕流型风桥仅为直角风桥阻力的 1/40。

（3）降低正面阻力。当通风井巷内存在某些正面障碍物时，井巷中的风流流动只能在这些障碍物的周围流过，使风流受到的附加阻力，即正面阻力。降低正面阻力的措施：1）将某些永久性的正面阻力物体做成流线型，如方形比面积相同的流线型正面阻力物的阻力系数要大 20 多倍。2）清除通风井巷内的各种堆

积物、积水等。

可见，在最大阻力路线上的高阻力区段，采取扩大巷道断面或开凿并联风道的降阻措施，可取得明显的降阻效果，且局部降阻的工程量小，易于实现。在风速较高的主要通风巷道采用空气动力性能良好的通风构筑物，也能收到较好的降阻效果。东北大学设计的流线型扩散塔、双曲线型风硐、流线型风桥等通风构筑物已逐渐被矿山采用。流线型扩散塔的局部阻力系数仅为直立型扩散塔的一半；将井巷直角转弯的内、外边壁改成双曲线型转弯，局部阻力系数可由 1.28 降到 0.174；绕流型风桥的局部阻力系数仅为 0.15。

降阻的功耗比例系数 K_r 为

$$K_r = \frac{R'}{R} \tag{6-4}$$

式中　R，R'——降阻前、后的矿井总风阻，$N \cdot s^2/m$。

降阻的节能效益 φ_r 为

$$\varphi_r = (1 - K_r) \times 100\% = \left(1 - \frac{R'}{R}\right) \times 100\% \tag{6-5}$$

6.2.3 新型节能风机的应用与节能效益

目前，K 系列新型节能风机已在非煤矿山推广应用，且取得了显著的节能效益。这类扇风机有如下特点：

（1）扇风机性能与矿井通风网路的阻力特性匹配较好，扇风机的运转效率高。

（2）扇风机的空气动力性能良好，最高全压效率可达 90%以上，较 $70B_2$ 矿用扇风机性能优越。

（3）结构简单，安装方便，易于检修。

扇风机的节能效益主要体现在其运转效率的高低。若以 η_f 表示矿井通风系统改造前原扇风机的运转效率，以 η_f' 表示改造后新型节能扇风机的运转效率，则扇风机的功耗比例系数 K_f 为

$$K_f = \eta_f / \eta_f' \tag{6-6}$$

扇风机的节能效益 φ_f 为

$$\varphi_f = (1 - K_f) \times 100\% = \left(1 - \frac{\eta_f}{\eta_f'}\right) \times 100\% \tag{6-7}$$

6.2.4 主扇调速节能技术

6.2.4.1 主扇调速方法

在矿山生产过程中，通风电耗是矿井电耗的重要构成部分，因地制宜地采取

有效措施降低矿井通风电耗，不仅必要而且十分有意义。矿井通风电耗主要由主扇风机消耗组成，因此，矿井通风节能可以先从主扇风机节能入手。主扇风机的节能主要有风机电机调速运行、采用新型高效的K系列节能风机等措施，其中风机电机调速又可分高压变频调速、可控硅串级调速和可控液体电阻启动调速器调速。在具体应用时，一般依据矿山井下作业交接班时间表和井下自然风压的变化规律采用合适的电机调速技术，以达到最佳的降低主扇运行能耗的目的。

6.2.4.2 应用实例

依据某铜矿井下不同作业时间的需风量要求，采用可控液体电阻启动调速器对主扇实行调速运行，为矿山创造了较好的经济效益。

某铜矿为单翼对角抽出式通风系统，西风井是全矿唯一的回风井，其井口安装了2K60-4No28型主扇风机，额定功率为800kW，供电电压为60kV，实际运行功率约为600kW，有效静压约为1960Pa，排风量约为160m³/s，能满足全矿井通风的需求。生产过程中，尽管在交接班、夜班及检修期间，井下的需风量比正常作业时要少，但矿山的主扇仍是按设计工况运行，这无疑浪费了部分电耗，尤其是冬季矿井自然风压帮助主扇通风时，按设计工况运行浪费的电耗更大。

由现场主扇实际的运行情况可知，矿山除了检修或因故停机外，西风井主扇是24h运转，每小时的耗电量约为614kW·h。井下作业采用三班制，交接时间约2h，则每年的交接班时间约1320h，冬季运行时间约90d。可见，在冬季或交接班时间段，积极采取合理的节能措施显得非常必要和有意义。

A 应用条件

某铜矿井下交接班时基本无人员作业，此时井下的需风量比正常作业时的少，夜班及检修时间井下的需风量也基本如此。为确定主扇的调速档，分别在冬季和春夏秋季对交接班、夜班及检修期间井下的需风量及对应的电机转速进行了测定。在春夏秋井下正常作业时，电机的转速（A档）为535r/min（为设计转速的90%），交接班时电机的转速（B档）为470r/min（为设计转速的80%）；在冬季，采用B档转速运行，交接班时电机的转速（C档）为420r/min（为设计转速的70%）；年终检修时，电机的转速采用C档运行。据此，通过调节风机电机的转速来控制井下的供风量，从而达到降低风机运行能耗的目的。

B 节能技术方案及特点

a 节能技术方案

考虑到矿山的实际情况和工程投资、工程工期、设备装置的占地面积、维护保养、可靠性等因素，并依据矿山井下作业交接班时间表和井下自然风压的变化规律，以及西主扇运行的技术参数，经综合比较后，选用投资省、安全可靠、节电效果好的可控液体电阻启动调速器调节西主扇的电机转速方案。

b 可控液体电阻启动调速器

可控液体电阻启动调速器主要由液体电阻柜和冷却系统组成，其中液体电阻柜为本系统的主体，内设液阻箱，内分三隔，每隔一相，由动静极板组成可变电阻，箱内附有电器控制系统和液体泵。其基本原理是以改变串入电机转子回路的液体电阻来调整电机转速，电阻越大，电机转速越低；电阻为零，电机达到全速。

为避免调速过程中液体因电阻产生热量而使温度升得过高，采用循环装置对液体强制进行循环冷却的冷却系统。此系统是针对无循环自来水地区而开发的一种专门的冷却水系统，利用从井下抽出、全年水温波动不大的地下水作为液体电阻调速时水电阻的散热介质。可控液体电阻调速系统如图 6-2 所示。

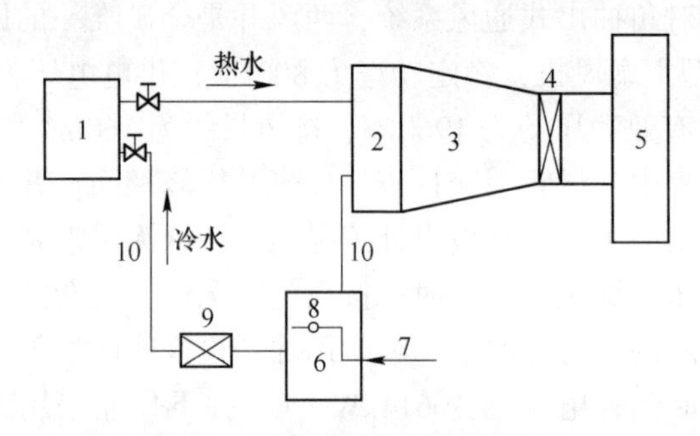

图 6-2 可控液体电阻调速系统

1—液体电阻调速柜；2—盘管冷却器；3—风管；4—轴流风机；5—出水风道；6—水箱；7—进水管；8—浮球阀；9—水泵；10—水管

可控液体电阻启动调速器的主要技术指标：（1）适用电机容量为 700~1000kW。（2）水箱内液体正常温度为 55℃。（3）循环系统功率为 2.2kW。主要技术经济特点：（1）可对大型绕线异步电机进行无级调速，调速比可达 1∶2，完全可以满足风机类设备所需的调速范围要求。（2）无需另外安装启动装置，且液体电阻启动器启动电流小，启动平稳。（3）在供风量相同的情况下，转子回路串电阻比液力耦合器调速方式的电力消耗低，节能显著。（4）与变频调速、可控硅串级调速相比更经济可靠实用，维护简单，价格仅为变频调速器的 1/3~1/4。（5）调节风量的线性度好。（6）布置灵活，使用方便。

C 节能效果与分析

在实际应用中，依据井下正常作业班、交接班以及春夏秋冬季井下的需风量情况，设置 A、B、C 三个调速档进行应用试验，其中 A 档是在正常作业时应用，B 档是在春夏秋季的交接班时应用，C 档是在冬季的交接班和年终检修时应用。本调速器已正常使用多年，节能效果明显，且维护量小，具体分析如下：

当风机全速满载时：$I_e=96.3$A，$\cos\varphi=0.84$，$U_e=6$kV，则电机输入功率为：

$N_e = U_e \times I_e \times \cos\varphi = 840.65\text{kW}$，而电机输出功率为800kW，故风机全速满载时电机内部功率损耗为：$N_{dse} = 840.65 - 800 = 40.65\text{kW}$。已知全速下电机负荷为602kW，$I=69\text{A}$，则可计算出全速条件下电机的损耗功率为32kW。因此，在全速输入功率为602kW时，电机的输出功率 $N_{ou} = 602 - 32 = 570\text{kW}$，即为风机的输入功率 N_{fi}。

当电机调速运行时，电机的输入功率 $N_i = N_{fi} + N_r + N_{ds} = N_{ou} \times i^2 + N_{ds}$，其中，$N_{fi}$ 为调速后风机功率，N_r 为液体电阻功率，i 为调节风量与全速风量的比值。由此可知调速条件下，电机运行时节约的功率 N_j 可通过如下公式计算。

$$N_j = 602 - (N_{ou} \times i^2 + N_{ds}) = 570(1 - i^2) \tag{6-8}$$

依据矿山的实际情况，i 的值分别为90%（A档）、80%（B档）、70%（C档），现场风机的具体运行时间及调速档如表6-1所示。其他时间电机调速至A档运行。在不同调速档情况下运转所节约的功率如表6-2所示。

表6-1　主扇调速运行的时间分布

主扇运转档	运转日期	运转时段	运转天数/d	运转时间/h·d⁻¹
A	1～12月	0：00～24：00	365	18
B	3～11月	6：30～9：00 15：00～17：00 22：30～1：00	275	6
C	1月、2月、12月及年终检修	6：30～9：00 15：00～17：00 22：30～1：00	90	6

表6-2　可控液体电阻启动调速器的使用效果

调速档	电机转速/r·min⁻¹	电流/A	电压/kV	节约功率/kW	年节约电量/kW·h·a⁻¹
A	535	45×1.5	6	108.3	711531
B	470	37×1.5	6	205.2	338580
C	420	30×1.5	6	290.0	156600

可见，某铜矿采用可控液体电阻启动调速器进行主扇调速运行可以收到显著的经济效益。

6.2.5　合理分配风流与节能效益

对于多风路回风的通风系统，各风路的回风量应与该风路风阻大小相适应。风路的风阻小，通风能力强，通风量大；风阻大，通风能力弱，则通风量少。这样，可减少由于分风量与风阻状况不相适应而产生的附加能量损失。理论研究表明，各分支风路的风压相等是最优的分风方案。也就是说，多风路并联回风时，

最优的分风是按各分支风路的风阻大小自然分风。各分支风路的风量为

$$Q_j = \frac{Q}{\sum_{i=1}^{n} \sqrt{\frac{R_j}{R_i}}} \tag{6-9}$$

式中　Q——矿井总风量，m^3/s；

Q_j——第 j 号分支风路的风量，m^3/s；

R_i——并联回风风路中任一分支风路的风阻，$N \cdot s^2/m^8$；

R_j——并联回风风路中第 j 号分支风路的风阻，$N \cdot s^2/m^8$。

在如图 6-3 所示的某两翼抽出式通风系统，各风路的风阻为 $R_0 = 0.05$、$R_1 = 0.12$、$R_2 = 0.4 N \cdot s^2/m^8$，矿井总风量 $Q = 100m^3/s$。当 1 号分支风路的风量 Q_1 由 $20m^3/s$ 逐渐增加到 $80m^3/s$，2 号分支风路的风量 Q_2 由 $80m^3/s$ 逐渐降低到 $20m^3/s$ 时，在分支风路的风量分配不同的情况下，通风网路的总功耗由 255kW 变化到 114kW，最低功耗为 100kW。由图 6-4 可见，最小功耗点出现在 $Q_1 = 65m^3/s$、$Q_2 = 35m^3/s$ 处，该点恰好符合按风阻大小自然分配的风量。

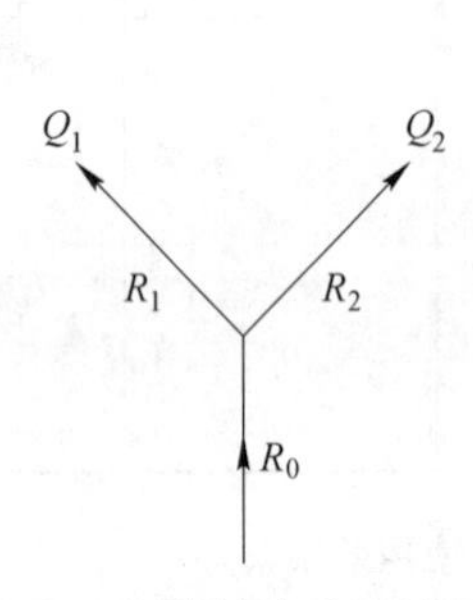

图 6-3　两翼抽出式通风系统

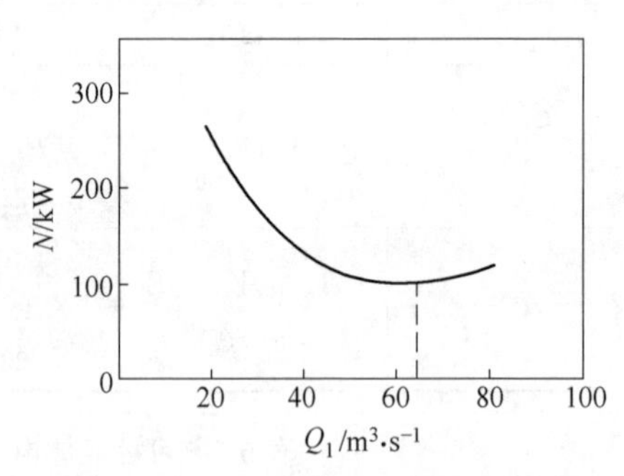

图 6-4　不同分风情况下系统的总功耗

自然分风时，回风系统的总功耗 N_p 为

$$N_p = \sum_{i=1}^{n} h_{i \cdot p} Q_i \tag{6-10}$$

最佳分风时，各回风风路分压相等，约为 h_p，回风系统的总功耗 N'_p 为

$$N'_p = h_p Q \tag{6-11}$$

回风系统的功耗比例系数 $K_{i \cdot p}$ 为

$$K_{i \cdot p} = \frac{h_p Q}{\sum_{i=1}^{n} h_{i \cdot p} Q_i} \tag{6-12}$$

全系统的功耗比例系数 K_j 为

$$K_j = 1 - j(1 - K_{i \cdot p}) \tag{6-13}$$

全系统的节能效益 φ_j 为

$$\varphi_j = j\left[1 - \frac{h_p Q}{\sum_{i=1}^{n} h_{i\cdot p} Q_i}\right] \times 100\% \tag{6-14}$$

6.2.6 风流调控与节能效益

在风流调控系统中，相对而言，多级机站调控系统的总功耗最低，有效风量率最高，系统的可控性、有效性和经济性最好；主扇-辅扇调控系统次之；而主扇-风窗调控系统的总功耗最高，有效风量率最低。在复杂通风网路中，由进风口到排风口的诸多风路中存在一条最大阻力路线和一条最小阻力路线。在最大阻力路线上不增加风阻调控风流、在最小阻力路线以外的其余风路上设置辅扇调控风流时，符合风流调控功耗最小原则。因此，在同一通风网中，各调控方案在功耗上是等价的。

降阻调节方法也是节省通风能耗的重要途径。但降阻工程本身耗资较大，花费时间较长。在生产矿山中采用此类调节措施是否有利，还须结合现场条件进行具体分析。

增阻调节的网路总功耗可按下式计算：

$$N_{iw} = \frac{h_{max} Q}{1000} \tag{6-15}$$

降阻调节的网路总功耗可按下式计算：

$$N_{ig} = \frac{h_{min} Q}{1000} \tag{6-16}$$

辅扇和多级机站调节的总功耗可按下式计算：

$$N_{if} = \frac{1}{2}(N_{iw} + N_{ig}) = \frac{(h_{max} + h_{min})Q}{2000} \tag{6-17}$$

式中 h_{max}——最大阻力路线的总阻力，Pa；

h_{min}——最小阻力路线的总阻力，Pa。

降阻调节与增阻调节的功耗比例系数 K_{ig} 为

$$K_{ig} = h_{min}/h_{max} \tag{6-18}$$

辅扇调节与增阻调节的功耗比例系数 K_{if} 为

$$K_{if} = \frac{1}{2}(1 + h_{min}/h_{max}) \tag{6-19}$$

相应的节能效益为

$$\varphi_{ig} = (1 - K_{ig}) \times 100\% \tag{6-20}$$

$$\varphi_{if} = (1 - K_{if}) \times 100\% \tag{6-21}$$

6.2.7　多风路回风系统与节能效益

回风风路的总功耗（kW）可用下式表达：

$$N_{d \cdot p} = \frac{1}{1000}\sum_{i=1}^{n} R_i Q_i^3 \tag{6-22}$$

式中　R_i——任一回风风路的风阻，$N \cdot s^2/m^8$；

Q_i——任一回风风路的风量，m^3/s。

若矿井的回风井筒由 m 个增加到改造后的 n 个，则改造后回风系统的功耗与改造前的功耗之比称为回风系统功耗比例系数，以 $K_{d \cdot p}$ 表示。

$$K_{d \cdot p} = \frac{\sum_{i=1}^{n} R'_i Q'^3_i}{\sum_{i=1}^{m} R_i Q_i^3} \tag{6-23}$$

式中带有一撇的参量为通风系统改造后的参量。

估算多风路回风系统的节能效益时，可取各回风风路的风阻近似相等，均为 R，矿井的总风量 Q 保持不变，且各风路的回风量相等。此时，功耗比例系数为

$$K_{d \cdot p} = \frac{nR\left(\frac{Q}{n}\right)^3}{mR\left(\frac{Q}{m}\right)^3} = \left(\frac{m}{n}\right)^2 \tag{6-24}$$

回风系统的功耗仅为矿井全系统功耗的一部分。回风系统的功耗比例系数 $K_{d \cdot p}$ 并不等于全系统功耗比例系数 K_d，两者之间存在如下关系

$$K_d = 1 - j(1 - K_{d \cdot p}) \tag{6-25}$$

式中，j 为改造前回风系统功耗占全系统功耗的比例系数，可按下式估算：

$$j = \frac{1}{1 + 2\left(\frac{u_r}{u_p}\right)^2} \tag{6-26}$$

式中　u_r——进风井的平均风速，m/s；

u_p——回风井的平均风速，m/s。

在矿井通风系统改造时，采用多风路回风而节省的功率占改造前全系统总功率的百分比称为多路回风系统的节能率或称节能效益，以 φ_d 表示：

$$\varphi_d = (1 - K_d) \times 100\% \tag{6-27}$$

将 K_d 的关系式代入后，得

$$\varphi_d = j\left[1 - \left(\frac{m}{n}\right)^2\right] \times 100\% \tag{6-28}$$

在不同的 j 值情况下，φ_d 随$\left(\frac{m}{n}\right)$的变化情况如图 6-5 所示。

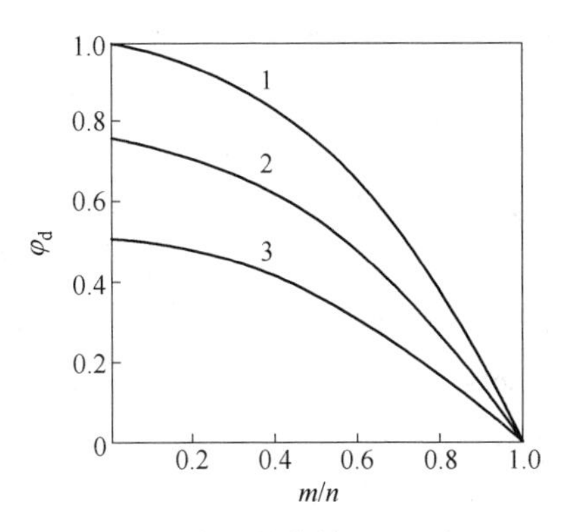

图 6-5 多风路回风系统的节能效益 φ_d 随 j 和 m/n 的变化

1—$j=1$；2—$j=0.75$；3—$j=0.5$

多风路回风系统的节能效益主要表现：（1）采用多风路回风系统可显著降低回风系统阻力，获得较高的节能效益。（2）当改造前回风系统阻力占全系统阻力的比例较高时，采用多风路回风系统后，节能效益较高。（3）当改造前回风井的数目 m 与改造后回风井的数目 n 之比值越小，所获得的节能效益越大。

6.2.8 综合节能效益的估算方法

矿井通风节能的实践经验表明，将矿井通风系统改造与新型节能扇风机的应用结合起来，既能改善井下的作业环境，又能取得更高的节能效益。综合节能效益是由多路回风效益、均压分风效益、调节效益、防漏风效益、降阻效益和节能风机效益等多因素构成，可采用下式计算：

$$\varphi = \frac{N - N'}{N} \times 100\% = \left(1 - \frac{N'}{N}\right) \times 100\% \tag{6-29}$$

式中 N，N'——矿井通风系统改造前、后的总功耗，kW。

$$N = HQ_f/1000\eta_f \tag{6-30}$$

$$N' = H'Q'_f/1000\eta'_f \tag{6-31}$$

将 N、N' 的表达式代入式（6-29），则

$$\varphi = \left[1 - \frac{\frac{H'}{H} \times \frac{Q'_f}{Q_f}}{\frac{\eta'_f}{\eta_f}}\right] \times 100\% \tag{6-32}$$

由于 $\frac{H'}{H}=K_dK_jK_tK_r$；$\frac{Q'_f}{Q_f}=K_1$；$\frac{\eta'_f}{\eta_f}=K_f$，则总节能效益为

$$\varphi=(1-K_dK_jK_tK_rK_1K_f)\times 100\% \tag{6-33}$$

例如，某矿通风系统改造所采取的主要措施：（1）选用K系列节能扇风机替换原有的2BY型扇风机，扇风的运转效率由原来的0.425提高到0.724。（2）将原两翼式回风系统改为三井并联回风系统。（3）采用均压分风原则，各回风风路风压接近相等。（4）在南风井采取局部降阻措施，矿井总风阻由原来的0.46N·s²/m⁸降到0.42N·s²/m⁸。该系统改造后的节能效益可估算如下：

$$\varphi=(1-K_dK_jK_rK_f)\times 100\% \tag{6-34}$$

$$K_d=1-j\left(1-\left(\frac{m}{n}\right)^2\right)=1-0.8\left[1-\left(\frac{2}{3}\right)^2\right]=0.556$$

计算 K_d 时已考虑均压分风的因素，此例中 $K_j=1$

$$K_r=\frac{R'}{R}=\frac{0.42}{0.46}=0.91$$

$$K_f=\frac{\eta_f}{\eta'_f}=\frac{0.425}{0.724}=0.587$$

$$\varphi=(1-0.556\times 1\times 0.91\times 0.587)\times 100\%=70\%$$

即该矿实际总节能效益达70%。

综合节能效益的预估算方法为矿井通风系统改造决策提供了技术依据，同时，也可根据各项改造措施所起作用的重要程度和经济性，选定最有效的改造方案。

6.3　多级机站通风节能

矿井生产过程中，通风方法、风机性能以及通风管理等是影响矿井通风能耗的主要原因。我国金属矿山传统的通风系统多数设计采用单一的主扇通风系统，漏风系数取值大，且按最困难时期的最大通风阻力选择主扇风机，一般选取的风机风压偏高。通风系统建成后，由于金属矿井开采技术上的特点，致使主扇的工况点风压比设计的风压低得多，风机运转效率一直偏低。而多级机站通风是一种较理想的通风节能方法，具体节能效益分析如下。

6.3.1　多级机站通风节能分析

6.3.1.1　节能原理

风机的功率与风量立方成正比，所以大型号风机的风量大，风压高，功率消耗大。而多级机站通风一般是机站间采用风机串联，机站内采用风机并联，这样

所选的风机风量小，风压低，故功率也小。此外，也可选用新型高效节能风机降低能耗。实践证明，多级机站通风系统与单一主扇通风系统相比，装机总功率可有效降低，节能效果好。

将一个矿山简化成一个普通的串并联网络系统，如图 6-6 所示。假设巷道的风阻 $R_1=R_2=R_3=R_4=R_5=R$，若在巷道 5 区域布置一台风量为 Q 的风机，形成单一主扇抽出式通风系统，根据并联巷道通风网络的风阻特性 $R_0=1/\left[\sum_{i=1}^{n}\frac{1}{\sqrt{R_i}}\right]^2$ 和功率的计算公式 $N=R_{总}\cdot Q^3$，可知矿井风流总功率为 $N_1=\left[2R+\frac{1}{\left(\frac{3}{\sqrt{R}}\right)^2}\right]Q^3=\frac{19}{9}RQ^3$。若要建立多级机站通风系统，则在 1 区域和 5 区域分别布置风量为 Q、风压为 $\frac{1}{3}RQ^2$ 的压、抽式风机，在 2~4 区域分别布置风量为 $\frac{1}{3}Q$、风压为 $\frac{1}{3}RQ^2$ 的风机，形成三级机站通风方式，则消耗的总功率为 $N_2=RQ^3$。显而易见，$N_1>N_2$。

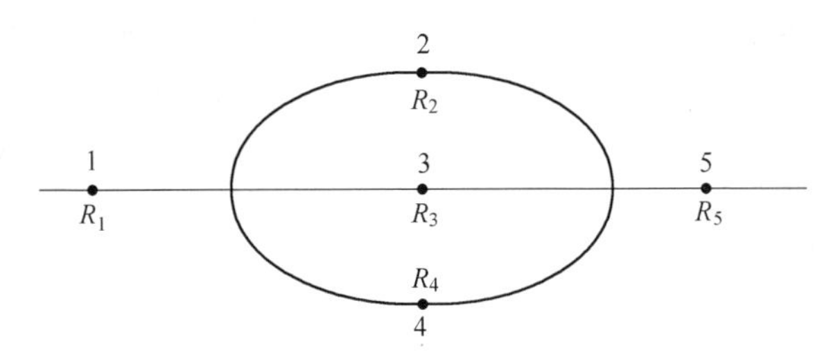

图 6-6　某矿井通风网络

由此可见，选用多级机站通风方式时，矿井风量不变，但风机的功耗比单一主扇集中通风系统的功耗减小了很多。当然，在选用多级机站通风方式时，机站级数的划分、风机数量的确定、风机类型选择、风机型号及叶片安装角的确定以及风机并联运行的稳定性等因素，也会影响风机的功率。但在不考虑局部阻力、风机的购置费、风机运行管理以及上述综合因素的情况下，多级机站通风方式比主扇集中通风方式的节能优势更加明显，一般通风能耗可降低 20%以上。

6.3.1.2　漏风控制

在矿井通风过程中，漏风通常是节能降耗的障碍之一。除了采用充填、封闭以及加强管理等措施外，采用多级机站通风方式对整个通风网路实行均压控制被证明是控制漏风比较有效的方法。它是运用风压平衡原理对全系统施行均压通风，在满足各风路所需风量的条件下，通过控制风机运行，保持各分支风路的风压平衡、各漏风风路两个端点的风压相等，即可控制内部和外部漏风。

（1）外部漏风控制方法。应用多级机站进行外部漏风控制时，需要在外部漏风点保持零压状态，有两个外部漏风点的机站布置示意图如图 6-7 所示。

由图 6-7 可见，当有两个外部漏风点时，则应在 A 点、BC 区域和 D 点设置风机站，构成三级机站。均压通风原理的数学表示为

$$\begin{aligned} H_{f\mathrm{I}} &= h_{AB} \\ H_{f\mathrm{II}} &= h_{BC} \\ H_{f\mathrm{III}} &= h_{CD} \end{aligned} \tag{6-35}$$

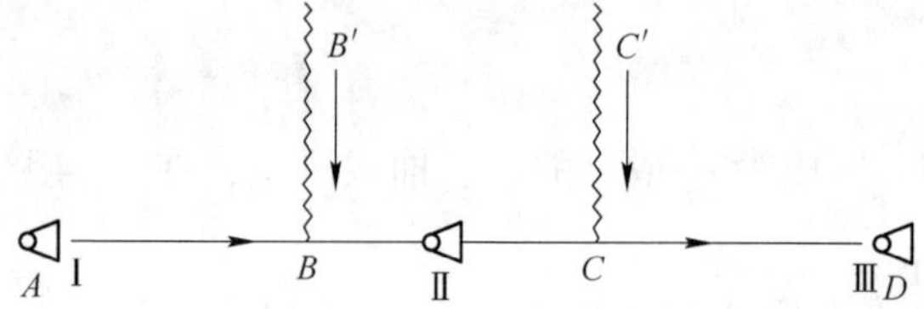

图 6-7　控制两个外部漏风点的机站布置示意图

（2）内部漏风控制方法。当采用多级机站进行内部漏风控制时，需要在内部漏风点保持压力相等。当有两个内部漏风点时，可设置三级机站，如图 6-8 所示。这样的机站布置方法可保证漏风点的压力均衡，其均压通风原理的数学表示为

$$\begin{aligned} H_{f\mathrm{I}} &= h_{BC} \\ H_{f\mathrm{II}} &= h_{CD} \\ H_{f\mathrm{III}} &= h_{AB} + h_{DE} \end{aligned} \tag{6-36}$$

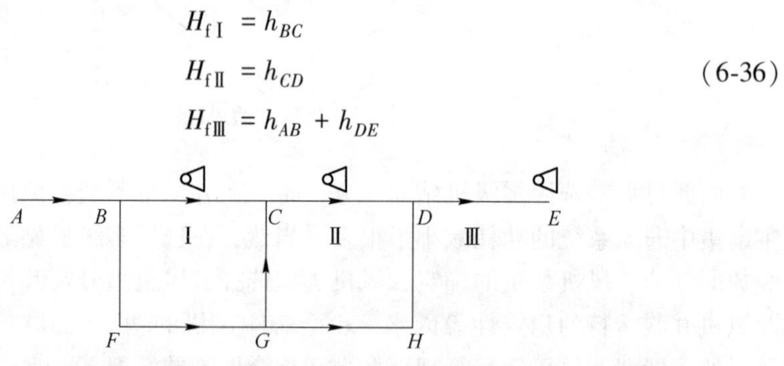

图 6-8　有两个内部漏风的机站布置示意图

多级机站通风系统能够在保持各风路需风量的前提下，通过机站风机调整各分支风路的风压，使其趋于平衡，即外部漏风点接近零压，内部漏风点风压相等，从而使通风系统的压力分布趋于合理化，有效控制漏风。而在实际生产过程中，当外部漏风风流对矿井通风有益时可加以合理利用，有害时则需控制。

（3）内、外部漏风系数分析。在通风过程中，漏风对矿井有效风量的影响

较大，其之间的相互关系可用下式表达：

$$\sum Q = k_1 k_2 Q \tag{6-37}$$

式中 k_1，k_2——矿井的内部和外部漏风系数；

$\sum Q$——总风量；

Q——有效风量。

研究和实践结果表明，主扇集中通风的内、外部漏风系数大于多级机站通风的内、外部漏风系数，约为 1.473 倍。

6.3.1.3 多级机站节能分析

生产实际中，风机的功率消耗可按下式计算：

$$N = \frac{\left(\sum H\right)\left(\sum Q\right)}{102\eta} = \frac{\left(\sum R\right)\left(\sum Q\right)^3}{102\eta} \tag{6-38}$$

由式（6-38）可以看出，矿井主扇功率的大小与矿井的总风阻、总进风量的立方和扇风机的运转效率有关。采用主扇集中通风时，风机效率较低，功耗指标高，而多级机站通常采用新型节能型风机，且多级风机共同承担矿井通风阻力，每级风机分担的阻力较小，运转效率较高。由于多级机站通风系统的风机机站由多个相对型号小的风机组成，风量调节与控制灵活，可以根据作业区需风量的变化来开关风机调节风量，并可按需分配风量，有效节省电能。而对于主扇集中通风系统，只要坑内有人员作业，扇风机就必须运转。

在多级机站通风系统中，有两级主机站，主风流要两次通过主机站；而在主扇集中通风系统中只需通过一次。由于主机站通过的风量大、风压高，机站局阻很大，并联风机台数越多，机站局部阻力就越大，机站的阻力损失就大。实测结果表明，对低压大流量风机而言，机站局部阻力损失高达风机全压的 30%～70%，这在很大程度上削弱了多级机站的节能效果。因此，选择多级机站通风系统时，需根据风压进行风机优选，若并联风机过多，需适当掘并联巷道。此外，在机站出口段安设扩散器也可以减小局部阻力，达到更好的节能效果。

6.3.2 多级机站通风节能特点

多级机站通风系统在矿井主通风风路的进风段、需风段和回风段内分别设置风机机站，使地表新鲜空气经进风井巷有效地送至需风区域或需风点，并将作业产生的污浊空气通过回风井巷排出地表所构成的通风系统，具体特点如下。

6.3.2.1 控制风流流动，减少矿井漏风

非煤矿山过去多采用主扇集中通风，其内部漏风系数为 1.3～1.5，外部漏风系数为 1.1～1.2，即主扇的总风量一般为实际需风量的 1.4～1.8 倍。而多级机站

通风系统采用多机站、分段串联、压抽混合式通风，降低了每级机站的风压，且使全矿的风压分布均衡，可达到如下效果：

（1）减少外部漏风。主扇运行时的外部漏风包括风机装置的漏风及地表塌陷区到回风巷间的漏风。据我国梅山铁矿测定，仅地表塌陷区漏风就高达20%，而江西省各矿统计的平均外部漏风高达35%，而相当于外部漏风系数1.25～1.53。而采用多级机站通风方式，可大大减少风机的外部漏风。

（2）减少内部漏风。多级机站通风的漏风量主要取决机站密闭的效果和压差，由于各级机站的风机风压相对小，故有利于减少漏风。据测定，梅山北采区风机机站的平均漏风系数为1.125，相当于漏风率仅为11%。这是因为采用压抽混合式多级机站通风可以控制作业面附近接近零压区，使崩落采矿法的采空区漏风量大大下降。

（3）减少溜井等漏风。对于单翼抽出式通风系统，由于分层之间互相连通的溜井、电设井、斜坡道的风阻一般都比进风天井小，且这些巷道上又难以设置密闭，用主扇通风往往形成大量风流由溜井、电设井等进入分层平巷，导致进风天井附近的前端分层平巷风流小，而采用调节风窗又很难减少这些中间溜井的漏风量；但多级机站通风方式可改善这种状况，各作业分层依靠各自的压入机站和抽出机站控制各分层之间的风量分配，可有效减少非作业分层以及中间的天井、溜井及电梯设备井、斜坡道的漏风量。

多级机站通风系统设计的内部漏风系数一般可取1.2～1.25，即风机机站最大风量为需风量的1.3～1.45倍。梅山铁矿北部系统实测有效风量率为72.8%，相当于总风量是有效风量的1.37倍。可见，仅此一项，与规程规定的设计漏风系数比较，便可使通风功率减少20%～48%。

6.3.2.2 平衡风路风压，减少内部漏风

国内外的研究表明，当矿井为多风井多级机站通风或风机设于井下采区时，并联机站风机的风压相当且等于自然分风时的风压时，其通风功耗最省。因此，在通风系统设计时，应尽量使矿井各并联分区风流自然分配的压降接近。但在实际生产过程中，各并联风路的井巷通风阻力并不相等，各采区的需风量各异，而风流自然分配的风量往往并不能满足作业点的需风量要求。采用主扇通风的矿井，常用的方法是在风量偏大的巷道内设置调节风窗，使并联风路的风压趋于平衡。

如某矿共有3个并联分区，各分区的需风量均为 Q，而其风阻 $R_1>R_2>R_3$，假定矿井通风共同段的风阻为 R_0，且不考虑漏风量，当采用主扇通风时，若不加调节设施，则1分区的风量不能满足需要，此时，若在2、3分区设置调节风窗且使 $h_1=h_2=h_3$，则矿井总通风功率为：$N' = (27R_0Q^3 + 3R_1Q^3)/102$。

如果采用多级机站通风系统，3 个分区机站的风机可以克服各巷道相应的阻力，假定各机站风机的工作效率相同，则总功耗为

$$N = (27R_0Q^3 + R_1Q^3 + R_2Q^3 + R_3Q^3)/102 \tag{6-39}$$

显然，$N' > N$。可见，矿井并联分区的阻力占全矿阻力的比重越大，各并联分区之间的压降越不平衡，而采用多级机站通风系统节省的能耗越多。

6.3.2.3　增强风量调节与控制的灵活性

金属矿山井下作业性质不同，其需风量相差较大。近年来，由于井下实行作业承包制，这种不均衡性就更加突出。因不同季节自然风压的影响，有些矿山在休息日或冬季采用停止主扇运行来节约能耗，较少使用主扇自动调速系统。但自然风压通风往往不能有效保证井下工作地点的需风量，且由于主扇功率高，启动时对电网影响大，一般不允许停机。即使井下只有少量作业，主扇也必须照常运转，这样，在休息日或冬季就白白浪费了电能。多级机站通风系统的每个机站可由多台风机并联工作，可根据分层的作业要求开启不同数量的风机来调节供风量，具有较好的调节灵活性。

6.3.2.4　使用高效节能风机

在多级机站通风系统中，风流风压为多级配置，各级机站分配的负压相对较小；另外大多数金属矿山的通风网路属于低风阻大风量型的，因此，多级机站通风系统中的各级风机一般配置低风压、大风量的节能风机。中钢集团马鞍山矿山研究院在进行多级机站通风系统研究的初期，首先遇到的就是节能风机性能、质量以及多风机运行的稳定性等问题。随着多级机站通风系统及其通风节能改造的推广应用，矿用节能风机得到了长足的发展，形成了以 K 系列为主体、FS 系列、FZ 系列、SFF131 系列等组成的矿用节能风机系列。

6.3.2.5　风机结构形式简单，局部通风阻力小

在多级机站通风系统中，大都采用单轮级的节能风机，叶轮与电机直接连接，并可反向运行，且可省去单一主扇通风的反风道、双弯曲风硐、扩散塔等。而上述构筑物的局部通风阻力往往占全矿通风阻力的比例较大。因此，采用多级机站通风可简化机站结构，降低通风阻力。

另外，为了降低机站的局部通风阻力，不少矿山在实施多级机站通风系统时，均采取了降阻措施，如大冶铁矿尖林山采区东斜井上口的 3 台 75kW 风机站，采取了渐缩结构；金厂峪金矿的井下风机站的进口、出口侧分别构筑了过渡段；丰山铜矿、建德铜矿采用立式安装的节能风机；河东金矿的采场采用立式风机；等等，节能效果明显。

6.3.2.6 分区通风节能

多级机站通风方式便于把大系统分解为小系统进行分区通风。我国冶金矿山主要回风井巷的断面偏小，有的用废旧井巷串联而成，通风阻力较大，大量的调研数据已证明，主要回风井巷的通风阻力一般占全矿总通风阻力的50%以上，有的甚至超过70%。如能把大系统分成两个或几个小系统，把总风量分成几个分区排出，则节能效益会非常可观。因此，有条件设置分区通风的矿井均应考虑采取分区通风方式。但是并非每个大系统都可以实现分区，还要视具体条件而定。

6.3.3 通风节能工程实例

根据某金属矿通风系统调查与测定的结果可知，该矿通风效果不好的原因主要在于：（1）-280m 中段回风系统在主扇的强负压区，风流短路严重。（2）高阶段强化开采条件下，高溜井的漏风量大，导致污风循环。（3）深部中段回风天井的断面小（3.5m^2），造成中段回风阻力偏大，各中段集中回风较困难。（4）深部矿体作业产生的污风汇集到-280m 回风石门后，由总回风道经西风井排出。-280m 回风石门的断面小（7.07m^2），回风阻力大；等等。因此，不仅排污效果受到影响，而且通风能耗增加。为此，在进行矿井通风系统方案优化时，可依据矿井通风阻力定律、风压平衡定律、通风能量方程式和现场实际情况，重点解决减少回风段通风阻力、完善通风网络、增加井下通风量等问题，从而达到改善矿井通风效果，节约通风能耗的目的。

针对该矿实际存在的问题，采取了多路进风、分区并联回风、统一排风的通风系统和降低回风段通风阻力的工程技术措施，具体工程技术措施如下。

6.3.3.1 刷大回风石门断面，降低通风阻力

-280m 回风石门原断面面积约为 7.07m^2，长约 125m，其通风阻力较大，约为 370Pa。此石门巷道是矿井的主要回风道，根据最佳经济断面的计算结果，其最佳经济断面应为 14.4m^2，通风阻力为 54.9Pa。因此，将-280m 回风石门巷道的断面刷大到 14.4m^2，不仅改善了通风效果，而且降低了矿井通风阻力，节约了通风能耗。

6.3.3.2 掘回风井巷，实现分区回风

某矿井下的新鲜风流由副井和主斜坡道进入，各中段的污风通过中段回风天井汇入-280m 总回风巷道。由于部分回风天井的断面偏小，各中段要集中到-280m回风，通风阻力较大。因此，从深部掘回风天井至-400m 中段，并在-400m掘回风平巷，实现分区回风，其目的是：（1）减少-400m 以上回风巷道的

通风阻力。(2) 使深部作业污风独立排至-280m总回风巷道，强化了深部通风效果。

6.3.3.3　完善通风构筑物，合理分配风流

通风构筑物是矿井通风系统重要的组成部分，直接影响矿井的风量分配、有效风量率以及矿井的通风效果。某矿采用VCR采矿方法，井下进风段的通风构筑物少，大部分通风构筑物设置在回风系统。生产过程中，由于大爆破等原因，井下的通风构筑物有的被破坏，有的难以设置，因此，对全矿的通风构筑物进行了优化设计，实现分区并联回风，有效改善了矿井通风效果，且降低了通风能耗。

6.4　可控循环风通风节能

随着浅部资源的逐渐枯竭和深部资源勘探力度的加强，我国愈来愈多的矿山步入深井开采，其对井下通风的需求随之发生变化：一是正常生产排除有毒有害气体需要通风；二是矿岩散热需要通风降温。这些变化必然导致深井开采需风量不断增加；同时，深井开采矿井通风线路长、阻力大、通风能耗增加。因此，可将井下部分污风就地净化处理后与新鲜风流混合再供给需风作业面，这种循环通风模式可以减少矿井总供风量，是矿井重要的节能途径之一，也是未来深井通风技术发展的一种趋势。

循环风通风方式分为开路式和闭路式。开路式循环风通风的作业面有进风道和回风道，在循环通风过程中，需要有部分新鲜风流与循环风流混合再供给作业面，冲洗作业面的污风一部分循环使用，另一部分排到回风道。闭路式循环通风不需要补充新鲜风源，净化后的风流全部循环通风。

红透山矿使用可控循环风前后网络变化的示意图如图6-9所示。设循环进风巷到循环回风巷的风阻为R，循环风系统中横向巷道的风阻为R_2。未采用可控循环风系统时，主扇所要克服的通风阻力为

$$h_0 = RQ_0^2 \tag{6-40}$$

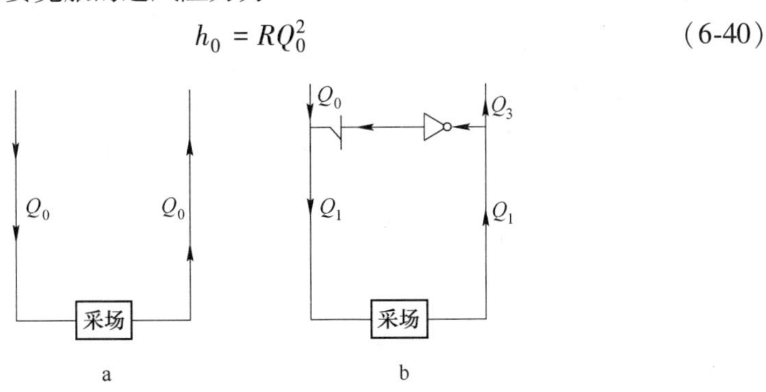

图6-9　可控循环通风的应用
a—使用前；b—使用后

所消耗的功率为

$$P_0 = h_0 Q_0 = RQ_0^3 \tag{6-41}$$

若将进风量由原来的 Q_0 增加的 Q_1，此时所要消耗的功率为

$$P_s = RQ_1^3 \tag{6-42}$$

当采用可控循环风通风时，设循环率 $K' = \dfrac{Q_2}{Q_1}$，此时，系统的进风量保持在 Q_0，工作面的风量为 Q_1，因此，系统主扇所要克服的阻力为

$$h_1 = RQ_0^2 \tag{6-43}$$

系统主扇所消耗的功率为

$$P_1 = RQ_0^3 \tag{6-44}$$

循环风机不但要克服进回风巷之间的压力差，还要克服循环风路风阻 R_2 的通风阻力，并补充一定的循环风量，因此循环风机所克服的阻力为

$$h_f = RQ_1^2 + R_2 Q_2^2 = (R + R_2 K'^2) Q_1^2 \tag{6-45}$$

则循环风机消耗的功率为

$$P_f = (R + R_2 K'^2) K' Q_1^3 \tag{6-46}$$

在区域可控循环通风系统中，R_2 远小于 R，可忽略不计，则

$$P_f = RK' Q_1^3 \tag{6-47}$$

则可控循环风系统所消耗的总功率为

$$P = P_1 + P_f = R(1 - K')^3 Q_1^3 + RK' Q_1^3$$

综上所述，当工作面增加相同风量时，可控循环风系统与传统的通风系统相比，其能耗的比值为

$$\frac{P}{P_s} = \frac{R(1 - K')^3 Q_1^3 + RK' Q_1^3}{RQ_1^3} = (1 - K')^3 + K' \tag{6-48}$$

当新鲜风流与净化风流的掺混比例为 1∶1 时，即 $K' = 0.5$，则可控循环风系统消耗功率是传统的通风系统的 62.5%，可节约能耗 37.5%。图 6-10 所示为可控循环风系统与传统通风系统的能耗比值随循环率变化情况。

从图 6-10 可以看出，可控循环风系统的耗能随着 K' 的变化而变化。当 K' 从 0 到 1 逐渐增大时，可控循环风系统的耗能是先减少后增大，当 K' 取 0.4 左右时，耗能达到最低。通过测试，红透山矿可控循环风系统的新鲜风流为 86m³/s，循环风量为 27m³/s，则

$$K' = \frac{27}{27 + 86} = 0.24$$

此时，由图 6-10 可知，能耗比为 0.679，即红透山矿可节约能耗 32.1%。

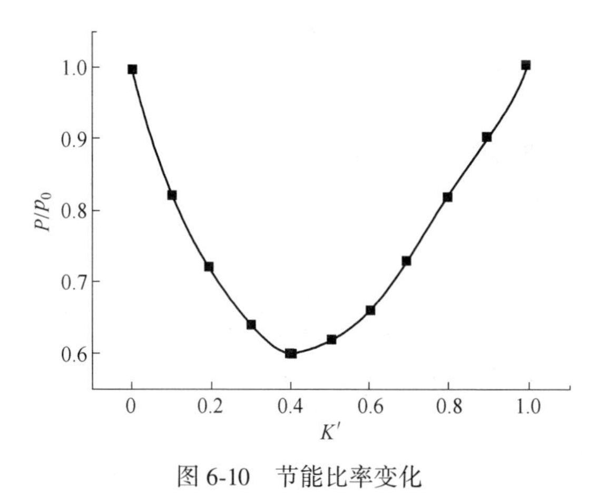

图 6-10 节能比率变化

6.5 变频调速节能技术

矿井生产所必需的水泵、风机等设备运行时间长、功率大，运行耗能较高。风机作为矿井生产的主要设备之一，担负着向井下输送新鲜空气、排除污浊气流和粉尘等重任。因此，在确保矿山安全生产的前提下，将变频技术应用于矿井风机中，不仅可实现矿井通风的有效管理，而且可节约风机的运行能耗。

6.5.1 变频技术的主要特点

（1）调速效率高。变频调速是一种高效调速方式，其特点是在频率变化后，电动机仍在该频率的同步转速附近运行，基本上保持额定转差率，转差损失不增加。变频调速时的能量损失，只集中在变频装置中产生的变流损失以及高次谐波的影响，这时会使电动机的损耗有所增加，相应效率有所下降。

（2）调速范围宽。一般在 10：1(50~5Hz) 或 20：1(50~2.5Hz) 范围之内，并在整个范围内均具有较高的调速效率。变频调速方式适用于调速范围宽，且经常处于低转速状态下运行的负载。

（3）变频装置运行灵活。当变频装置发生故障时，电机可退出变频系统而由电网直接供电运行；当电机在接近额定频率（50Hz）范围运行时，变频装置调速的经济性并不高，此时，电机也可退出变频系统，由电网直接供电运行。

（4）操作简便。应用变频装置后，风机启动由原来 8~10min 缩短到 1min 左右，同时风门能随风机一起自动开启。另外，根据矿井风量需求，能够及时调整风机风量。

6.5.2 风机节能技术途径

风机所耗能量 W 按下列公式计算：

$$W = K\frac{PQt}{1000\eta}(\mathrm{kW \cdot h}) \tag{6-49}$$

式中　Q ——矿井需风量，m^3/s；

K ——与气体密度有关的系数；

P ——风压，Pa；

t ——通风时间，s；

η ——风机装置的效率，%。

$$\eta = \eta_{电}\eta_{传}\eta_{风}\eta_{巷} \tag{6-50}$$

式中　$\eta_{电}$——电动机效率，%；

$\eta_{传}$——电机与风机之间的传动效率，%；

$\eta_{风}$——风机效率，%；

$\eta_{巷}$——风路效率，%。

由此可知，风机的能耗主要与矿井需风量、风压、运行时间和风机装置效率等参数有关。因此，在满足矿井开采要求的前提下，通过对上述参数进行调整，就可降低风机的运行能耗，也就是风机运行节能的基本原理。根据风机节能原理，可从提高矿井有效风量率、减少矿井需风量、缩短通风时间、降低矿井通风阻力、提高电动机效率、提高电机与风机之间的传动效率以及风机效率、合理调节风机运行工作状况等方面入手，实现风机节能运行。

7 矿井通风系统优化与实践

矿井通风系统是一个动态的系统。矿井生产过程中，采掘工作面的位置和数量的变化、开采中段的变化、开采深度的变化、巷道风阻变化、运输提升设备状态变化、通风调节控制装置的工作状态、爆破作业、通风动力、放矿作业、自然风压变化等因素均会影响矿井通风系统的稳定性及通风效果。因此，当矿井生产能力不断提高、水平延伸、范围扩大时，需要根据上述变化对矿井通风系统进行及时的优化调整，并加强通风系统检测、维护和管理。

矿井通风系统优化方案制定比新建矿井通风系统设计更为复杂，因为对矿井通风系统重新进行调整或优化所考虑的影响因素更多。在制定方案时，需要对通风系统方案的技术与经济、近期与长远发展做出统筹兼顾，基本遵循技术可行、经济合理、前后延续和方便管理等原则。要求制定的技术方案容易实施，能够有效延长通风系统使用有效期；能最大限度地使用矿井已有的通风设备、井巷，用最低的投入成本获得良好的通风效果；降低现场应用和管理的难度，且适应矿山生产的变化，最终达到既能较好地改善矿井通风效果，又能使矿井通风能力与生产能力长期相匹配。

矿井通风系统优化之前，必须明确优化的目标和任务，即明确优化后通风系统的服务年限、生产区域以及矿井的需风量和风压等，以保证矿井通风系统与生产能力相适应，并具有技术上合理可行、安全上可靠稳定、经济上高效益等特点。

对于生产中的矿山，矿井通风系统优化需要完成的工作主要有：矿井通风系统调查测定、矿井通风系统评价、矿井需风量核算、矿井通风系统方案制定、矿井通风系统网络计算与分析、矿井通风系统方案技术经济比较及确定等。

7.1 矿井通风系统调查与测定

矿井通风系统方案优化之前，应对矿井通风系统进行全面、系统地调查和测定，其目的主要是为了掌握矿井通风系统的现状，分析影响通风效果的问题和原因；通过测定检验矿井总供风量和中段风量的分配是否符合设计要求、主要通风井巷和用风点的风速、风质是否满足安全规程的要求，并摸清矿井的漏风地点、漏风量等，这是矿井通风系统优化改造不可缺少的重要基础性工作。

7.1.1　调查测定内容

通风网络信息、通风动力信息、通风构筑物信息、通风管理信息等是矿井通风系统调查的主要内容，具体如图 7-1 所示。

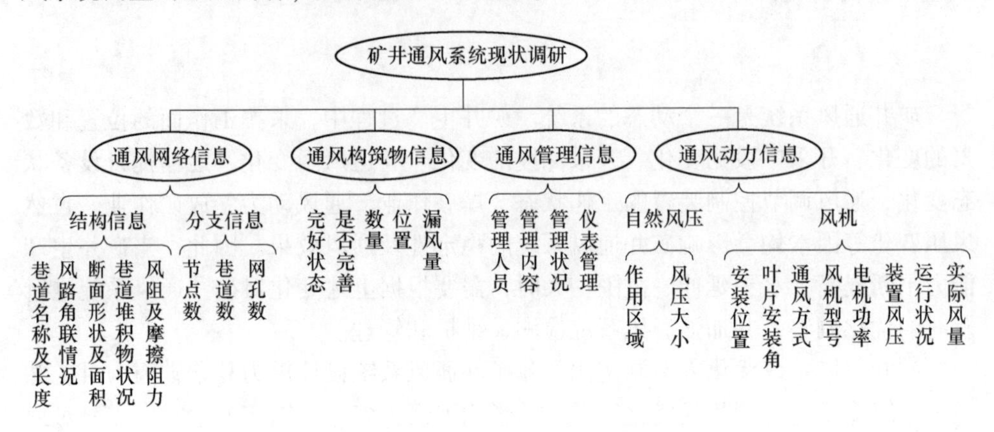

图 7-1　矿井通风系统调查内容

7.1.1.1　测点布置

确保矿井通风系统测定完整性和数据准确性的关键是测点布置的合理性和完整性。因此，在进行测点布置时，应尽可能使测点位置满足测定条件，同时能够全面真实的反映井下通风现状。实际测点主要分为进风测点、需风测点、回风测点以及其他能够反映风量分配的或有重要参考价值的测点。测定结果要确保反映全矿的总进风量、总回风量、各中段进风量、作业点风量以及全矿井下的漏风量和循环风量等。

(1) 进风测点。反映矿井进风的井巷主要有副井、混合井、措施井、斜坡道、直通地表的平硐等。对于多中段同时作业的矿山，为测定进风竖井的总进风量，需要在各个中段的进风石门布置测点，通过计算进入各个中段的风量之和来得到进风竖井的总进风量。进风测点布置方法如图 7-2 所示。

(2) 需风测点。矿井需风点一般随采矿进程的变化而变动，主要包括采矿作业面、采准作业面、充填作业面、掘进作业面、破碎硐室、维修硐室、炸药库等。需风点的布置方法可以采用直接在作业面布置测点或在其他巷道布置测点计算需风点风量的方法。对于留矿法采场，其需风测点的布置方法如图 7-3 所示。若采场内便于测定，则布置测点 3 就可以；若不便于布置，则需要布置测点 4 和测点 5，用测点 4 的风量减去测点 5 的风量即得测点 3 的风量。其他采矿方法类同。

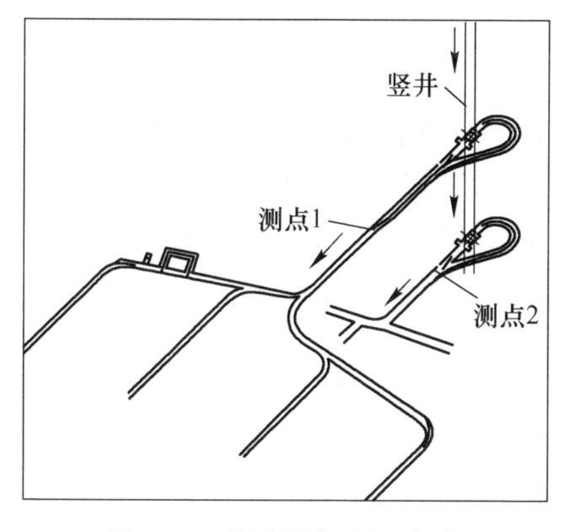

图 7-2 进风测点布置方法

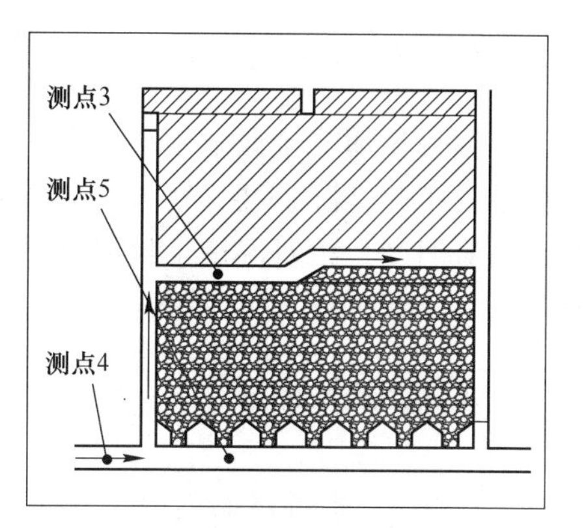

图 7-3 需风测点布置方法

（3）回风测点。布置回风测点主要为了测定各个中段的回风量和矿井的总回风量。回风测点应布置在各中段回风巷道的末端，如测点 6；矿井总回风量测点一般布置在地表的风硐内，如测点 7。若风硐内情况复杂不方便布置测点，则在总回风井与各个中段相连接的回风石门内布置测点，如图 7-4 所示。

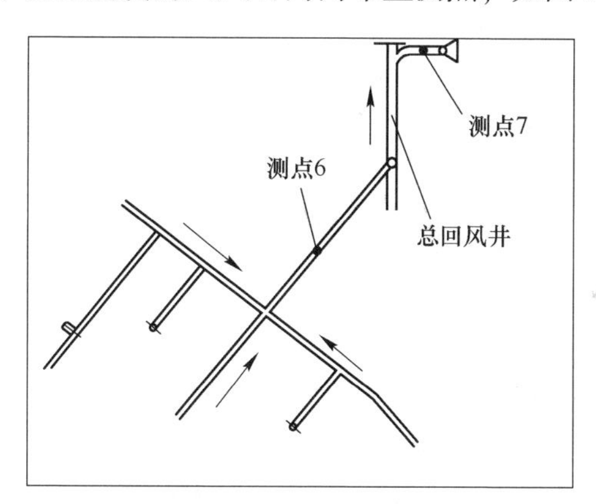

图 7-4 回风测点布置方法

（4）其他测点。其他反应矿井风量分配和井下漏风的测点，应根据巷道风流的方向以及各个中段之间的贯通连接情况而定，一般将测点布置在井巷断面规整、平直、风流比较稳定的地点。

7.1.1.2 测定仪器

矿井通风系统测定的仪器主要有智能风速仪、杯式风表、激光测距仪、干湿温度仪、空盒气压计、毕托管、数字压力计、多功能钳形功率表等。为了确保测定数据的准确，测定之前先要用风表校正仪对各风表进行校正，并画出校正曲线。

7.1.1.3　主要测定内容

根据《金属非金属地下矿山通风技术规范》（AQ 2013.5—2008）的评价指标体系及矿井实际需要，矿井通风系统测定内容主要有巷道风速、巷道断面面积、风流温度、相对湿度、风机装置风压、井下大气压和电机输入功率等基础数据。

7.1.2　测定方法及原理

7.1.2.1　巷道断面面积测定

一般采用三角积分法测量各种形状的巷道断面面积。用激光测距仪测出巷道的宽度，并将巷道宽度分成 n 份；用激光测距仪依次测量 n 份对应的巷道高度，包括巷道两边墙面的高度；采用公式（7-1）计算测点巷道的断面面积。也可用其他测量工具用相同方法进行测量。n 越大，断面面积测量越精确。

$$S = \frac{B}{n}\left(\frac{h_1}{2} + h_2 + \cdots + h_n + \frac{h_{n+1}}{2}\right) \tag{7-1}$$

式中　B——巷道宽度，m；

n——B 的等分数；

h_i——巷道高度，m，$i=2，3，\cdots，n$；

h_1，h_{n+1}——巷道两边墙面的高度，m。

7.1.2.2　风速、风量测定

金属矿山一般采用智能风速仪或杯式风表测定巷道内的风速，杯式风表主要用于测量大于 10m/s 的风速。每个测点均采取同一断面多点平均值法进行测定。测定时，根据巷道断面大小，将其等分成 9 点测量或 12 点测量，一般巷道断面面积小于 $15m^2$ 时采用 9 点测量法，断面面积大于 $15m^2$ 时采用 12 点测量法。要求贯穿风流的测点在同一个生产班次内完成测定。

风速一般采用侧身法测定。测定时，每个点重复测量 3 次，当各次测定数据的相对误差在±5%以内，取 3 次测定数据的平均值，再查阅对应测定仪器的校正曲线得到测点的实际平均风速。由于采用侧身法测定时，巷道过风断面面积减小，风速测定值比实际值偏大，故还须对经过校正曲线校正后的平均风速再进行一次校正，校正方法如下：

$$v = \frac{S - 0.4}{S} v_s \tag{7-2}$$

式中 S——测点巷道的断面面积，m^2；

v_s——经校正曲线校正后的平均风速，m/s；

v——测点实际风速，m/s。

实际风速乘以测点巷道的断面面积可得实际风量，再按公式（7-3）将实际风量换算成标准状态下的风量。其中，风流温度、大气压力分别用温度计和空盒气压计测量。

$$Q_c = 3.45 \frac{Q_i P_i}{\rho_c (273 + T)} \tag{7-3}$$

式中 ρ_c——矿井内空气的标准密度，取 $1.2 \times 10^3 kg/m^3$；

P_i——大气压力，kPa；

T——矿井内空气温度，℃。

7.1.2.3 风机装置风压测定

在风机安装地点的合适位置，采用毕托管、压差计等测量风机的静压差 H_s，根据公式计算风机全压。风机安装位置不同，全压的计算方法也不同，具体的计算公式如下。

风机安装在井下：

$$H_f = H_s + \left(\frac{\rho_{出} v_{出}^2}{2} - \frac{\rho_{进} v_{进}^2}{2} \right) \tag{7-4}$$

抽出式风机安装在地表：

$$H_f = H_s - \frac{\rho_{进} v_{进}^2}{2} \tag{7-5}$$

式中 H_f——风机全压，Pa；

H_s——风机静压差，Pa；

$\rho_{出}$——风机出风硐口空气密度，kg/m^3；

$\rho_{进}$——风机进风硐口空气密度，kg/m^3；

$v_{出}$——风机出风硐口风速，m/s；

$v_{进}$——风机出风硐口风速，m/s。

7.1.2.4 电机输入功率测定

采用三相钳形数字功率表测出扇风机电机的电流、电压和功率因数，应用公式（7-6）计算风机电机的输入功率 N。

$$N = \sqrt{3} UI\cos\varphi \tag{7-6}$$

式中 N——电机输入功率，kW；

U——线电压，kV；

I——线电流，A；

$\cos\varphi$——功率因数。

7.2　矿井通风系统评价

在对矿井通风系统进行详细调查和测定的基础上，采用矿井通风系统评价指标体系对矿井通风现状进行定量和定性分析，以便直接反映出矿井通风系统的技术、经济及能耗情况，这也是矿井通风系统优化的依据。

《金属非金属地下矿山通风技术规范》（AQ 2013.5-2008）规定采用的矿井通风系统评价指标体系，具有系统性、直观性、科学性、可量化性和适用性强等特点。该评价指标体系共包含基本指标、综合指标、辅助指标三类指标，其中基本指标主要反映矿井通风系统的基本情况，综合指标直接衡量矿井通风系统的综合技术性，辅助指标主要衡量矿井通风系统的综合经济性，具体如图 7-5 所示。各项指标的含义及其计算公式如下：

（1）风量合格率（η_y）。该指标是指测定风量值符合《金属非金属地下矿山通风技术规范》要求的需风点数 n 占井下同时作业需风点总数 z 的百分比，反映非煤矿山井下同时作业的需风点风量满足设计要求及风量分配情况，计算公式为

$$\eta_y = n/z \times 100\% \tag{7-7}$$

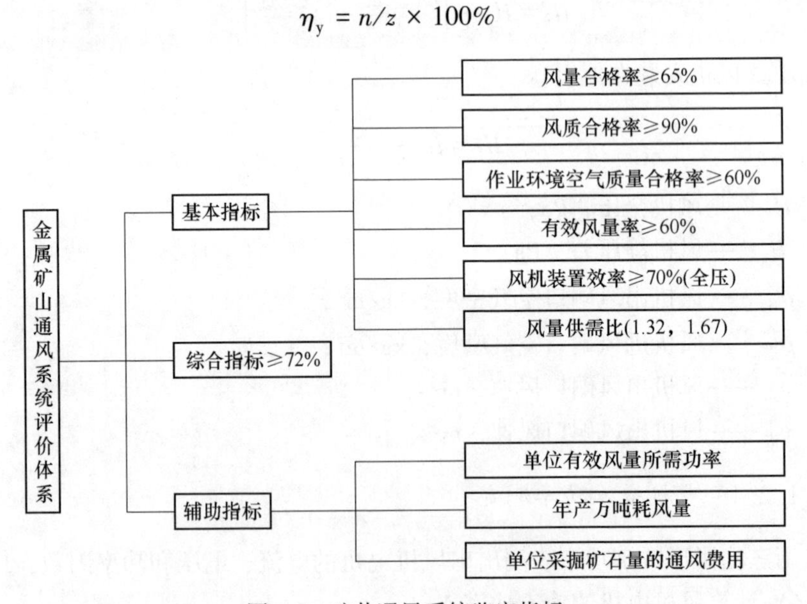

图 7-5　矿井通风系统鉴定指标

（2）风质合格率（η_c）。风质合格率是指风流风质符合《金属非金属地下矿

山通风技术规范》要求的需风点数 m 占井下同时作业的需风点数 z 的百分比，反映非煤矿山井下作业点风流受污染情况，计算公式为

$$\eta_c = m/z \times 100\% \tag{7-8}$$

（3）有效风量率（η_u）。有效风量率是指井下各作业点实际利用的新鲜风量总量占主扇风机总风量的百分比，反映矿井通风系统内新鲜风流的有效利用率和用风点的供风状况，也可衡量矿井通风系统的技术和管理水平，计算公式为

$$\eta_u = \frac{\sum Q_u}{\sum Q_f} \times 100\% \tag{7-9}$$

式中 $\sum Q_u$——各用风点实测的有效风量之和，m^3/s；

$\sum Q_f$——主扇风机总供风量，m^3/s。

（4）风机装置效率（η_f）。风机装置效率是主扇风机输出功率与输入功率之比，反映主扇的运转性能、工况以及井下用风要求和通风网络相匹配情况，计算公式为

1）单台风机装置效率：

$$\eta_f = [(H_f \times Q_f)/(1000N \times \eta_e \times \eta_d)] \times 100\% \tag{7-10}$$

式中 H_f——主扇装置风压，Pa；

Q_f——主扇装置风量，m^3/s；

N——电机输入功率，kW；

η_e——主扇电机效率，%；

η_d——电机传动效率，%，若直联取 100%，其他情况取 85%。

2）全矿平均风机装置效率：

$$\eta_n = \frac{\sum Q_i H_i}{\sum \frac{Q_i H_i}{\eta_i}} \times 100\% \tag{7-11}$$

（5）风量供需比（β）。风量供需比是实测主扇风机总风量与矿井设计总需风量的比值，反映矿井新鲜风流的供需关系，计算公式为

$$\beta = \sum Q_f / \sum Q_r \tag{7-12}$$

式中 $\sum Q_r$——根据设计要求计算的各需风点风量总和，m^3/s。

（6）作业环境空气质量合格率（η_k）。作业环境空气质量合格率是指作业点环境空气质量（粉尘、CO、NO_x 等）符合《金属非金属地下矿山通风技术规范》标准的需风点数 e 与需风点总数 z 的百分比。它反映井下作业环境的空气质量状况及通风效果。

$$\eta_k = e/z \times 100\% \tag{7-13}$$

（7）综合指标（C）。综合指标是上述 5 项基本指标的综合，用于衡量矿井通风系统技术经济的整体效果和安全性，计算公式为

$$C = (\eta_y \eta_c \eta_e \eta_f \beta')^{1/5} \times 100\% \tag{7-14}$$

式中　β'——风量供需指数（当 $1.32 \leqslant \beta \leqslant 1.67$ 时，β' 取 100%；当 $\beta > 1.67$ 时，β' 取 $\frac{1.67}{\beta} \times 100\%$；当 $\beta < 1.32$ 时，β' 取 $\frac{\beta}{1.32} \times 100\%$）。

（8）单位有效风量所需功率（B）。该指标反映单位有效风量的能耗情况，计算公式为

$$B = \frac{\sum N_f}{\sum N_u L} \tag{7-15}$$

式中　$\sum N_f$——矿井内所有风机实耗功率之和，kW；

L——主通风路线的长度之和，hm。

（9）单位采掘矿石量的通风费用（I）。该指标是矿井通风系统总通风费用与矿山矿石年产量之比，计算公式为

$$I = \frac{\sum F}{10000T} \tag{7-16}$$

式中　$\sum F$——矿井年总通风费用，元；

T——矿石年产量，t/a。

（10）年产万吨矿石供风量（q）。该指标直观反映万吨产量所需的风量，计算公式为

$$q = \frac{\sum Q_f}{T} \tag{7-17}$$

7.3　矿井通风系统方案研究

根据矿井生产发展规划、采掘布局等变化情况，以及通风系统调查测定与分析所发现的影响通风效果的问题，需要及时对矿井通风系统进行优化调整。矿井通风系统的优化遵循立足现状、着眼长远、因地制宜、对症下药、投资少、见效快、既要保证安全生产又要节能降耗的原则。

7.3.1　矿井通风系统优化模型

矿井通风系统方案优化一般应用矿井通风三维仿真系统（3D VS 软件），该系统主要包含网络解算和三维仿真两大功能模块，可用于矿井通风系统设计、矿井通风网络解算和优化以及以通风三维仿真为基础的通风决策支持等。

7.3.1.1　矿井通风网络数值化模型

在对通风网络进行分析和处理的基础上，进行通风网络节点编号，并获取节

点的三维坐标信息、通风巷道特性参数等，建立矿井通风网络数值化模型。

（1）图纸比例尺和节点坐标校正。矿山技术人员一般会根据自己的需要修改矿山地质图或者中段平面图（CAD 图）的比例，并移动中段图坐标。因此，在获取通风网络的节点参数时，须对中段平面图进行检查与校正，确保获取的参数能反映实际情况。为此，在获取参数前，要根据需要调整图纸比例并矫正坐标。坐标校正方法较为复杂，需要找出中段平面图已知的坐标点 $A(x_1, y_1)$、$B(x_2, y_2)$，并在中段平面图上找到正确坐标 $A'(y_1, x_1)$、$B'(y_2, x_2)$ 两点的位置，将整个平面图以 A 点为基点平移至 A' 点处，连接 $A'B$（B 为移动后的位置）、$A'B'$，测出 $A'B$ 到 $A'B'$ 两直线的夹角 α（逆时针方向为正），整个图形以 A' 点为基点，旋转 α 角度即完成矫正。

（2）矿井通风网络数值化处理。矿井通风网络的数值化处理，主要是将构成通风网络的要素进行数值化，形成可供 3D VS 软件调用的数据库文件。数据库文件主要包含风路、节点、巷道、构筑物和风机特性等数据信息，主要有风路参数、节点参数、巷道参数等数值化处理内容。

风路参数数值化。风路参数包含风路编号、风路名称、始末节点编号、风机位置、风机编号等数据，分别为整型和浮点型。风路参数数值化处理示例如表 7-1 所示。

表 7-1 风路参数数值化处理

始节点	末节点	风机位置	风机编号	风阻 /$N \cdot s^2 \cdot m^{-1}$	初始风量 /$m^3 \cdot s^{-1}$	是否固定风量	风路名称
1101	1102	1	1	0.01952799	10	N	中段石门
1102	1103	0	0	0.00090766	10	N	中段石门
1103	1107	0	0	0.00662669	10	N	中段井底车场
……	……	……	……	……	……	……	……
1112	1113	0	0	0.00028090	10	N	中段主运输巷
……	……	……	……	……	……	……	……

节点参数数值化。通风网络最底层的空间位置参数主要包括节点编号、节点的三维坐标值等。数据库文件中不同节点的编号不能相同，不同节点的三维坐标也不能相同，所有数据不允许为空值。节点参数数值化处理示例如表 7-2 所示。

表 7-2 节点参数数值化处理

节点编号	X 坐标	Y 坐标	Z 坐标	方案号
1101	2749679.8	458140.9	170	1
1102	2749704.9	457791.4	255	1

续表 7-2

节点编号	X 坐标	Y 坐标	Z 坐标	方案号
……	……	……	……	……
1108	2749630. 0	457934. 1	255	1
……	……	……	……	……

巷道参数数值化。巷道参数包含巷道名称与编号、始末节点编号、方案标识符等。在数据库文件中，不同巷道的编号和节点不同，但不同巷道的名称可以相同。巷道参数数值化处理示例如表 7-3 所示。

表 7-3　巷道参数数值化处理

巷道编号	始节点	末节点	巷道名称	方案号
1	1101	1102	中段石门	1
2	1102	1103	中段石门	1
3	1103	1105	中段井底车场	1
……	……	……	……	……
8	1109	1108	中段井底车场	1
……	……	……	……	……

(3) 风路编号。针对复杂矿井通风系统，在建立通风网络解算数值化模型前，一般需要对整个通风风路进行梳理，对过于复杂的采区或盘区可进行合理的简化，理清中段之间的井筒连接关系以及各斜井或斜坡道的位置。为便于标识与记忆，需对通风风路的节点、井筒等进行编号，编号的原则如下。

在矿井中段平面图上，对各风路的始末节点进行编号。编号可采取沿着风流方向按顺序编号，也可以按系统或者按通风区域进行编号。所有编号不能重复且最好保持连续性。

编号时，一般习惯将每个中段设置一个标识符，如第一个中段设置为 1，则编号从 101 开始编号；第二中段设置标识符为 2，从 201 开始编号；依次类推。编号过程中，要注意通风构筑物的影响。

7. 3. 1. 2　通风网络解算理论模型

矿井风流流动遵守的风压平衡定律、风量平衡定律和阻力定律，反映出通风网路中风量、风压和风阻三个主要通风参数间的相互关系，是复杂通风网路解算的理论基础。

对于复杂矿井通风系统，传统的通风网络解析方法对通风系统中的风量等参数进行解算略显困难。目前，解算复杂通风网络的方法很多，其中应用比较广泛的一种计算方法是在每一个闭合回路中先设定一个近似风量值，然后根据回路的风压平衡原理，用逼近法求解风量误差值，通过反复计算使得误差逐渐减少，最后达到所要求的精度，并得到真实风量。为此，开展矿井通风网络解算时，建立通风网络解算基础数据库是非常重要的一步，其数据的获取可由现场测定和根据井巷的特性等相关参数计算获得。在实际解算过程中，一般采用节点风压法与Hardy-Cross 迭代算法相结合的解算方法。

1936 年，美国知名学者哈代 · 克罗斯提出了一种应用于水平网平差的计算方法，即 Hardy-Cross 法，通过英国学者改进后应用于矿井通风网络解算，成为众多网络解算软件中应用最多的回路法。其解算实现步骤如下：

（1）实现通风网络数字化，输入通风网络结构参数和属性。

（2）计算各分支巷道的风阻：$h = RQ|Q|$，并判断 Q 的正负，即风流方向。

（3）设定初始风量。

（4）每迭代一次后检验精度是否符合要求，如果某次迭代计算满足预定精度 ε，则迭代计算结束，即 $\max|\Delta Q_j| < \varepsilon$，$1 \leqslant j \leqslant N$（$\varepsilon$ 一般取 0.01~0.001m^3/s）。

其具体的网络解算数学模型如下：

$$\sum_{i-1}^{N-1} \sum_{j-1}^{B} a_{ij} a_{kj} c_j p_i = - \sum_{j-1}^{B} c_j a_{kl} (H_{fi} + H_{ej}) \quad (k = 1, 2, \cdots, N\text{-}1) \tag{7-18}$$

式中 a_{ij}——关联矩阵 A 的 i 行 j 列的元素；

p_i——i 节点风压，Pa；

H_j, H_{fi}, H_{ej}——j 分支通风阻力、动力位压差，Pa；

a_{kj}——关联矩阵 D 中第 i 行 j 列元素，称为节点流量系数；

$$c_j = \frac{I}{|R_j Q_j^0|} \quad (j = 1, 2, \cdots, B) \tag{7-19}$$

Q_j^0——初设 j 分支风量，m^3/s；

R_j——第 j 分支的风阻，$N \cdot s^2/m$；

N——整个矿井通风网络的点数；

B——整个矿井通风网络的分支数。

令：$$x_{kj} = \sum_{j=1}^{B} a_{ij} a_{kj} c_j \quad (k = 1, 2, \cdots, N-1;\ i = 1, 2, \cdots, N-1) \tag{7-20}$$

$$y_k = - \sum_{j-1}^{B} c_j a_{kl} (H_{ji} + H_{ej}) \quad (k = 1, 2, \cdots, N-1) \tag{7-21}$$

则式（7-21）可简写为

$$\sum_{i=1}^{N-1} x_{ki} p_i = y_k \quad (k = 1, 2, \cdots, N-1) \tag{7-22}$$

上述即为矿井通风网络解算的数学模型，此式可求得 p_i，但由于拟线性化处理，初设风量 Q_j^0 与实际风量不相等，故式（7-22）为近似方程，需反复迭代计算。

7.3.2　矿井通风系统模拟与分析

矿井通风系统是一个多分支、非线性、多设备和可修复的网络系统。当通风系统中有风机和自然风压作用时，新鲜风流经通风系统内部系统层、传输层到达井下用风层的用风点，最后经回风系统回风至地面，保持“输入-输出”的体系结构。传统的矿井通风系统分析方法主要是图纸分析与标注、表格计算和人工网络解算等。然而在实际工作中，当通风网络复杂时，用传统的人工方法来进行矿井通风网络分析不仅费时费力，工作效率低下，也容易出错。在井下增减巷道、构筑物以及风机等情况下，传统方法难以把握其对周围巷道和整个矿井通风网络的影响，不能科学、有效、快速地分析通风网络现状。对此，利用矿井通风网络解算软件（3D VS）对矿井通风系统进行分析，发现可以较好地解决上述存在的问题。

7.3.2.1　建立通风网络解算数据库

依据通风网络计算模型数据库结构，将获取的通风网络参数、自然风压参数、主扇性能参数等输入到矿井通风三维仿真系统（3D VS）模型，自动生成后缀名为 .din 的数据库文件，建立矿井通风网络解算数据库文件。

数据库的建立需以现场调查和实际测定结果为基础，全面详细采集井下通风动力、通风网络、通风构筑物以及通风阻力信息，将矿井通风系统进行数字化，即对矿井通风网络图中各节点进行编号，构建矿井通风网络拓扑结构，将巷道、节点坐标、风路风阻等信息以及主要通风机工作特性以数字化的形式储存于计算机内，构建一个数字化的矿井通风网络系统，且与矿井通风系统基本相符，以便客观真实地反映井下实际情况。

矿井通风系统数字化后，将已获取的信息（风路、节点、巷道、风机特性参数）以及通风构筑物等录入 Excel 表格，再应用 3D VS 数据库管理系统的数据导入模块，将通风网络数字化信息导入系统中，建立通风网络解算原始数据库，其可在 3D VS 通风网络数据信息管理界面实现对数据的管理、查看和修改。数据信息管理界面如图 7-6 所示。

7.3.2.2　数据库可靠性验证

数据库文件的可靠性是矿井通风系统方案优化的基础，初始建立的数据库文件可能与现场实际情况有一定误差，因此，需要根据现场实际测定情况进行修

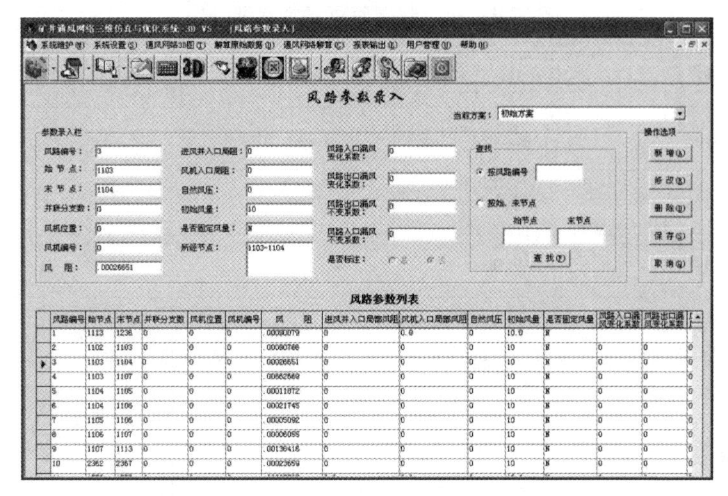

图 7-6 数据信息管理界面

正，使模拟解算结果与测定结果的误差控制在允许范围之内，确保仿真模拟结果的可靠。所以，在通风网络解算前对数据库的可靠性进行验证非常必要。数据库建立和修正过程如图 7-7 所示。

初始数据库修正后，某矿通风网络模拟解算结果与现场测定结果对比值示例如表 7-4 所示。分析表 7-4 可知，初始数据库解算获得的风量值与现场测定风量值的误差基本在合理的范围之内，为后续矿井通风系统方案优化奠定了可靠基础。

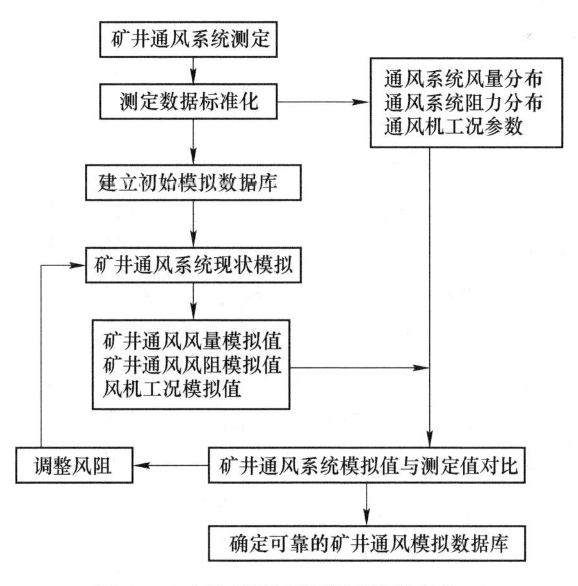

图 7-7 矿井通风网络模拟数据库修正

表 7-4　初始数据库可靠性验证结果

对比井巷	测定风量/$m^3 \cdot s^{-1}$	模拟风量/$m^3 \cdot s^{-1}$	误差（绝对值）/%
箕斗井	42.53	44.70	5.10
1 号竖井	30.13	30.77	2.12
2 号竖井	69.96	69.30	0.94
东副井	96.76	95.81	0.98
主斜道	71.24	72.10	1.21
总进风量	378.88	372.40	1.71
505m 中段	51.40	50.10	2.53
……	……	……	……

7.3.3　矿井通风系统方案与分析

7.3.3.1　方案制定思路

矿井通风系统方案优化可按方案制定、方案比较和方案优化确定三个步骤进行。方案制定是方案优选的基础，需从矿井的实际情况出发，主要思路是从完善通风网络、提高主扇装置效率、完善通风构筑物三方面进行研究。

(1) 完善通风网络。在通风网络完善方面，主要考虑：1）通风网路调整。根据矿井通风网路的结构特点、采掘布局及需风要求，适当开掘新巷道或利用废旧巷道，使通风网路结构更加合理，且与主扇能力相匹配，充分发挥主扇的通风能力。在生产矿井通风系统调整过程中，要针对影响通风效果的问题及通风薄弱环节，采取切实可行的技术措施，完善通风网络，获得较好的技术和经济效益。2）通风井筒调整。随着矿井开采向深远方向延伸，生产布局和矿石产量重心发生转移，通风风路不断加长，通风阻力增大，此时可以考虑在边远采区增掘新风井，减少折返通风，缩短通风风路。3）进风风流风质控制。依据现场的实际情况，若斜坡道等进风井口的空气质量不佳，需要在地表设置喷雾洒水等风流净化措施，确保进风风质符合安全规程的要求；若采用综合井进风，则需在与综合井联通的中段运输巷道内设置风流净化设施，净化矿石运输过程中产生的粉尘等。4）降低通风阻力。在通风系统最大阻力路线上的阻力超常区段，采取及时维护失修巷道、增加并联通风巷道、扩大通风巷道断面面积、清理回风井和回风道内的垮落或堆放的积石、疏干主要进回风巷道内的积水、清除主要通风巷道内堆放的杂物等措施，确保巷道风流畅通，降低通风阻力。

(2) 提高主扇装置的效率。在提高主扇装置效率方面，主要考虑：1) 更换高效通风机，即在主扇服务年限达3年以上时，可根据矿井风量、风压的需要选用新型的高效风机。2) 通过调整风机的扭曲叶片、导叶、减片，处理径向间隙以及更换高效转子等提高风机性能。3) 合理设置风硐、风门、扩散器等主扇附属装置，降低局部通风阻力，减少漏风。

(3) 完善通风构筑物。在完善通风构筑物方面，主要考虑：1) 提高有效风量率。在通风网络中合理设置风门、风帘、风窗、密闭、矿用空气幕等通风构筑物，加强对风流的调控，提高矿井有效风量率，改善作业面的通风效果。其中矿用空气幕具有风门、风窗、辅扇的功能，在有爆破冲击波、无轨运输设备、巷道变形等影响的条件下，有较好的应用价值和意义。2) 加强溜井管理。根据溜井的实际使用情况，采取能有效控制其漏风及污风循环的措施，如及时密闭已结束作业的溜井，应用井盖封堵暂停使用的溜井，确保正在使用的溜井的最底中段留有矿石或废石。

矿井通风系统方案制定过程中，如下问题也需要注意：

(1) 尽可能充分利用已有通风网络、通风设备和采用最新的技术措施，必要时再考虑掘新井巷和更换新设备。

(2) 根据矿区的地质条件和技术水平，充分考虑矿井的中长期生产规划，慎重确定矿井通风系统方案，避免改造工程尚未完成，又需进行新的技术改造。

(3) 根据矿井生产布局，合理规划矿井各区域或各采区的通风能力。

(4) 充分考虑主扇服务期内的通风困难时期和通风容易时期，确保主扇的工况点处于合理的工作范围之内。

(5) 尽可能提出多个矿井通风系统完善方案，并应用计算机进行优选。

7.3.3.2 矿井通风系统方案分析

非煤矿山通风系统优化的过程：首先对原矿井通风系统进行详细的调查、测定，摸清矿井通风系统运行和管理的现状，采用金属矿山评价指标体系对矿井通风系统进行综合分析评价，找出影响通风效果的问题及原因；结合矿井生产的实际情况，研究提出能解决通风问题的若干个矿井通风系统完善方案，并应用3D VS进行模拟分析和技术经济比较；优选最优的实施方案。矿井通风系统优化过程如图7-8所示。

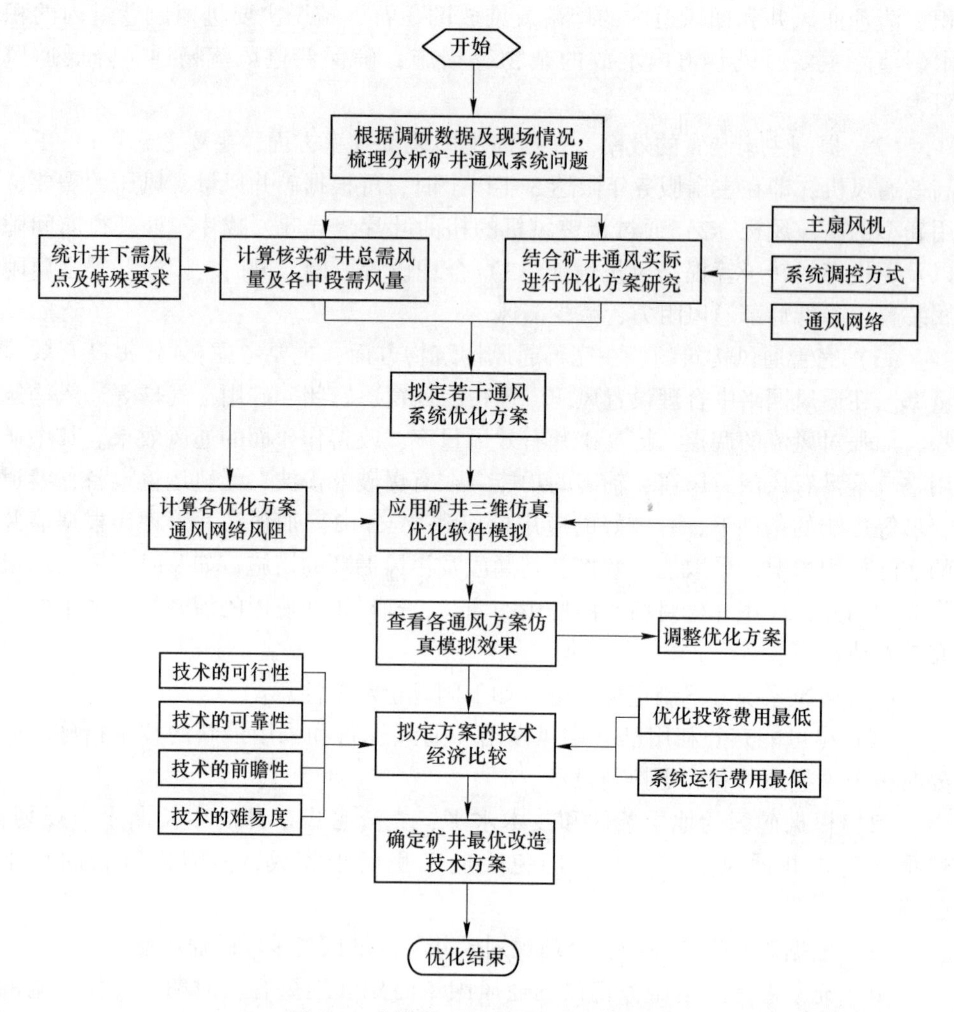

图 7-8　非煤矿山通风系统优化过程

7.4　工程实例

7.4.1　矿山工程概况

某铅锌矿采取平峒盲竖井联合开拓方式，上向水平充填采矿，共 12 个生产中段，其中-375m、-425m、-475m、-525m、-575m、-625m 等中段为主要作业中段且同时作业，原矿生产能力 37 万吨/年。矿山原采用两级风机接力的单翼对角式通风系统，新鲜风流从通地表的主平峒和管道井等进入井下，通过盲风井及各中段石门巷道进入井下工作面，洗刷作业面的污风经过与上中段相通的倒段回风井，统一汇集到-325m 中段西端的一级机站，经专用回风井排到-75m 的主要回风巷，并返回到该中段的东端，再通过东部+14m 中段回风井上的二级机站抽出，经回风井排至地表。

7.4.2 影响通风效果的问题分析

通过对某铅锌矿通风系统进行全面、系统、细致的调研、测定及评价，查找出了影响通风效果的主要问题及原因。

（1）风机装置效率不高。主要原因是风机机站的设置与通风网络匹配不够合理以及机站的结构不合理，安装在-325m 中段的机站，处在一个风压不平衡的系统中，形成风流循环。

（2）矿井实际进风量未达到设计需风量的要求。主要原因是采空区的漏风和回风系统的地表循环风流所至。

（3）中段风量分配不合理。主要原因是矿井风流调控设施（通风构筑物）不够完善，中段漏风量大，风流短路情况较严重，导致矿井的风速合格率、有效风量率等指标偏低。

（4）中段间污风循环。主要原因是风机的选型和安装位置不够合理，风机服务范围有限，导致部分中段的回风侧出现污风循环。

（5）作业面风质差。主要原因是部分中段的作业面串联通风、上下中段间炮烟污染以及供风量不足或污风不能及时排出等，影响了作业面的风质。

（6）矿井通风阻力偏大。主要原因是作业中段回风井巷的断面偏小，-325m 以上中段部分回风巷道因坍塌堵塞，导致回风阻力增大。

7.4.3 矿井需风量核算

7.4.3.1 矿井总需风量计算方法

矿井需风量核算是矿井通风系统方案优化的基础，其主要任务是根据矿井的实际生产作业状况，按照非煤矿井通风的规定和要求，核算矿井总需风量。硐室型采场的风速应大于 0.15m/s，回采工作面要求的排尘风速应不小于 0.25m/s，巷道型采场和掘进巷道风速应不小于 0.25m/s，电耙道和二次破碎巷道风速应不小于 0.50m/s，柴油机设备按同时作业台数每千瓦每分钟供风量 4.08m^{3}计算，需独立供风的硐室需风量应大于 1.0m^3/s。非煤矿山总需风量的具体计算模型如图 7-9 所示，矿井总需风量的计算公式为

$$Q_t = k\left(\sum Q_s + \sum Q_s' + \sum Q_d + \sum Q_r + \sum Q_h\right) \tag{7-23}$$

式中 Q_t——矿井总风量，m^3/s；

Q_s——回采工作面需风量，m^3/s；

Q_s'——备采工作面需风量，m^3/s；

Q_d——掘进工作面（包括开拓、采切）需风量，m^3/s；

Q_r——要求独立通风的硐室需风量，m^3/s；

Q_h——其他需风点如主溜井装卸矿点、穿脉装矿点等需风量，m^3/s；

k——矿井风量备用系数。

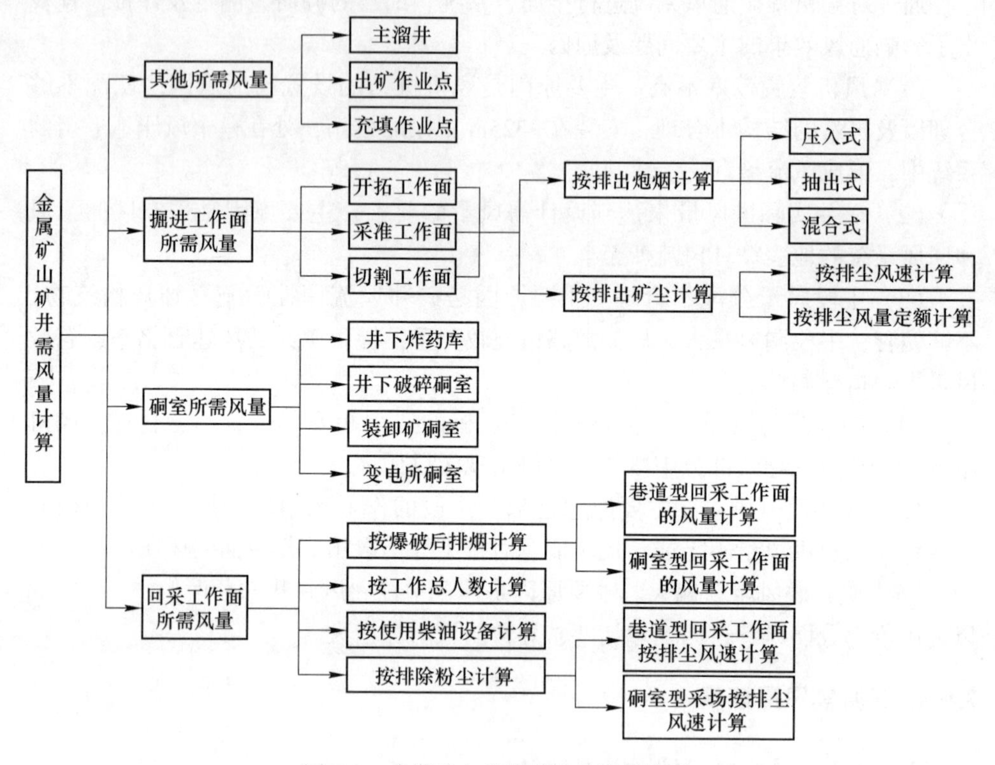

图 7-9　非煤矿山矿井需风量计算模型

矿井通风系统是一个动态系统，因存在漏风点、分风不均衡、作业点变化的情况，核算矿井总需风量时，需要在各需风点需风量总和的基础上乘以大于 1 的风量备用系数 k，而不同的矿井其备用系数不相同，如表 7-5 所示。

表 7-5　不同矿井风量备用系数

矿井特点	风量备用系数取值范围
地表无崩落区	1.25~1.4
一般矿井	1.3~1.45
地表有崩落区	1.35~1.5

7.4.3.2 风量分配

根据某铅锌矿回采、掘进等作业面的数量及布置情况，按爆破排烟和生产排尘需风量公式分别计算矿井总需风量，并采用年产万吨矿石风量比和井下最多人数等进行校核，最终确定矿井的总需风量。根据作业点的分布情况，合理分配各作业中段的风量，如表 7-6 所示。

表 7-6 作业点分布及中段风量分配

作业中段	作业点类型及数量	需风量/$m^3 \cdot s^{-1}$		作业中段	作业点类型及数量	需风量/$m^3 \cdot s^{-1}$	
		近期	远期			近期	远期
-575m	掘进作业 2 个	3.67	11.87	-625m	掘进作业 2 个	3.66	5.58
-425m	回采作业 5 个 放矿作业 2 个	14.53	0	-525n	掘进作业 3 个 回采作业 1 个	8.49	17.53
-475m	充填作业 1 个 放矿作业 2 个 回采作业 1 个	7.5	8.52	-375m	回采作业 1 个 放矿作业 1 个 充填作业 1 个	5.65	0.0

7.4.4 矿井通风系统优化方案研究

7.4.4.1 工程技术方案

根据现场对某铅锌矿通风系统调查测定及综合分析结果，从主扇风机、风流调控和通风网络等方面入手，本着解决影响矿井通风效果的上述 6 个方面的主要问题，拟定了三个技术上基本可行的矿井通风系统完善方案。

（1）将 14m 中段主扇风机的叶片安装角由 30°调整为 35°，增加矿井总进风量；将-325m 中段的风机移至-475m 西端；疏通清理-175m 中段回风天井；掘-475～-425m 和-575～-475m 中段直径为 ϕ2.5m 的专用回风井及联络道，将下中段的污风统一汇集到上中段的专用回风道；在-525m 和-575m 中段的进风石门分别设置硐室型辅扇（矿用空气幕），合理分配中段风量；完善井下通风构筑物，具体通风构筑物的设置地点如表 7-7 所示。

表 7-7 通风构筑物类型及其位置

中　段	通风构筑物安装地点	类型
+14m	风机机站风门处	密闭
-75m	新大井石门	密闭
	+14m 主井石门	密闭
	老主井石门	密闭

续表 7-7

中　段	通风构筑物安装地点	类型
−125m	副井北侧大巷	密闭
−175m	副井石门	密闭
	主井石门	密闭
	回风道北侧大巷	密闭
−225m	新大井石门	密闭
	主井石门	密闭
	回风道北侧大巷	密闭
−275m	新大井石门	密闭
	主井石门	密闭
	回风道北侧大巷	密闭
−325m	进风巷	风门
	措施井	风门
−375m	运输大巷	风门
−425m	进风巷	风门

（2）采用新型号风机更换+14m 主扇风机（电机功率由 132kW 降为 110kW），以满足风量和风压要求；将−325m 中段的风机移至−475m 西端；掘−475～−425m 和−575～−475m 中段直径为 ϕ2.5m 的专用回风井及联络道，将下中段的污风统一汇集到上中段的专用回风道；同时完善井下通风构筑物（同上），合理分配风流。

（3）+14m 主扇风机不调整，将−325m 中段的风机移至−475m 西端；采用井盖密闭采场回风天井，防止−425m 中段和−475m 中段间的污风循环；在−475m 中段西段，刷大采场天井的直径至 ϕ2.5m，作为专用回风井；在−525m 和−575m 中段的进风石门分别设置硐室型辅扇；完善井下通风构筑物。

7.4.4.2　通风效果模拟分析

应用矿井通风三维仿真系统（3D VS），对上述三个工程技术方案进行模拟计算，主要通风巷道的风量分配结果如表 7-8 所示。

表 7-8　模拟解算与现场测定结果比较　　(m^3/s)

比较内容	现场测定结果	方案一	方案二	方案三
矿井总进风量	57.9	61.4	62.32	52.68
+14m 主平硐进风量	12.45	14.41	14.62	12.18
平硐 1 进风量	14.32	9.42	9.33	6.63

续表 7-8

比较内容	现场测定结果	方案一	方案二	方案三
平峒 2 进风量	10.96	15.78	16.57	14.97
平硐 3 进风量	4.10	10.42	10.72	9.89
管道井进风量	7.20	9.83	9.16	7.65
箕斗井进风量	8.87	1.54	1.92	1.36
-225m 中段进风量	2.56	—	—	—
-275m 中段进风量	1.26	—	—	—
-325m 中段进风量	16.93	2.31	2.56	1.33
-375m 中段进风量	1.55	2.15	2.04	1.12
-425m 中段进风量	14.88	9.08	23.83	11.32
-475m 中段进风量	9.71	13.55	10.26	8.43
-525m 中段进风量	6.19	17.12	14.55	18.37
-575m 中段进风量	4.67	11.17	6.61	10.59
-625m 中段进风量	5.51	2.02	2.47	1.52

表 7-8 中，现场测定是冬季完成，而计算机模拟选择的是夏季自然条件。由于夏季矿井自然风压作用方向与主扇的作用方向相反，因此夏季矿井的通风比冬季要困难一些。

另外，技术方案一和技术方案二的总进风量均达到了矿井设计需风量的要求，但技术方案二-425m 中段以下的风量分配不均，且-425m 中段的风量偏大，深部风量明显不足；而方案一和方案三的风量分配相对合理，且优于通风系统改造前的风量分配。

7.4.4.3 技术经济比较

矿井通风系统方案的优选不仅要考虑通风的效果，还要考虑经济的合理、通风工程实施容易等。

(1) 技术比较。各技术方案的比较如表 7-9 所示。

表 7-9 技术方案比较

比较内容	总风量及风量分配	主扇风机	通风网络	通风构筑物
方案一	总风量 61.4m^3/s，各中段风量分配均比较合理	主扇叶片安装角从 30°调整为 35°；调整 -325m中段风机位置	掘两条直径为 2.5m 的专用回风井及中段回风联络道	

续表 7-9

比较内容	总风量及风量分配	主扇风机	通风网络	通风构筑物
方案二	总风量 62.32m³/s，中段风量分配不合理，尤其不能满足远期要求	更换主扇，电机功率小 22kW；调整-325m中段风机位置	掘专用回风井同方案一；改造风机硐室	三个方案的通风构筑物设置基本相同；方案一和方案三均需安装两台 18.5kW 的矿用空气幕
方案三	总风量 52.68m³/s，各中段风量分配比较合理	主扇风机不调整，仅调整-325m 中段风机位置	掘进一条 ϕ2.5m 回风井；清理-325m 以上中段的回风巷道	

由于主扇安装在+14m 井下的风机硐室内，更换新主扇则需要扩大硐室，施工比较困难，且+14m 回风系统为全矿唯一的回风系统，停产施工对矿井正常生产影响比较大；而技术方案一仅调整主扇的叶片安装角，虽需要拆解风机轮毂有一定难度，但相对方案二容易实施。技术方案三实施容易，风量分配合理，但矿井总风量不足的问题没有解决。因此，从通风效果和技术方案实施的难易程度上看，技术方案一优于技术方案二和方案三。

（2）经济比较。在掘进工程量方面，技术方案一和方案二均需要掘两条专用回风井和联络道，而方案三只需要刷大采场回风天井，方案一和方案三需要掘安装矿用空气幕的硐室，相比而言方案三的工程量少；在设备安装工程量方面，技术方案二需要更换+14m 主扇，风机撤装的工程量较大，而其他技术方案仅是移动辅扇或安装空气幕，设备安装的工程量相对要少；在通风构筑物安装工程量方面，各技术方案的工程量基本相同。另外，技术方案二需要购置主扇，而技术方案一、技术方案三仅购置两台矿用空气幕。具体的经济比较如表 7-10 所示。

表 7-10 工程量及实施费用比较

项目名称	方案一	方案二	方案三
施工工程量/m³	625.63	592.38	371.32
工程总投资/万元	40.67	38.5	24.14
设备购置费/万元	6.00	31.00	6.00

各技术方案的主、辅扇总装机功率分别为 301kW、242kW、301kW，相比较而言，技术方案二的运行能耗相对最低。

综合上述比较可以看出，技术方案三要优于技术方案一和技术方案二。

7.4.4.4 技术方案确定

综合技术经济比较的结果可以看出，从矿井通风效果看，技术方案一优；从技术方案实施的难易程度看，技术方案一和技术方案三优；从经济方面看，技术方案三优，技术方案一与之相比相差不大。在充分考虑矿井通风效果、经济合理、技术方案实施的难易程度等多方面因素，确定技术方案一为实施方案。

7.4.5 通风效果验证与分析

按照技术方案一实施后，对全矿总进风量、用风点风量、主要通风井巷的风速、夏季风流的分配效果等进行了测定，测定结果如表 7-11～表 7-13 以及图 7-10 所示。

表 7-11 矿井总风量测定结果比较

比较内容	实际总进风量/$m^3 \cdot s^{-1}$	设计总需风量/$m^3 \cdot s^{-1}$	备 注
通风系统优化前	57.9（冬季）	60.0	−325m 以上无生产作业中段，短路新鲜风流 17.55m^3/s
通风系统优化后	61.0（夏季）		−325m 以上无生产作业中段，短路新鲜风流 0.82m^3/s

表 7-12 −425m 及以下主要作业中段风量测定结果比较

比较内容	优化前中段进风量/$m^3 \cdot s^{-1}$	优化后中段进风量/$m^3 \cdot s^{-1}$	设计需风量/$m^3 \cdot s^{-1}$
−425m 中段	14.88	11.72	10.53
−475m 中段	9.71	6.73	7.5
−525m 中段	6.19	18.6	13.0
−575m 中段	4.67	11.99	7.6
−625m 中段	5.51	3.80	3.66

表 7-13 矿用空气幕实施效果比较

空气幕型号	安装位置	空气幕开启时风量/$m^3 \cdot s^{-1}$	空气幕关闭时风量/$m^3 \cdot s^{-1}$
WM-No12	−525m 中段	18.6	7.5
WM-No12	−575m 中段	11.99	1.96

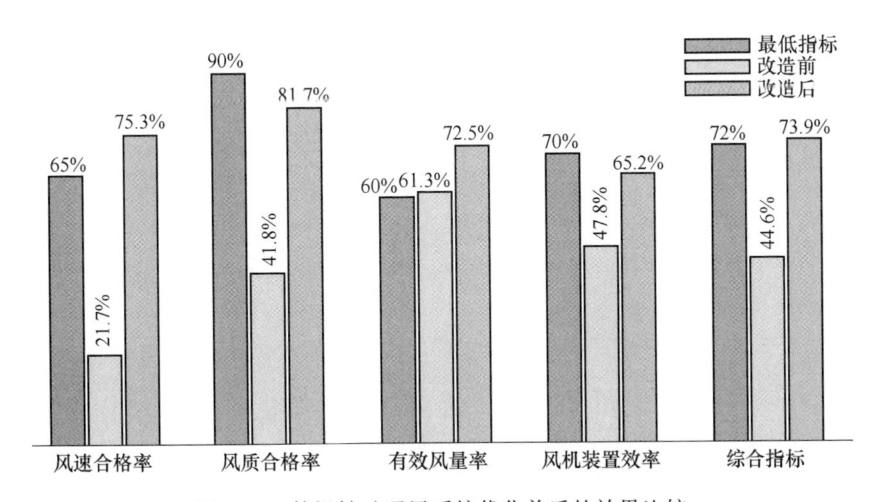

图 7-10 某铅锌矿通风系统优化前后的效果比较

由表 7-11～表 7-13 及图 7-10 可以看出，矿井通风系统优化后，夏季矿井总进风量达到了设计需风量的要求，各项评价指标值均有明显提高。可见，技术方案一中的调整主扇的叶片安装角可有效增加矿井进风量；加强风门、密闭等通风构筑物的管理，减少了矿井漏风量；矿用空气幕增加了中段的进风量，且较好地实现了深部中段风流的有效分配，有效改善了矿井总体通风效果。

8 结　语

国内外学者对矿井通风系统的研究由来已久，成果丰富，且在矿山进行了推广应用，解决了生产实际中大量影响通风效果的问题。但由于矿山开采条件的变化、机械化水平的不断提升、开采规模的扩大等原因，矿井通风过程中又不断涌现新问题、新难点，需要进一步研究新技术和新方法。近十余年，作者在我国非煤矿山进行了大量的调查和研究，对矿井通风系统的优化和新技术应用有如下认识。

（1）分析国内多座非煤矿井通风系统调查、测定和评价的结果可知，我国大多数非煤矿井通风系统经过若干年的运行后，由于生产作业面、生产中段、生产区域、开采深度等变化原因，或多或少会存在井下风量不足或风流分配不够合理、风流短路、污风循环、风流反向、风流停滞等共性的通风问题，如：随着矿井生产作业地点的变化、向深部延伸开采、开采范围的扩大，矿井通风阻力在不断增加，主扇运行的工况也在偏离原设计的合理运行工况，使得矿井的总进风量减少，矿井通风能力显得不足；矿井机械化水平不断提升，影响风流调节设施的使用，风流分配不均；通风网络不完善，风流不畅；矿井漏风量增大，有效风量率降低；风流质量合格率偏低；随着季节的变化和开采深度的延伸，自然风压对风流的稳定性影响较大；矿井深部开采时热害开始显现；矿井局部通风阻力影响通风效果和通风能耗；等等。为此，在进行矿井通风系统方案优化之前，需要对矿井通风系统进行全面的调查测定和评价，查找矿井通风系统存在的问题，并分析其原因，为矿井通风系统方案的制定提供重要的基础资料。

（2）矿井通风系统运行中，风流调控至关重要，传统的风门、风窗、导风板、风桥、辅扇等调节设施在一定条件下可以发挥良好的风流调节效果，但在有爆破冲击波、无轨设备运输、巷道易变形等条件下，其应用往往受到一定限制。而矿用空气幕安装在巷道侧壁的硐室内，可以替代风门隔断风流、替代风窗调节风流、替代辅扇（风机机站）引射风流，且不影响行人和无轨设备的运输，目前已在多个矿山推广应用，较好解决了复杂条件下风流调控的难题。

（3）复杂矿井通风系统的设计、通风网络分析和通风管理等需要借助矿井通风软件来完成，本书介绍的《矿井通风三维仿真系统》软件是基于 Windows 2000/XP 操作平台，采用 Solidworks、SQL、Fortran90 等开发的，可分析 2000 条边、2000个节点、350个恒压源、5种不同类型的16台风机同时运行的网络，还可随意扩展，具有通风网络计算速度快、精度高等特点。该软件系统可自动生成矿井通风系统立体图和标注通风网络解算数据，且可对井下需风点的风量是否达标进行判断，分析不同条件下通风网络的风流状况，实时计算矿井自然风压，为矿井通风系统方案优化和通风管理提供了可视化平台。

（4）多级机站通风方式自1985年在我国梅山铁矿试验成功后，因其具有节能、风量分配好、设备购置费低等优点，开始在矿山推广应用。但在实际应用过程中，因爆破冲击波的影响或安装风机机站的巷道变形，风机机站易被破坏；因无轨运输设备运行，风机机站难以设置；因机站风机的选型不够合理，风机机站的效率偏低；等等，严重影响了多级机站通风方式的通风效果。因此，许多矿山选择主扇统一通风方式，并通过增设辅扇来改善井下风流分配的效果，实现主辅联合通风方式。此外，也可以应用矿用空气幕替代风机机站，有效解决风机机站设置难题。

（5）矿井通风系统运行一段时间后，尤其是矿井生产条件的改变，需要及时对矿井通风系统进行优化和调整。分析近十余年矿井通风系统调研的成果，归纳总结了矿井通风系统优化的方法，即在对矿井通风系统进行全面调查、测定和评价的基础上，分析矿井通风系统存在的问题及原因，核算矿井总需风量和井巷的通风能力，拟定解决矿井通风系统存在问题的多个技术方案，应用矿井通风三维仿真系统软件对通风网络进行模拟分析，经过技术经济比较、可行性分析后，确定完善矿井通风系统的实施方案，并对改造后的矿井通风系统进行通风效果测定，及时查找新的通风问题或尚未解决的通风问题，对矿井通风系统进行进一步的优化。

（6）国内外虽对矿井通风系统的稳定性、主扇电机调频运转、通风系统自动控制、局部风流调节、自然风压的变化规律等方面都有研究和应用，解决了矿井通风系统调控的一些基本问题，但未实现风流监测系统、矿井通风系统网络解算、风流控制系统三者的数据融合和调用。由于高寒地区矿井自然风压大且呈现多变特性，其对主扇、辅扇运行的正向或反向作用极其不稳定，人工调节风流的难度非常大，这已成为制约高寒地区矿产资源安全开采的关键问题之一。因此，需要建立矿井风流自动调控系统，确保矿井通风系统的稳定可靠。针对高寒地区矿井通风智能调控系统研究这一热点问题，开展对矿井风流动力学特性及风流自适应调控机制的研究，构建风流监测系统、矿井通风仿真系统、风机控制系统协同运行的矿井通风智能调控系统，对保障高寒地区矿产资源的安全和可持续开采、助力矿山开采技术升级具有重要意义。

参考文献

[1] 秦红．空气幕常用设计计算方法应用与改进分析 [C] //暖通空调新技术．北京：中国建筑工业出版社，2002，1.

[2] Grassmuck G. Applicability or air stopping and flow regulators in mine ventilastion [J]. C. I. M. M. Bulletin，1969，62：1175~1185.

[3] Jerning G E. Air curtain in the 70's [J]. Refrigeration and Air Conditioning，1970 (3)：93~99.

[4] 何嘉鹏，宫宁生，龚延风，等．剧院舞台的火灾流场分析 [J]．南京建筑工程学院学报，1995 (2)：49~53.

[5] 蔡颖玲．大门空气幕计算方法的比较分析 [J]．郑州纺织工学院学报，1997，8 (2)：25~29.

[6] 孙一坚．简明通风设计手册 [M]．北京：中国建筑工业出版社，1999.

[7] Guyonnaud L，Solliec C，de Virel M Dufresne，et al. Design of air curtains used for area continement in tunnels [J]. Experiments in Fluids，2000 (28)：377~384.

[8] 易丽军，王英敏．矿用引射式射流风机 [J]．黄金，1994，15 (9)：19~22.

[9] 王海桥，施式亮，刘荣华，等．综采工作面空气幕隔尘研究及应用 [J]．湘潭矿业学院学报，1999，14 (1)：11~15

[10] 王海宁，刘同有，王五松，等．金川二矿区大断面巷道空气幕技术研究 [J]．有色金属（矿山部分）．2000，52 (1)：33~36.

[11] 尹卫东，廖开明．空气幕技术在大压差大断面巷道通风中的应用 [J]．矿业快报，2001，366 (12)：16~19.

[12] 王海宁，赵千里，高洁，等．多机并联空气幕引射风流在金川二矿区的应用研究 [J]．矿业研究与开发，2002，22 (3)：26~27.

[13] 王海宁．矿用空气幕及在大断面巷道的应用研究 [J]．有色金属，2003，55（增刊)：32~35.

[14] 王海宁，张红婴．矿用空气幕引射风流在安庆铜矿的应用 [J]．有色金属（矿山部分)，2004，56 (3)：39~40.

[15] 王海宁，古德生，吴超，等．多机并联空气幕引射风流及其应用研究 [J]．矿冶工程，2004，24 (4)：7~10.

[16] 王海宁，古德生．多机并联空气幕隔断风流的现场试验研究 [J]．中国矿业，2004，13 (10)：31~33.

[17] 张红婴，王海宁．多机并联空气幕引射风流的现场试验研究 [J]．金属矿山，2004，341 (11)：65~67.

[18] 王海宁，刘辉，吕志飞，等．MATLAB 语言在风门空气幕理论模型中的应用研究 [J]．矿业安全与环保，2005，32 (5)：43~44.

[19] 陈宁青，王海宁，张红婴．单机空气幕控制运输道风流反向的现场应用 [J]．金属矿山，2005，353 (11)：75~76.

[20] 王海宁，吴超，古德生．多机并联增阻空气幕的现场应用［J］．中南大学学报，2005，36（2）：307~310.

[21] Wang Haining. Application of Air Curtain on Mine Pollution Control.［C］//Proceedings of the 1st International Conference on Polluttion Control and Resource Reuse for a Better Tomorrow and Sustainable Economy . Shanghai：Tongji Universityand Nanjing University，2005：176~179.

[22] Wang Haining. Test of Air Curtain in Mine［C］// 2006 International Symposium on Safety Science and Technology. Changsha：Beijing Institute of Technology，2006：1507~1509.

[23] 王海宁．矿用空气幕理论及其应用研究［D］．长沙：中南大学，2005.

[24] 王海宁，张红婴．矿用空气幕试验研究与应用［J］．煤炭学报，2006，31（5）：615~617.

[25] 王海宁．矿井风流流动与控制［M］．北京：冶金工业出版社，2007：17~18.

[26] 王海宁，王花平．空气幕内气流场的数值模拟与分析［J］．矿业研究与开发，2007，27（6）：75~77.

[27] 王海宁，王花平，谢金亮．空气幕内气流场的数值模拟与分析［J］．矿业研究与开发，2007，27（6）：75~77.

[28] 王海宁，熊正明，陈新根．矿用空气幕控制风流流动技术研究［J］．中国钨业，2008，23（4）：11~13.

[29] Wang Haining. Theory Model of Auxiliary Fans Being Installed in Two Sides of the Cross-cut of Tunnel and Application Investigation for Controlling Stagnant Air［C］//2008 International Symposium on Safety Science and Technology. Beijing：Beijing Institute of Technology，September 24~27，2008：1556~1559.

[30] Wang Haining. Theory Model of Air Curtain with Serials-Parallel Fans and Experimental Study［C］//2009 6th International Conference on Mining Science and Technology. Xuzhou：China Uniwersity of Mining and Technology，October 18~20，2009：154~160.

[31] 沈澐，王海宁．矿井通风网络三维仿真与优化系统研究［J］．矿业安全与环保，2009，36（2）：10~15.

[32] 王海宁．硐室型风机机站空气动力学特征研究及其应用［J］．中国矿业大学学报，2009，38（2）：214~218.

[33] 王海宁，王花平．矿用空气幕数值模拟研究［J］．中国钨业，2009，24（4）：13~15.

[34] 王海宁，牛忠育，吴彦军．矿用空气幕控制井下循环风流的应用研究［J］．矿业研究与开发，2010，30（1）：84~87.

[35] 王海宁．柔性风门理论数值模拟与应用［J］．煤炭学报，2010，35（增刊）：123~127.

[36] 王海宁．硐室型辅扇理论数值模拟［J］．东北大学学报（自然科学版），2011，32（2）：93~96.

[37] 王海宁．硐室型矿井风流调控技术［J］．重庆大学学报，2012，35（5）：126~131.

[38] 王海宁，程哲．机械化盘区通风方法［J］．中南大学学报（自然科学版），2012，43（12）：4807~4811.

[39] 徐志斌，李立人，张磊．基于 FLUENT 的离心吸纤维风机改进研究［J］．机械设计与制

造，2006：24~26.

[40] 王海宁，程哲．空气幕研究进展［J］．有色金属科学与工程，2011，2（3）：13~15.

[41] 约翰 D 安德森．计算流体力学基础及其应用［M］．北京：机械工业出版社，2007.

[42] 王福军．计算流体动力学分析［M］．北京：清华大学出版社，2004.

[43] 巴鹏，房元灿，谭效武．基于 CFD 技术的管道过滤器内部流场模拟及其结构优化设计［J］．润滑与密封，2011，24（4）.

[44] 王海宁，张昭明．基于 CFD 技术的矿用空气幕流体特性研究［J］．矿山机械，2013，41（3）：31~35.

[45] 王海宁，彭斌，彭家兰，等．基于三维仿真的矿井通风系统及其优化研究［J］．中国安全科学学报，2013，23（9）：123~127.

[46] 陈全君．矿井的机网匹配与实践［J］．煤矿安全，2005，36（7）：7~9.

[47] 刘杰，谢贤平．多风机多级机站通风节能原理初探［J］．有色金属工程（矿山部分），2010，62（5）：71~74.

[48] 王海宁，彭家兰，程哲．高温矿井的通风与降温分析［J］．有色金属工程，2013，3（3）：34~37.

[49] 高红波，王跃明，刘玉彬，等．矿井可视化通风系统的研究［J］．太原理工大学学报，2004，35（3）：335~337.

[50] 王海宁，汪光鑫，刘红芳，等．矿井自然风压适时计算与应用［J］．矿业研究与开发，2014，34（2）：77~95.

[51] 周志杨，王海宁，晏江波，等．新型多级机站设置方式的研究与应用［J］．矿业研究与开发，2016（3）：78~82.